Wissenschaftliche Taschenbücher WTB

Biologie

Michael Theile
Siegfried Scherneck

Zellgenetik

Akademie-Verlag · Berlin

WTB

Wissenschaftliche Taschenbücher

Zuletzt erschienene Bände:

Joachim Auth / Dietmar Genzow
Klaus H. Herrmann
Photoelektrische Erscheinungen

Gerhard Geiseler / Heinz Seidel
Die Wasserstoffbrückenbindung

Eberhard Hofmann
Biochemie der Vererbung, Differenzierung und anderer Zellfunktionen
Dynamische Biochemie, Teil IV

W. S. Letochow
Laserspektroskopie

Hans Luppa
Grundlagen der Histochemie
Teil I und II

Horst Remane / Rainer Herzschuh
Massenspektrometrie in der organischen Chemie

E. M. Sawizki
Perspektiven der Metallforschung

Die Schöpfer der physikalischen Optik
Eine Artikelsammlung

Volkmar Schuricht
Kernexplosionen für friedliche Zwecke

Günter Tembrock
Grundlagen des Tierverhaltens

Gerhard Wunsch
Zellulare Systeme

Vorschau auf die nächsten Bände:

Joachim Bellach / Peter Franken
Elke Warmuth / Walter Warmuth
Maß, Integral und bedingter Erwartungswert

Eduard Herlt / Nikolaus Salié
Spezielle Relativitätstheorie

Lothar Jäger
Grundlagen der klinischen Immunologie

Wolfgang Meiling
Digitalrechner in der elektronischen Meßtechnik
Teil I – Meßmethodik
Teil II – Gerätetechnik und Anwendungen

Peter Paufler
Gustav E. R. Schulze
Physikalische Grundlagen mechanischer Festkörpereigenschaften

Albrecht Rost
Messung dielektrischer Stoffeigenschaften

Hans-Georg Schöpf
Von Kirchhoff bis Planck
Theorie der Wärmestrahlung in historisch-kritischer Darstellung

Norbert Sieber
Hans-Peter Leidhold
Einführung in die Datenverarbeitung

Renate Wahsner
Mensch und Kosmos
Die copernicanische Wende

WTB

BAND 201

Michael Theile
Siegfried Scherneck

Zellgenetik

Mit 70 Abbildungen, 11 Tafeln und 13 Tabellen

AKADEMIE-VERLAG · BERLIN

Reihe BIOLOGIE

Herausgeber:
Prof. Dr. H. Bochow, Berlin
Prof. Dr. H. Böhme, Gatersleben
Prof. Dr. H. Borriss, Greifswald
Prof. Dr. E. Hofmann, Leipzig
Prof. Dr. J. O. Hüsing, Halle/Saale
Prof. Dr. U. Taubeneck, Jena

Verantwortlicher Herausgeber dieses Bandes:
Prof. Dr. H. Böhme

Verfasser:
Dr. Michael Theile
Dr. Siegfried Scherneck
Berlin

1978
Erschienen im Akademie-Verlag, 108 Berlin, Leipziger Str. 3—4

Gesamtherstellung: VEB Druckhaus „Maxim Gorki", 74 Altenburg
Lizenznummer: 202 · 100/532/78
Bestellnummer: 762 352 0 (7201) · LSV 1324
Printed in GDR
DDR 12,50 M

Geleitwort

Die Genetik der in vitro kultivierten tierischen Zellen hat — vor allem aufbauend auf den geradezu spektakulären Ergebnissen von Mikroben- und Molekulargenetik sowie der Zellkulturtechnik — in den vergangenen 10 Jahren eine besonders stürmische Entwicklung genommen und dabei nicht nur bedeutsamen Erkenntnisgewinn vermittelt sondern bereits jetzt auch zahlreiche konkrete Ansatzpunkte für praktische Nutzung dieser Ergebnisse in Medizin, Landwirtschaft und Industrie geliefert. Das wird auf den folgenden Seiten eindrucksvoll, weil umfassend und anschaulich demonstriert.
Angesichts der Bedeutung der somatischen Zellgenetik war es natürlich besonders zu beklagen, daß im deutschsprachigen Schrifttum bisher keine zusammenfassende Darstellung dieses Gebietes zur Verfügung stand. Aus diesem Grund ist es außerordentlich zu begrüßen, daß auf Initiative meiner langjährigen Mitarbeiter Siegfried Scherneck und Michael Theile und durch vertrauensvolles Entgegenkommen des Akademie-Verlages und dort speziell seiner verantwortlichen Lektorin Christiane Grunow das vorliegende Bändchen geschrieben und herausgegeben werden konnte. Es schließt eine spürbare Lücke im biowissenschaftlichen Literaturangebot und sollte deshalb bei Biologen, Biochemikern sowie (experimentellen) Medizinern, aber auch bei Vertretern anderer biowissenschaftlicher Disziplinen und vor allem bei Biologie-Fachlehrern auf reges Interesse stoßen: Ich wünsche dem Werk eine freundliche Aufnahme!

Erhard Geissler

Vorwort

Die Genetik somatischer Zellen, als selbständige Wissenschaftsdisziplin aus verschiedenen Teilgebieten der modernen Biologie und angrenzender Wissenschaften hervorgegangen, stellt ein Paradebeispiel für die „Wissensexplosion“ dar, die die Biologie seit etwa 40 Jahren kennzeichnet. Dabei handelt es sich nicht etwa um nur akademisch interessierende oder kuriose Novitäten, wie etwa Berichte über die Kreuzung zwischen menschlichen und Moskitozellen oder über die Pigmentierung absonderlicher Mäusezellen vermuten lassen könnten: Es geht um grundlegende und allgemein interessierende Fragen, die den genetischen Bauplan der mehrzelligen Organismen betreffen, das Programm für die Entwicklung und Spezifität der Individuen sowie dessen Realisierung. Mit dem Studium somatischer Zellen hat die molekularbiologische Durchdringung dieser Thematik eine neue Phase erreicht. Hier wird gegenwärtig die bisher so ergebnisreich verlaufende Genetik der Mikroben auf einer nächsthöheren, wenngleich weitaus komplexeren Ebene nachvollzogen.

In den Zellen höherer Organismen kann man heute bereits auf vielfältige Weise genetische Veränderungen erzielen und analysieren und dadurch die Wirkung einzelner Gene erfassen. In rascher Folge werden wichtige neue Erkenntnisse über die chromosomale Lokalisation vor allem menschlicher Erbanlagen gewonnen. Zu den Untersuchungsobjekten und Anwendungsgebieten der Zellgenetik gehören auch solche Probleme wie die Natur von Erbleiden und Möglichkeiten ihrer Therapie und Prophylaxe, ferner bestimmte fundamentale molekularbiologische Mechanismen der Zelle, deren Störung unter anderem zur malignen Entartung führen können. Symptomatisch für das Entwicklungstempo dieses Wissenschaftszweiges sind auch die Neuerscheinungen mehrerer allgemein beachteter einschlägiger Fachzeitschriften binnen sehr kurzer Zeit.

Durch das vorliegende Taschenbuch soll ein Einblick in das Aufgabengebiet und die Bedeutung der Zellgenetik vermittelt werden. Wir haben uns dabei bemüht, sowohl der anspruchsvollen Gesamtthematik des Buches gerecht zu werden, als auch die für ein tieferes Verständnis der Probleme erforderliche Einzeldarstellung zu bieten. Mit dem im Rahmen von WTB verfügbaren Raum war daher eine Beschränkung auf ausgewählte und gegenwärtig besonders intensiv bearbeitete Fragenkomplexe notwendig. Sie verdeutlichen die engen Beziehungen zwischen Mikrobentechnik und Zellgenetik. Eine so klar begrenzte Stoffauswahl schien uns auch deshalb gerechtfertigt zu sein, da der Leser für die angrenzenden und die Zellgenetik teilweise überschneidenden Fachgebiete bereits äquivalente Literatur in der DDR vorfindet.

Herrn Professor Dr. E. Geissler sind wir für sein Interesse an der vorliegenden Arbeit und deren Förderung zu Dank verpflichtet.

Besonderer Dank gilt dem Akademie-Verlag Berlin für die Berücksichtigung aller unserer Wünsche bei der Herausgabe dieses Bändchens.

Berlin, im Herbst 1976

die Verfasser

Inhaltsverzeichnis

Einführung

1.1. *Die Molekulargenetik als Grundlage der modernen Zellgenetik*

Die stürmische Entwicklung der Molekulargenetik in den vergangenen 40 Jahren hat die Grundlagen unserer heutigen Vorstellungen über den molekularen Aufbau der DNA, der Prinzipien der Verschlüsselung der genetischen Information sowie des Verlaufs der zahlreichen, z. T. sehr spezifischen Prozesse zur Realisierung dieser Informationen geschaffen. Diese Entwicklung war gekennzeichnet von einer grundlegenden Wandlung in der wissenschaftlichen Betrachtungsweise biologischer Phänomene. War die Biologie in der ersten Hälfte des 20. Jahrhunderts noch bestimmt von „strukturalistischen" Überlegungen, durch die makroskopisch und z. T. auch mikroskopisch erkennbare Strukturen analysiert und bestimmten Gesetzmäßigkeiten zugeordnet wurden, so versuchte sie nun, mit der vor allem von Physikern und Chemikern in die Biologie getragenen „funktionalistischen" Methode durch physiologische und genetische Studien die Betrachtung aufs äußerste zu verfeinern und in letzter Konsequenz den Anschluß an chemische Gesetzmäßigkeiten herzustellen (1). Am günstigsten ließen sich diese Methoden zunächst an solchen biologischen Objekten ausführen, die eine sehr einfache Morphologie aufweisen. So wurden die Objekte der klassischen genetischen Forschung wie Pilze, Fruchtfliegen und Pflanzen (Erbsen, Mais, Löwenmaul u. a.) ersetzt durch Bakterien und deren Viren, den Bakteriophagen. Letztlich resultiert unser genetisches Wissen der vergangenen 30—40 Jahre, vor allem aber die Erkenntnis, daß die materiellen Grundlagen der Vererbung und die Verschlüsselung der genetischen

Information im Prinzip für alle Lebewesen gleich sind, aus der Arbeit an diesen Objekten. Unabhängig von der grundlegenden Aussage über die Universalität des genetischen Kodes offenbart sich unter den Organismen, in Abhängigkeit von der Entwicklungsstufe des Versuchsobjektes eine Vielzahl spezifischer Probleme über die jeweilige Art der Strukturierung, Ablesung und Verdopplung der DNA in diesen Objekten. Vor allem die Fragen nach dem Verlauf der Reproduktion höherer Organismen stellten die molekularbiologische Forschung vor vielfältige Probleme.

Molekulargenetische Untersuchungen an höheren Organismen wurden insbesondere durch die raschen Fortschritte bei der Kultivierung von Säugerzellen in vitro, die in ihrem Modellcharakter den Bakterien-Phagen-Systemen durchaus gleichzustellen sind, wesentlich stimuliert. G. S. STENT, einer der führenden Wissenschaftler der „Phagengruppe", beschreibt diese Entwicklung so: „Wie kann man die Prozesse erklären, die für die geordnete Morphogenese eines Organismus von Keimzellen zu so verblüffend komplexen und höchst differenzierten vielzelligen Formen verantwortlich sind? Mit dieser fürchterlichen Frage und einer neuen Folge von Problemen im Sinn wandten sich einige Phagenforscher bald, nachdem die Aufklärung der Struktur der DNA klargemacht hatte, daß das Wesen des Gens in Kürze in molekularen Begriffen definiert werden könnte, dem Studium tierischer Zellen zu." Mit der Übernahme derartiger Denk- und Arbeitsmethoden wurde für die zellgenetische Forschung eine neue Grundlage geschaffen.

Wir wollen im folgenden einige Gesichtspunkte der Struktur und Funktion der Eukaryotenzelle erörtern. Dabei beschränken wir uns nur auf jene Dinge, die uns für die Klärung einiger in den folgenden Kapiteln angesprochenen Probleme als besonders wichtig erscheinen. Diese Erörterung bleibt deshalb fragmentarisch und der interessierte Leser muß auf die vielfältig vorliegende Literatur verwiesen werden (3—11).

1.2. Die eukaryotische Zelle

Die kleinste Bau- und Funktionseinheit aller lebenden Organismen ist die Zelle. Im Organismenbereich unterscheiden wir 2 Typen zellulärer Organisation: die prokaryotische und die eukaryotische. Alle Zellen, die taxonomisch höher sehenden Organisationsformen als Bakterien und Blaualgen zugeordnet werden, besitzen die eukaryotische Organisationsstufe.

Die eukaryotische unterscheidet sich prinzipiell dadurch von der prokaryotischen Zelle, daß sie in mehrere Reaktionsräume, Kompartimente, mit unterschiedlicher chemischer und physikalischer Beschaffenheit aufgeteilt ist, so u. a. in den Kern-Plasma-Raum, Plastiden (bei Pflanzenzellen), Mitochondrien, innere Phase des endoplasmatischen Retikulums und der Kernmembran sowie die innere Phase des Golgi-Körpers (3) (Abb. 1).

Das Kompartimentierungsmuster einer Zelle ist in gewissen Grenzen veränderlich und abhängig von den im Verlaufe ihres Lebens ablaufenden physiologischen und morphologischen Veränderungen infolge Alterns sowie intra- und interzellulären Differenzierungsprozessen. Ebenso schwankt die Größe der Einzelzellen eines Organismus in weiten Grenzen. Sie ist in erster Linie davon abhängig, welche spezifische Funktion die betreffende Zelle in einem vielzelligen Organismus auszuführen hat (Abb. 2).

Es kann nicht Aufgabe dieser einführenden Betrachtungen sein, der Vielfalt zellulärer Strukturen und Funktionen nachzugehen. Es sei an dieser Stelle auf eine Reihe ausgezeichneter Übersichtsarbeiten verwiesen (z. B. 4–6).

Von besonderem Interesse für die Zellgenetik sind die von HAGEMANN (3) als Kompartemente 1–3 bezeichneten Reaktionsräume der Zelle, da diese die Erbträger der Zelle enthalten. Die verschiedenen Organellen der Zelle und ihre Leistungen sind jedoch Teile eines inte-

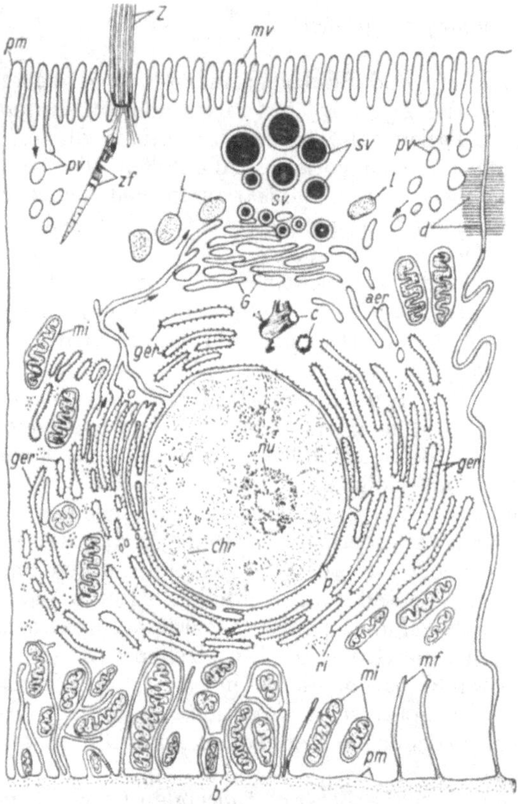

Abb. 1. Feinstruktur einer tierischen Zelle (Schema nach GEISSLER, E. Hrsg.), 1972

ger — granuläres endoplasmatisches Retikulum, das Ergastoplasma bildend; aer — agranuläres endoplasmatisches Retikulum; ri — Ribosomen; mf — Membraneinstülpungen; p — Pore der Kernmembran; nu — Nukleolus; chr — Chromosomenmaterial; mv — Mikrovilli; pv — Pinocytosebläschen; z — Zilie; sv — Skretgranula; g — Golgi-Apparat; d — Desmosom; l — Lysosom; c — Zentriol; pm — Plasmamembran; bl — Basallamelle; zf — Fortsatz des Basalkörpers; mi — Mitochondrien

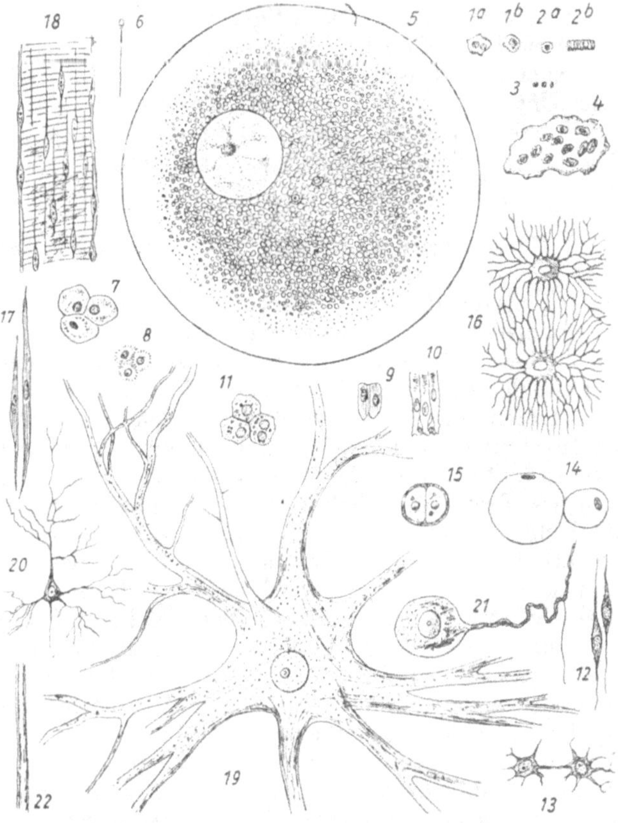

Abb. 2. Zusammenstellung einiger Zellformen und Zellgrößen beim Menschen (nach STÖHR u. Mitarb., 1959)

1 a, 1 b Granulozyten; 2 Erythrozyten; a) Flächenansicht; b) Seitenansicht; 3 Blutplättchen; 4 Riesenzelle; 5 Eizelle; 6 Spermium; 7 Plattenepithel; 8 polyedrisches Epithel mit Interzellularbrücken; 9, 10 kürzere und längere zylindrische Epithelzellen; 11 Leberzellen; 12 Spindelzellen (Gallertgewebe); 13 Retikulumzellen; 14 Fettzellen; 15 Knorpelzellen; 16 Knochenzellen; 17 glatte Muskelzellen; 18 quergestreifte Muskelzellen; 19 große motorische Ganglienzelle; 20 kleine Pyramidenzelle aus der Großhirnrinde; 21 kleine sensible Ganglienzelle; 22 markhaltige Nervenfaser; (Ausschnitt)

grierten Ganzen und in vielfältiger Weise miteinander koordiniert. Sie befinden sich in einer ausbalancierten, aufeinander abgestimmten Wechselwirkung. Trotz vielfältiger Unterteilung bleibt auch die Einzelzelle im Organismus stets Teil dieses Ganzen. Darum steht auch die Mehrzahl der Zellen miteinander in Verbindung.

1.3. Chromosomen als Erbträger eukaryotischer Zellen

Im Gegensatz zu den Prokaryoten enthalten Zellen von Organismen der eukaryotischen Entwicklungsstufe echte Zellkerne, die von einer perforierten Doppelmembran umschlossen werden. Der Zellkern enthält die echten Chromosomen, die im Unterschied zu den „nackten" DNA-Molekülen der Prokaryoten komplexe Strukturen darstellen und neben der DNA noch RNA sowie basische und saure Proteine enthalten (das im Interphasekern weitgehend entspiralisierte Erbmaterial wird auch als Chromatin bezeichnet). Die Chromosomen sind Träger der Erbanlagen[1]), der Gene, die im Verlaufe der Kern- bzw. Zellteilung (Mitose und Meiose) gleichmäßig auf die Nachkommenzellen verteilt werden. Der Zyklus der Zellteilungen ist von einem Zyklus der Gestaltänderung und Bewegung der Chromosomen begleitet. In einem Zellkern, der sich in Teilungsruhe befindet, sind die Chromosomen im allgemeinen nicht sichtbar; sie befinden sich in einer extrem aufgelockerten Funktionsform und werden erst kurz vor dem Einsetzen der Kernteilung durch fortschreitende Kontraktion der chromosomalen Längsstruktur sichtbar. Dieser Formwechsel der Chromosomen liegt sowohl der Mitose, dem Kernteilungsmodus somatischer Zellen, als auch in abgeänderter Form der generativen Kernteilung (Meiose) zugrunde (8).

[1]) Auf die Besprechung der ebenfalls in den eukaryotischen Zellen vorkommenden extrachromosomalen Erbträger (Mitochondrien, Plastiden) muß an dieser Stelle verzichtet werden.

Jede „Organismen“-Art besitzt einen in bezug auf Zahl, Größe und Form für sie typischen Satz an Chromosomen, der aber in keinem Verhältnis steht zu der Größe und dem Differenzierungsstatus des jeweiligen Organismus (9). In den männlichen und weiblichen Keimzellen ist jeweils nur die Hälfte (haploider Chromosomensatz)

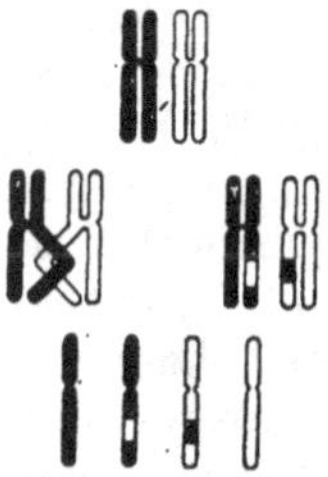
a)

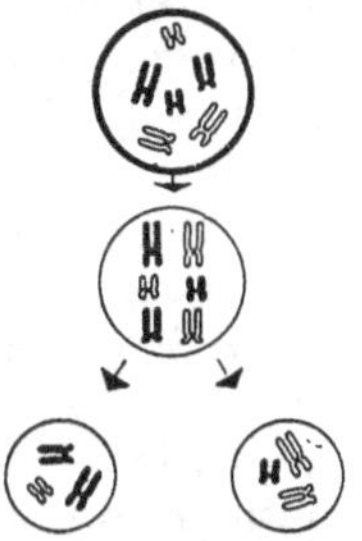
b)

Abb. 3. Neukombination des Erbmaterials während der Meiose (nach PELZ, L., und W. MIELER, 1972)

a) Austausch homologer Chromosomenabschnitte zwischen homologen Chromosomen nach Brüchen an identischen Orten in den Partnerstrukturen und kreuzweise Wiedervereinigung der Bruchstücke. Der als „Crossing over“ bezeichnete reziproke Segmentaustausch führt zur Rekombination gekoppelter Gene bei Pro- und Eukaryoten

b) Neuverteilung der Chromosomen in den Tochterzellen während der Meiose I: schwarz = Chromosomen mütterlicher Herkunft, weiß = Chromosomen väterlicher Herkunft

der für einen Organismus typischen Chromosomenzahl der somatischen Zellen (diploider Chromosomensatz) enthalten. Die Reduktion der Chromosomen erfolgt im Verlaufe der Meiose. Diese ist darüber hinaus noch von grundlegender genetischer Bedeutung für die Umordnung und Neukombination des genetischen Materials durch Stückaustausch zwischen homologen Chromosomen (Abb. 3).

Abweichend von der Regel sind die Geschlechtschromosomen, die auch als Heterochromosomen bzw. Gonosomen bezeichnet werden und von denen beim Menschen in den somatischen Zellen normalerweise zwei vorhanden sind, bei einem der Geschlechter nicht homolog. Beim Menschen ist das das männliche Geschlecht (XY), während bei der Frau das Geschlecht durch zwei homologe X-Chromosomen determiniert wird.

Der strukturelle Aufbau der Chromosomen ist sowohl durch Licht — als auch durch elektronenmikroskopische sowie andere physikalische und chemische Untersuchungen analysiert worden. Dabei ist es nur in einigen Fragestellungen gelungen, widerspruchsfreie Befunde zu erarbeiten, während eine weit größere Anzahl von Problemen noch ungeklärt ist. Die Lateraldifferenzierung der Chromosomen läßt sich aus der lichtoptisch gut nachweisbaren Mehrsträngigkeit ableiten, wobei jedes Chromosom vor seiner identischen Reduplikation im Interphasekern aus einer, nach der Replikation aus zwei Chromatiden besteht. Die Einzelchromatiden wiederum unterteilen sich in Halbchromatiden, die sich weiter in bisher noch nicht eindeutig bestimmte Substrukturen auflösen lassen. Grundlage der Chromosomen-Längsgliederung in die Zentromer-, Nukleolus-Organisator-Region, Chromomeren, Telomeren, sowie in eu- und heterochromatische Chromosomensegmente sind als *Chromonemata* bezeichnete, spirilisationsfähige Fibrillen (8). Das *Zentromer* ist das Bewegungszentrum der Chromosomen, mit dem sich in der Mitose bzw. Meiose die Spindelfasern verbinden und für die Bewegungs- und Verteilungsvorgänge im Verlaufe der Teilungsphasen sorgen. Die *Chromomeren* sind vor allem im Verlaufe der mitotischen und meiotischen Prophase auf den Längsstrukturen der weitgehend entspiralisierten Chromosomen als lokale „Verdickungen" erkennbar. Sie verkörpern wahrscheinlich Regionen engeren Spiralisierungsgrades der Chromosomenachse und sind in Teilprozesse der Replikation und Transkription der chromosomalen DNA einbezogen. Die Begriffe Eu- bzw. Heterochromatin dienen zur Kennzeichnung von Chromosomen bzw. Chromosomenregionen, die sich in ihrem Spiralisierungsgrad unterscheiden und von bestimmten Farbstoffen unterschiedlich intensiv gefärbt werden. In einem Gewebe oder einem bestimmten Zelltyp kann ein Chromosomensegment, in Abhängigkeit von seiner zellulären Funktion, sowohl als Eu- als auch als Heterochromatin vorliegen. Eu- bzw. Heterochromatin sind also keine unterschiedlichen Chromatintypen, son-

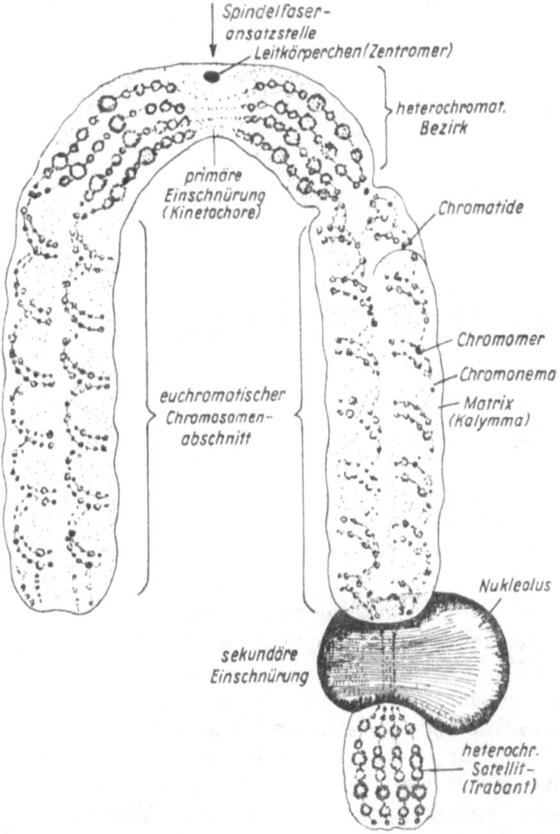

Abb. 4. Strukturelle und morphologische Charakteristika eines Chromosoms (Schema auf Grund lichtoptischer Untersuchungen angefertigt — nach HIENZ, H. A., 1971)

dern genetisch aktivere (Eu-) und weniger aktive bzw. inaktive (Heterochromatin) Chromosomenbereiche (Abb. 4). Trotzdem ermöglicht die Unterscheidung zwischen eu- und heterochromatischen Chromosomenregionen eine individuelle morphologische Charakterisierung der Chromosomen.

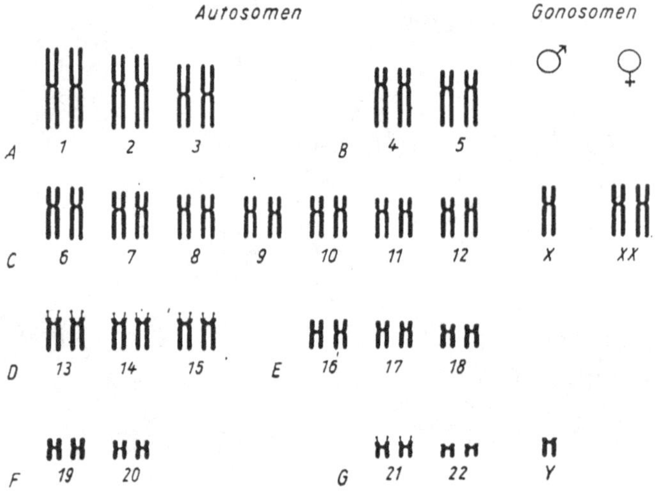

Abb. 5. Chromosomen des Menschen, nach den Empfehlungen von DENVER (1960) geordnet und in Autosomen und Gonosomen unterteilt (Schema nach PELZ, L., und W. MIELER, 1972)

Der geordnete Chromosomensatz einer Zelle wird als *Karyotyp* bezeichnet und die Summe aller Karyotypen in einem *Idiogramm* zusammengefaßt. Bei der Chromosomenanalyse sind eine Vielzahl morphologischer Befunde zu beachten, die für eine entsprechende Differenzierung und Klassifizierung von Bedeutung sind. Die Analyse erfolgt am Metaphase-Chromosom und berücksichtigt nach einem Vorschlag von LEVAN und Mitarb. (10) als Hauptkriterium die Position des Zentromers auf dem Chromosom. Je nach Lage des Zentromers werden die entsprechenden Chromosomen als mediane (metazentrische, mediozentrische) Chromosomen bezeichnet, wenn sich das Zentromer in der Chromosomenmitte befindet, als submediane (submetazentrische oder submediozentrische) bzw. subterminale (subtelozentrische, subakrozentrische), wenn das Zentromer gegen die Peripherie verschoben ist und als terminale (telozentrische oder akrozentrische) Chromosomen, wenn das Zentromer weitgehend terminal liegt. Das durch die Lage des Zentromers bedingte Verhältnis von langen zu kurzen Chromosomen-„Armen" (Armindex) ist neben der Gesamtgröße der Chromosomen ein weiteres wichtiges morphologische Kriterium zur Klassifizierung normaler und Identifizierung strukturell abnormer Chromosomen. Diese Kriterien bilden in ihrer Gesamtheit die Grundlage einer internationalen Übereinkunft zur Einteilung des menschlichen Karyotyps (Denver Konferenz 1960; Londoner Konferenz 1963). Danach werden die 46 menschlichen Chromosomen in 7 Gruppen (A—G) gegliedert, innerhalb derer die Autosomenpaare von 1—22 numeriert werden. Die Gonosomen tragen die Kennzeichnung X und Y (Abb. 5).

1.4. *In vitro kultivierte Säugerzellen als Objekte der zellgenetischen Forschung*

Die Erfolge des quantitativen Experimentierens in der Mikrobengenetik veranlaßten zahlreiche Wissenschaftler, nach analogen Methoden für Säugerzellsysteme zu suchen. Entgegen den damaligen Ansichten, daß Zellen außerhalb des Organismus nur in Gewebeexplantaten oder in Massenkulturen überleben, gelang es Puck u. Mitarb. 1955 in Analogie zu der in der quantitativen Mikrobiologie verwendeten Standardplattierungstechnik eine Methode zu entwickeln, die es gestattete, die Entwicklung einzelner Säugerzellen zu sog. Klonen in vitro zu verfolgen (11). Mit der Züchtung und Isolierung von Klonen, d. h. Zellpopulationen, die jeweils von einer einzigen Zelle abstammen, war der Weg frei für die genetische Analyse somatischer Zellen. Diese Methode ist für genetische Versuche eine notwendige Vorbedingung, um die in den meisten Zellstämmen nachweisbare Heterogenität auszuschalten (12).

Im Ergebnis weiterer Experimente konnten von Puck, Eagel, Earl u. a. die für die Zellzüchtung verwendeten Nährlösungen soweit vervollkommnet werden, daß es nun möglich war, Zellen von verschiedenartigen Geweben unterschiedlicher Säuger zu züchten und die Zellstämme vielfach ohne die bei nahezu allen heteroploiden Standard-Zellstämmen beobachteten Karyotypveränderungen langfristig zu kultivieren.

Durch die methodischen Fortschritte wurde es möglich, die Anzahl der in einer Zellkultur vorhandenen lebensfähigen Zellen zu bestimmen und von solchen Zellen, unter Verwendung spezifischer Selektionsmedien, Mutanten zu isolieren. Als günstigste Objekte bieten sich heute für genetische Untersuchungen bestimmte quasidiploide Zellen an, die, wie z. B. die Zellen des Chinesischen Hamsters, den Vorteil einer kurzen Generationszeit verbunden mit einer geringen und stabilen Chromosomenzahl aufweisen. Der Anwendung von Primärzellkulturen, d. h. frisch von einem Organismus entnommenen Zellen, sind infolge ihrer relativ kurzen Lebensfähigkeit und schlechten Klonierbarkeit Grenzen gesetzt. Ebenso sind Dauerzellkulturen, die spontan oder durch Behandlung mit Viren oder chemischen Substanzen aus Primärzellkulturen entstehen können, auf Grund ihres meist sehr instabilen Karyotyps für genetische Untersuchungen in der Regel wenig geeignet.

Bei der Analyse biochemischer Vorgänge in der in vitro gezüchteten Säugerzelle zeigte sich, daß sich der Lebenszyklus der Zelle in vier deutlich voneinander unterscheidbare Phasen abgrenzen läßt: S, G2, M und G1 Phase. Die Dauer eines Zellzyklus liegt bei verschiedenen Zellinien zwischen 10 und 50 Stunden, wobei die zeitlichen Relationen zwischen den einzelnen Linien ungefähr übereinstimmen. Mit etwa 45 Minuten Dauer ist die Mitose (M) die kürzeste Phase im Zellzyklus. Sie ist, wie auch die DNA-Synthese-Phase (S) von einer prämitotischen (G2) und einer postmitotischen (G1) Ruhephase eingeschlossen (Abb. 6). Die genaue Kenntnis des Generationszyklus einer Zelle gestattet Untersuchungen über den Einfluß verschiedener Substanzen auf die einzelnen Zellphasen, wobei der Aussagewert solcher Untersuchungen noch dadurch gesteigert werden kann, daß die Zellen in den verschiedenen Phasen ihres Zellzyklus synchronisierbar sind.

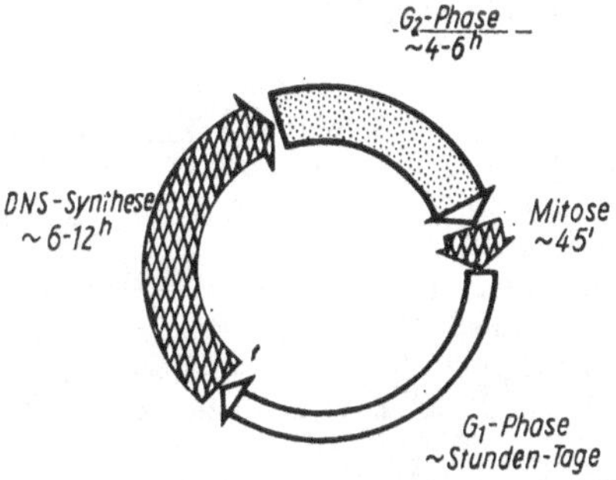

Abb. 6. Phasen des Zellzyklus (Schema nach PELZ, L., und W. MIELER, 1972)

Die in den folgenden Kapiteln vorgestellten, zum großen Teil neuen Ergebnisse der zellgenetischen Forschung, sollen dem Leser einen Einblick vermitteln in die breite Palette experimenteller Möglichkeiten und wissenschaftlicher Denkweisen, die die Übernahme quantitativer Techniken aus der Mikrobiologie und die Fortschritte bei der in-vitro-Kultivierung tierischer Zellen für die Genetik somatischer Zellen, und damit auch für das Verständnis der Genetik höherer Organismen, erschlossen haben. Darüber hinaus haben diese Forschungen auch anderen biologischen Disziplinen wie z. B. der Entwicklung einer molekularen tierischen Virologie und der technischen Mikrobiologie, für Forschung und Praxis entscheidende neue Impulse verliehen.

Eine den tierischen Systemen analoge Entwicklung zeichnet sich auch bei den Pflanzen ab. Auf Grund der Fülle des auch für diese Objekte vorliegenden Materials und der andererseits mit dem Anliegen der WTB-Reihe verbundenen konzentrierten Darstellung unserer Thematik, haben wir auf die Behandlung dieser interessanten und vor allem für die landwirtschaftliche Praxis in naher Zukunft äußerst wichtigen Problematik zugunsten einer detaillierten Betrachtung der Genetik tierischer somatischer Zellen verzichtet.

Literatur

1. DELBRÜCK, M. (1972), in: „Phagen und die Entwicklung der Molekularbiologie" (Cairns, S., Stent., G. S. und Watson, S. D. — Hrsg.) Akademie Verlag Berlin, S. 7
2. STENT, G. S. (1972), ebenda. S. 13
3. HAGEMANN, R. (1976), in: „Beiträge zur Genetik und Abstammungslehre" (Böhme, H., Hagemann, R. und Löther, R. — Hrsg.) Volk und Wissen Verlag Berlin, S. 13
4. BIELKA, H. (1973), Hrsg.: „Molekulare Biologie der Zelle", Fischer-Verlag, Jena
5. BÖHME, H., R. HAGEMANN und R. LÖTHER (Hrsg.) (1976), „Beiträge zur Genetik und Abstammungslehre", Volk und Wissen Verlag Berlin
6. SAJONSKI, H., und A. SMOLLICH (1975), „Zelle und Genetik", S. Hirzel-Verlag, Leipzig
7. BIELKA, H. (1973), in Ref. 4
8. PANITZ, R., und R. RIEGER (1973), in Ref. 4
9. HIENZ, H. A. (1971), „Chromosomen-Fibel", G. Thieme Verlag, Stuttgart
10. LEVAN et al. (1964), Hereditas 52, 201
11. PUCK, T. T. (1972), in Ref. 1, S. 262
12. MAUERSBERGER, B. (Hrsg.) (1972), „Aktuelle Probleme der Zellzüchtung", G. Fischer Verlag, Jena
13. GEISSLER, E. (Hrsg.) (1972), „MTL Molekularbiologie", VEB Bibliogr. Institut Leipzig

2. Mutation

2.1. Allgemeines

Eine wichtige Eigenschaft des genetischen Materials ist sein Vermögen zu mutieren, d. h. erblich verändert zu werden (Mutabilität). Von einer solchen Veränderung (Mutation) können sowohl einzelne Gene als auch in größerem Ausmaß die Chromosomen betroffen sein, auf denen die Gene in linearer Reihenfolge angeordnet sind.

Mutation und Selektion bilden wesentliche Voraussetzungen für die Entwicklung der Arten in dem fortwährenden Prozeß der Anpassung an ihre Umwelt. Neben einer derartigen (seltenen) Veränderung von Genen (Bildung von sog. Mutanten-„Allelen") oder Chromosomen findet i. allg. weit häufiger — insbesondere als Folge sexueller oder parasexueller Prozesse — eine Neukombination bereits vorhandener Erbanalagen (Rekombination) statt, die von der Mutation unterschieden werden muß.

Mutationen werden durch eine große Anzahl äußerer, auf lebende Zellen einwirkender Faktoren, wie bestimmte Chemikalien, energiereiche Strahlung oder verschiedene Viren *induziert*. Sie entstehen aber auch *„spontan"*, d. h. ohne erkennbare äußere Ursache. Am Zustandekommen von Mutationen sind bestimmte intrazelluläre Faktoren beteiligt.

Mutationen haben meistens nachteilige Folgen für das betroffene Individuum und können letal wirken (Letalmutation). Häufig bleiben sie auch ohne unmittelbare Folgen, z. B. wenn sie in für die phänotypische Ausprägung unbedeutenden Abschnitten des genetischen Materials auftreten. In den seltensten Fällen bringen sie Vorteile mit sich. (Es ist anzunehmen, daß sich die in der

Natur vorkommenden Arten in hohem Maße bereits optimal an ihre Lebensbedingungen angepaßt haben.

Die Mutation von Genen in diploiden Zellen bzw. Organismen hat i. allg. zur Folge, daß neben dem entstandenen Mutantenallel noch das unveränderte „Wildtypallel" vorhanden ist. Derartige Zellen werden als für das betreffende Gen „heterozygot" bezeichnet. Die Diploide hat zur Folge, daß — z. T. schwerwiegende — Mutationen von einem heterozygoten Individuum auf seine Nachkommen und von ihnen weiter vererbt werden können, obwohl die Überträger phänotypisch normal sind: Das (in seiner Merkmalsausprägung häufig „*rezessive*") Mutantenallel kann nämlich durch die Wirkung des (häufig „*dominanten*") Wildtypallels überdeckt werden, sich schließlich aber (oft erst viele Generationen später) manifestieren, sobald auch das Wildtypallel verändert wird. Viele bekannte Erbleiden des Menschen sind rezessiv und werden auf diese Weise übertragen. Sie sind im einzelnen selten. Man schätzt ihre Anzahl aber auf mehrere tausend, daher ist die Gesamtmutationsrate sicher nicht gering (57).

Bei den erblichen Veränderungen des genetischen Materials der höheren Organismen mit geschlechtlicher Fortpflanzung handelt es sich um *Mutationen in den Keimzellen*. In den Körperzellen dieser Organismen treten ebenfalls Mutationen, sog. „*somatische Mutationen*" auf, die zwar nicht an Nachkommen dieser Organismen weitergegeben werden, wohl aber für das betreffende Individuum Folgen haben können, z. B. können mutierte somatische Zellen vermutlich zur Bildung „transformierter" Zellklone und damit zum Krebs führen (57). Bei in vitro kultivierten somatischen Zellen, die sich mit einer vom Zellstamm abhängigen Generationszeit (zwischen etwa 10 und 50 h) vermehren, werden diese somatischen Mutationen (ebenso wie die normale genetische Information) über die mitotische Kernteilung und die Zellteilung von einer Zelle auf Tochterzellen vererbt.

In vitro kultivierte Zellen stellen daher für das Studium

von Mutationen, deren Entstehung und phänotypische Ausprägung (sowie für viele andere Untersuchungen) bei höheren Organismen ein günstiges Modell dar, das den überaus praktischen Vorteil der Verwendung von Methoden der Mikrobiologie mit sich bringt.

Die für die Genetik wohl wichtigste *Bedeutung der Mutationen* besteht darin, daß man spezifische Merkmale häufig erst durch ihre Veränderung (Mutation) als solche identifizieren und bestimmten Genen oder Gruppen von Genen („Kopplungsgruppen") zuordnen kann; auf diese Weise lassen sich die Gene selbst als Funktionseinheiten erkennen und schließlich lokalisieren. (So ermöglichten bei genetischen Versuchsobjekten wie die Fruchtfliege *Drosophila*, Bakteriophagen oder Bakterien erst vielfältige Experimente mit entsprechenden Mutanten die Aufstellung von Genkarten. Mutationen bei tierischen Zellen sind für eine Fülle von Fragestellungen in Biologie, Medizin, Landwirtschaft bedeutsam. Zu ihnen gehören, um einige Beispiele zu nennen,

- die Feinstruktur der Chromosomen (Chromosomen- und Genkarten)
- die weitere Aufklärung molekularbiologischer Mechanismen der Ab- und Weitergabe genetischer Information (Replikation, Kern- und Zellteilung, Transkription, Translation)
- die genetische Kontrolle von Differenzierungsvorgängen und von Malignität
- die weitere Erforschung der genetischen und biochemischen Grundlagen von Erbkrankheiten sowie entsprechender Therapiemöglichkeiten
- die pränatale Diagnose
- die Testung potentiell mutagener Umweltchemikalien
- Fragen der Tierzüchtung.

Mutanten werden häufig künstlich erzeugt. Die *experimentelle Mutagenese* begann im wesentlichen mit der Entdeckung von MULLER (1927), daß Röntgenstrahlen bei *Drosophila* Mutationen hervorrufen. Die Verwendung von Chemikalien als Mutagene setzte ein, nachdem *Auer*BACH u. a. in den frühen vierziger Jahren die mutagene

Wirkung von Senfgas nachgewiesen hatten. (Bereits vorher hatten BAUR sowie SACHAROV die Möglichkeit einer chemischen Mutagenese nachgewiesen.) In den letzten Jahren hat der Umfang an untersuchten Substanzen, die Veränderungen am genetischen Material hervorrufen können, ganz erheblich zugenommen, und besonders die chemische Mutagenese ist z. Z. Gegenstand intensiver Forschung.

Als *Versuchsobjekte* bei der Mutationsforschung an Säugerzellen werden (aus noch zu erläuternden Gründen, s. a. Einführung) in der Hauptsache bestimmte sog. etablierte Zellinien (vor allem vom Hamster, aber auch von der Maus sowie vom Menschen) bevorzugt. Verschiedene Argumente sprechen aber auch dafür, daß die nichtetablierten „Primärkulturen" bei bestimmten Fragestellungen ein wesentlich mehr adäquates Modell der In-vivo-Verhältnisse sind. Es ist gezeigt worden, daß man auch mit derartigen Kulturen quantitative Mutageneseexperimente durchführen kann (58). Bei einem anderen Weg der Mutationsforschung werden Mutantenzellen nicht in der In-vitro-Kultur erzeugt, sondern dem (menschlichen) Organismus entnommen und anschließend in der Kultur untersucht. Die meisten der angeborenen Stoffwechselanomalien sind vermutlich auf Genmutationen zurückzuführen (s. o.). Die Untersuchung entsprechender außerhalb des Körpers kultivierter Zellen trug und trägt wesentlich zur biochemischen Aufklärung derartiger Anomalien bei.

Die Bedeutung der Mutationsforschung mittels Zellkulturen wird nicht zuletzt dadurch demonstriert, daß man heute die Entstehung genetischer Schäden und ihre oftmals mit tragischen Konsequenzen verbundenen Auswirkungen im Kulturgefäß nachvollziehen und analysieren kann.

2.2. *Mutationstypen und Mutagenesemechanismen*

2.2.1. *Mutationstypen*

Nach dem Umfang der Veränderung des genetischen Materials unterscheidet man verschiedene Typen von

Mutationen, die sich auf verschiedene genetische funktionelle Einheiten (Gen, Chromosom, Genom) beziehen.

Bei den *Genmutationen* werden einzelne Gene von der Mutation betroffen. Sie können größere Veränderungen innerhalb eines Gens (z. B. Deletionen) aber auch Austausch, Verlust oder Einschub einzelner Nukleotidpaare (sog. Punktmutationen) darstellen. Wird bei einem Basenaustausch eine Purinbase durch eine andere Purinbase bzw. (im anderen Strang) eine Pyrimidinbase durch eine andere Pyrimidinbase ersetzt, spricht man von einer *Transition*. Der Austausch einer Purin- gegen eine Pyri-

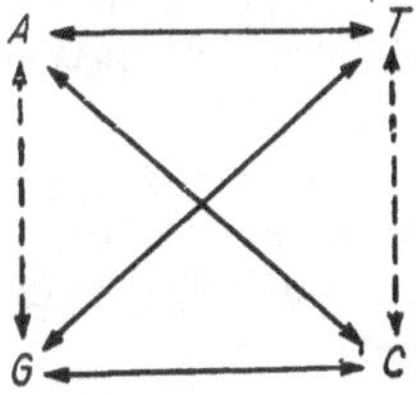

Abb. 7. Arten von Basenaustauschmutationen;
------ Transition
———— Transversion

midinbase und umgekehrt heißt *Transversion* (s. Abb. 7). Ein Verlust oder Einschub einzelner Basen (*Raster- oder Frameshift-Mutation*) führt zu einer Verschiebung des Triplett-Leserasters für die Proteinsynthese. Es resultiert ein funktionsunfähiges Protein. Häufig führt die Rasterverschiebung zur Bildung eines Punktkodons (s. u.).

Die Konsequenzen einer Basenaustauschmutation für das Individuum können sehr verschieden sein:

a) Es entsteht ein „synonymes Kodon" („Same"-Mutation), z. B. GGA → GGU, beide Tripletts kodieren für Glyzin;
oder:
die — z. B. gegen Glyzin — ausgetauschte Aminosäure, z. B. GGA (Glyzin) → GCA (Valin), ist in der betreffenden Position des Polypeptides

b) gleichwertig mit Glyzin („erlaubter Missense“) oder sie ist nicht gleichwertig mit Glyzin aber noch tolerierbar (z. B. nur leichte Verringerung der Enzymaktivität); oder

c) sie ist falsch („verbotene Missense“-Mutation). Das entstehnde Enzym ist nicht funktionstüchtig. Es ist aber noch immunologisch, mit einem gegen das aktive Enzym gewonnenen Antiserum als „CRM“ (cross reacting material) nachweisbar.

d) Es entsteht ein „Punktkodon“, das für keine Aminosäure kodiert, z. B. GGA → UGA („Nonsense“-Mutation). An Stelle der Punktmutation bricht die Polypeptidkette ab. Das Fragment ist häufig auch nicht mehr immunologisch nachweisbar.

Bei den *Chromosomenmutationen* (Übersicht: 1) handelt es sich um Strukturveränderungen einzelner oder mehrerer Chromosomen. Man unterscheidet vier Arten (s. Abb. 8 und 9):

Deletion (Verlust eines Chromosomenstückes),
Inversion (Drehung eines Chromosomenabschnittes um 180°),
Duplikation (Verdopplung eines Chromosomenabschnittes) und
Translokation (Verlagerung eines Chromosomenabschnittes).

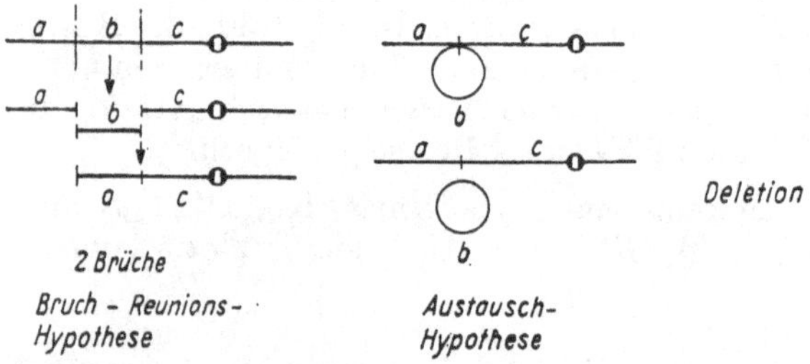

Abb. 8. Entstehung von Chromosomenmutationen (schematisch, zur Vereinfachung jeweils nur eine Chromatide gezeichnet)
a) Deletion,

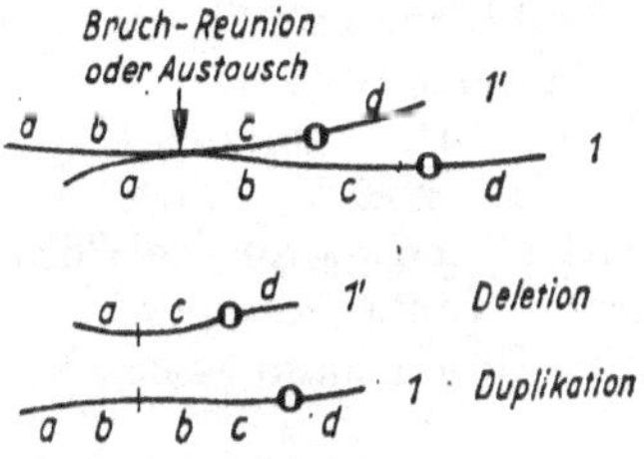

8b

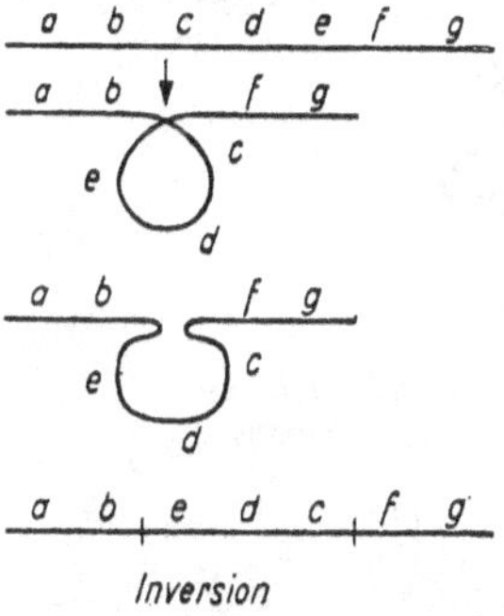

8c

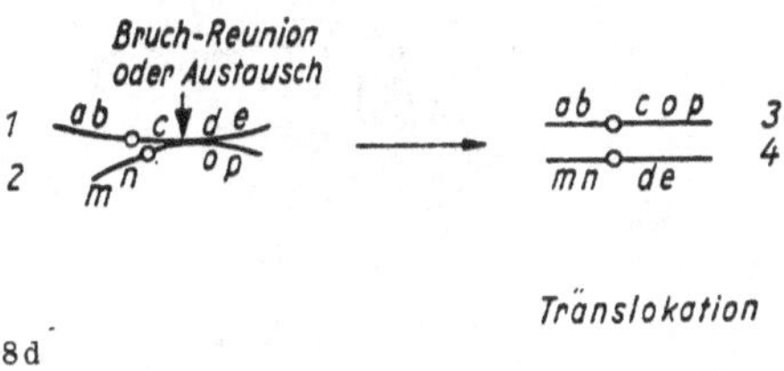

8d

Abb. 8 b) Duplikation,
c) Inversion,
d) Translokation; nach GÜNTHER (91)

Bei den zwei letzten Arten können jeweils 2 verschiedene Chromosomen betroffen sein (interchromosomale Chromosomenmutationen). Alle 4 Typen können das Chromosom als ganzes, eine der beiden Chromatiden eines Chromosoms oder Untereinheiten der Chromatiden (Subchromatiden) betreffen.

Die Entstehung derartiger Strukturumbauten wird auf das Vorhandensein von Chromosomen- bzw. Chromatidenbrüchen zurückgeführt („Bruch-Reunions-Hypothese“): Normalerweise werden die meisten Chromosomenbrüche sehr wirksam repariert und damit die Chromosomen in ihrer ursprünglichen Konfiguration wiederhergestellt („Restitution“). Ein Bruch kann aber auch

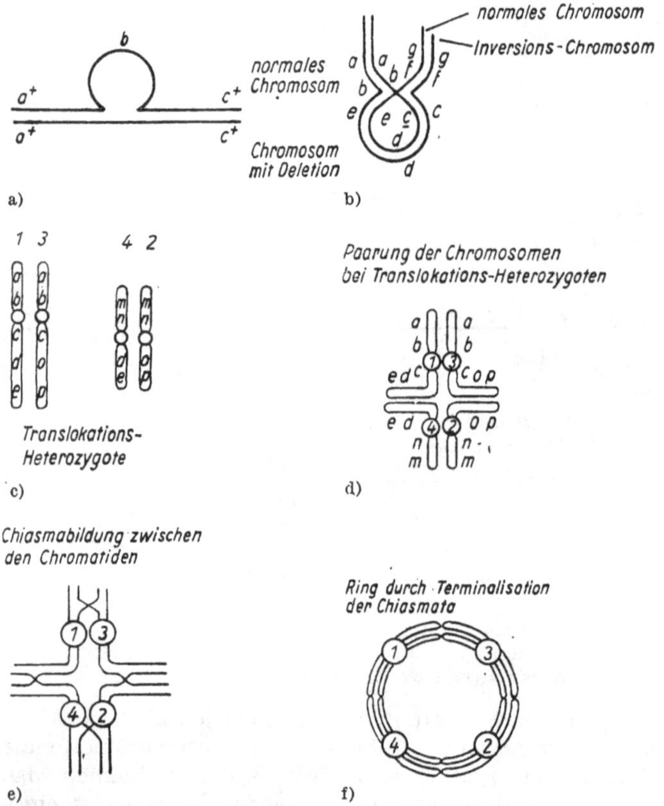

Abb. 9. Paarungsfiguren bei Vorliegen von Chromosomenmutationen; nach GÜNTHER (91)

zu einer Deletion führen oder Bruchflächen verschiedener Chromosomenregionen können sich falsch vereinigen („Reunion"). (Nach einer anderen Vorstellung („Austauschhypothese") sind nicht freie Bruchflächen der Primärschaden sondern lokale Instabilitäten. Zwischen verschiedenen Chromosomen (-abschnitten) erfolgt an Kontaktstellen ein Austausch von Chromosomen- bzw. Chromatidenstücken (ähnlich dem „crossing over" während der Meiose)) (82).

Tafel 1 (s. Anhang) zeigt einige wichtige mikroskopisch sichtbare Schadenstypen. Einige dieser Aberrationen (z. B. a-, di- oder trizentrische Chromosomen, viele Deletionen) sind nicht beständig; die entsprechenden Strukturen werden eliminiert. Die sog. „gaps" oder achromatischen Läsionen (ungefärbte Feulgen-negative Regionen) sind im Gegensatz zu den (Iso-) Chromatidenbrüchen keine echten Diskontinuitäten der Chromosomen. Sie können vermutlich auch nicht als Mutationsäquivalente angesehen werden (2).

Ebenfalls stellen die Schwesternchromatidenaustausche („SCE", sister chromatide exchange — symmetrische, häufig mehrfache Segmentaustausche zwischen den beiden Schwesternchromatiden eines Chromosoms) keine Chromosomenmutationen dar. Sie sind aber vermutlich — wenigstens teilweise — mit Mutationen assoziiert. So erzeugen eine Vielzahl mutagener wie karzinogener Noxen, die Chromosomenaberrationen auslösen, auch SCE's (3). Die SCE's sind mittels geeigneter Färbetechnik leicht nachweisbar und ihre Häufigkeit scheint (in vitro bei CHO-Zellen des Chinesischen Hamsters) ein weitaus sensitiveres Indiz für aufgetretene Chromosomenschädigungen zu sein als die Häufigkeit anderer o. g. Strukturumbauten (3). Die für die Rekombination von Schwesternchromatiden verantwortlichen enzymatischen Prozesse sind noch unbekannt. Versuche mit verschiedenen *Xeroderma pigmentosum*-Zellstämmen ergaben, daß keine bisher bekannten DNA-Reparaturmechanismen eine wesentliche Rolle spielen (4).

Wird die Chromosomen*zahl* einer Zelle oder eines Individuums verändert, spricht man von *Genom- oder Ploidiemutationen.* Bei Polyploidie wird die Chromosomenzahl um ganze Chromosomensätze vervielfacht ($\geqq$ 3n Chromosomen anstatt 2 n Chromosomen in der somatischen Säugerzelle), bei Haploidie auf einen Chromosomensatz (n) reduziert.[1]) Bei Aneuploidie fehlen einzelne Chromosomen oder sie sind überzählig.

Ploidiemutationen sind bei höheren Pflanzen weit verbreitet (Polyploide Kulturpflanzen sind leichter an ungünstige Umweltbedingungen anpassungsfähig und oft auch ertragreicher als diploide Ausgangsformen.) Im Tierreich kommt dagegen Polyploidie sehr selten vor — u. a. infolge hoher Wahrscheinlichkeit für Intersexualität bzw. Sterilität (gestörtes Verhältnis zwischen Geschlechtschromosomen und Autosomen). Allerdings tritt bei Tieren während der Differenzierung in einzelnen Geweben relativ häufig eine organspezifische somatische Polyploidisierung („Endopolyploidie") auf (als Folge von sog. „Endomitosen", Chromosomenverdopplungen ohne gleichzeitige Kern- und Zellteilung), was erhöhte Syntheseleistungen der Zellen ermöglicht.

Die u. a. durch „Non-Disjunktion" (Nichttrennung und abnorme Verteilung von Chromosomen bei der Kernteilung) entstehenden Aneuploidien sind für den lebenden Organismus häufig letal oder führen zu schweren Störungen. Beim Menschen sind trisome und monosome Aneuploidien bekannt, die schwerwiegende Syndrome bedingen.

In vitro permanent kultivierbare somatische Säugerzellen sind (abgesehen von der Heterogenität im Karyotyp) bezogen auf die mittlere, am häufigsten auftretende Chromosomenzahl („stem line") sehr oft aneuploid. Auch treten leicht Polyploidien auf (s. Kap. 4.2.1.1. und Abb. 30). Ferner findet man in Tumoren Endopolyploidien.

---

[1]) ‚Daneben gibt es auch eine normale Haploidie: bei den Gameten der Eukaryoten, bei Bakterien und Viren'

Nichtchromosomale Mutationen: Neben den in den Chromosomen lokalisierten Erbanlagen („Genotyp“) können auch die für die nichtchromosomale oder plasmatische Vererbung verantwortlichen Erbanlagen im Zytoplasma, z. B. in den Plastiden der Pflanzen oder in den Mitochondrien, mutieren (s. a. Kap. 2.4.1.4.).

2.2.2. *Chemische Mutagene*

Bei vielen chemischen Verbindungen ist der Reaktionsmechanismus der mutagenen Wirkung unbekannt. In mehreren halbwegs bekannten Fällen beruht er zumindest teilweise auf fehlerhaften Reparaturvorgängen (s. Kap. 3). Die Effektivität einer chemischen Substanz als Mutagen hängt von verschiedenen Faktoren ab wie pH-Wert, Stabilität der gelösten Substanz (Halbwertszeit) und vom physiologischen Zustand der Zellen. Eine Reihe von Chemikalien, wie z. B. Dimethylnitrosamin, sind für Mikroorganismen nicht mutagen, können aber durch den Stoffwechsel der Säuger, insbesondere unter der Wirkung bestimmter aktivierender Enzyme in teilweise stark mutagene Produkte umgewandelt werden, s. a. Kap. 4.4.2. Andere Verbindungen wirken als *Antimutagene.* Sie üben eine Schutzwirkung gegen mutagene Effekte von energiereicher Strahlung oder chemischen Mutagenen aus und reduzieren teilweise wahrscheinlich auch die Frequenz der Spontanmutation. Dazu gehören bestimmte schwefelhaltige Verbindungen wie Zystein, Zyst(e)amin und andere Substanzen, z. B. Spermin, Nukleinsäurepräkursoren. Einige Verbindungen, die vermutlich die Reparatur von DNA-Schäden hemmen, wirken unter bestimmten Bedingungen als Antimutagene und unter anderen als Mutagene (Übersicht: 5). Im folgenden wird kurz der Mutagenesemechanismus einiger Substanzen erörtert. Besonders bei bestimmten Agenzien, deren Einwirkung direkt zu Änderungen in der Basensequenz der DNA führt, wurden Einzelheiten bekannt.

Die Einwirkung von *salpetriger Säure* führt bei den „Aminobasen“ Zytosin, Adenin und Guanin zum Verlust der NH_2-Gruppe. Dadurch entstehen die „Oxybasen“ Urazil, Hypoxanthin und Xanthin (Abb. 10a), die (mit Ausnahme von Xanthin) bei einer folgenden Replikation

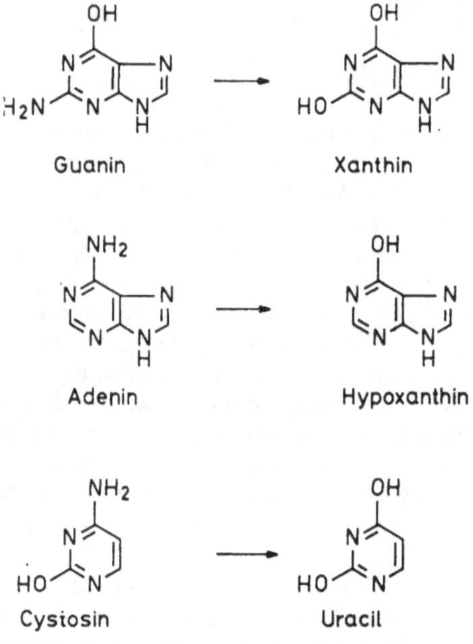

Abb. 10. a) Desaminierung durch salpetrige Säure

andere Paarungseigenschaften zeigen. Bei einer erneut stattfindenden Replikation wird dann die Mutation (Transitionen) manifestiert (s. Abb. 10b).

Transitionen werden ebenfalls mit Hilfe sogenannter *Basenanaloga* erzeugt, die anstelle der natürlichen Purine bzw. Pyrimidine in die DNA eingebaut werden. Das bekannteste Analogon dieser Art, 5-Bromurazil (BU), unterscheidet sich von Thymin nur dadurch, daß es anstelle der Methylgruppe ein Bromatom besitzt. BU ist instabil. Durch Umlagerung eines Wasserstoffatoms kann seine normale „Keto"-Form, die mit Adenin paart, kurzzeitig in die seltene „Enol"-Form übergehen, die sich mit Guanin paart (Abb. 11a). Die Mutation ist dabei – zumindest in *Escherichia coli* (25) – die Folge eines Replikationsfehlers (Abb. 11b links) oder eines Einbaufehlers (Abb. 11b rechts). Es entstehen sowohl

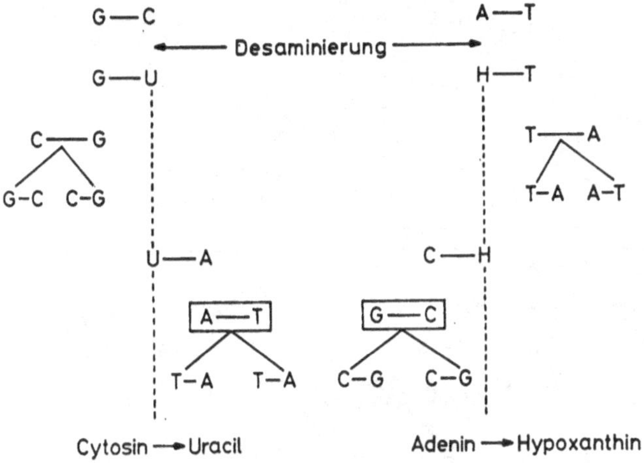

Abb. 10 b) Transitionen als Folge von Desaminierung; nach KAUDEWITZ (77)

AT → GC – als auch GC → AT-Transitionen. Auf nicht replizierende DNA bleibt dieses Mutagen wirkungslos. In Säugerzellen (wie auch in Mikroben) erzeugt besonders das entsprechende Thymidin-Analogon 5-Bromdesoxyuridin (BUdR) Genmutationen (27, 8). In die DNA inkorporiertes BUdR erhöht speziell auch die UV-Sensitivität. Ferner verursacht es in Kombination mit langwelligem UV-Licht (bei höheren Konzentrationen vermutlich auch allein) Chromosomenaberrationen (9), wobei Einzelstrangbrüche als Initialläsionen angenommen werden.

Nach neueren Befunden entstehen Mutationen durch

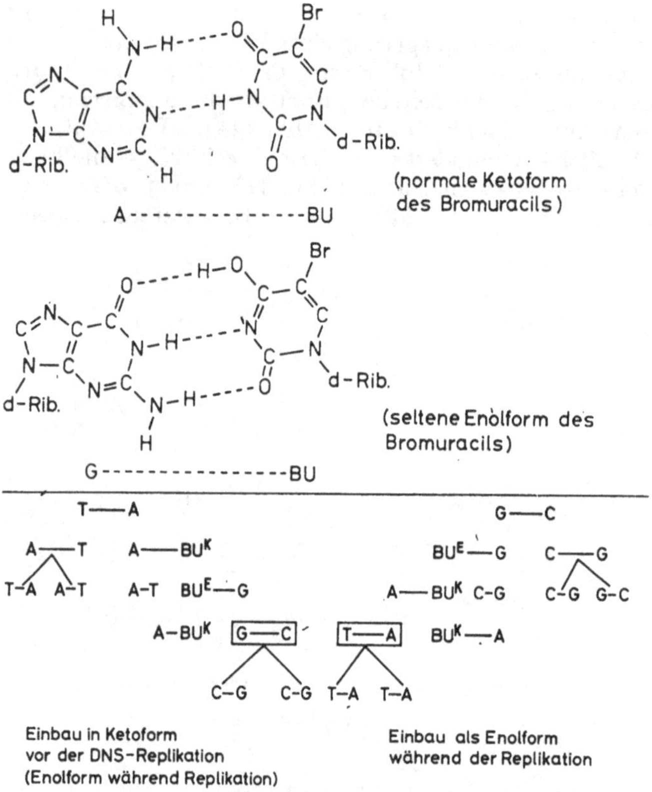

Abb. 11. Mutagene Wirkung von Bromuracil; a) nach KNIPPERS (116), b) nach KAUDEWITZ (77)

BUdR in Hamsterzellen *nicht* nur durch Fehlpaarung mit Guanin: Die Mutantenausbeute ist nicht proportional der Menge an in die DNA eingebautem BUdR, sondern bleibt solange niedrig, bis die Konzentration von BUdR die intrazelluläre Thymidintriphosphat-Konzentration überschreitet. Es wird vorgeschlagen, daß BUdR einen allosterischen Effekt auf das DNA-Synthése-System ausübt, das dadurch weniger fehlerfrei arbeiten kann (114).

Durch BU und andere Basenanaloga induzierte Mutationen können, wie wir sahen, durch sie auch zur Rückmutation induziert werden. Das ist bei *Hydroxylamin* nicht möglich: Es reagiert vor allem mit Zytosin, das dadurch in

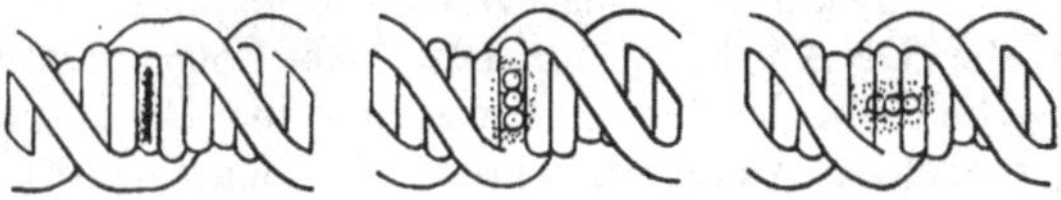

Abb. 12a. **Mögliche Arten der Akridin-Einschiebung in die DNA-Struktur; nach LERMAN aus (103)**

seinem Paarungsverhalten dem Thymin ähnlich wird, und erzeugt auf diese Weise bevorzugt GC → AT-Transitionen. Wegen seiner spezifischen Wirkung wurden mit Hydroxylamin wichtige Befunde der Mutationsforschung erhalten.

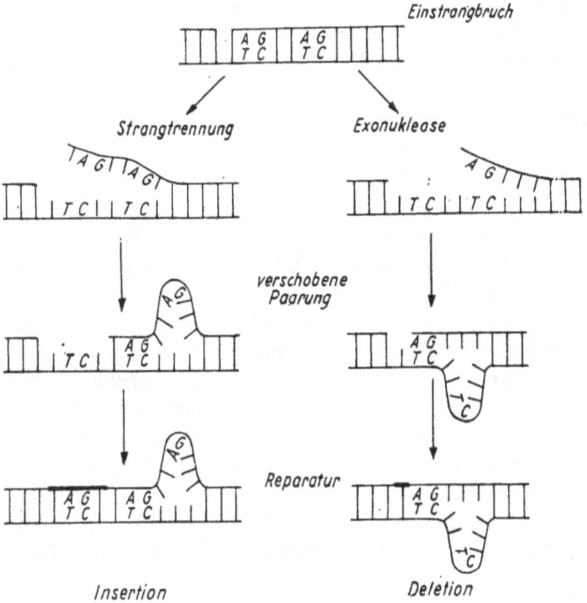

Abb. 12b. **Entstehung von Rastermutationen (Modell von STREISINGER), nach MÜLLER (106)**

Bei einer anderen Gruppe mutagener Substanzen, zu denen vor allem die *Akridinfarbstoffe* gehören, können einzelne Moleküle zwischen zwei benachbarte Nukleotide des DNA-Stranges geschoben werden (Interkalation), was zu einer Dehnung des Zucker-Phosphorsäure-Rückgrates der DNA führt (Abb. 12a). Als Folge davon kann schließlich ein Verlust (Deletion) oder Einschub (Insertion) einzelner Basen und damit eine Rastermutation resultieren. Die Entstehung der — auch nach UV-Bestrahlung und ebenfalls spontan auftretenden — Rastermutationen beruht nach einem Modell von STREISINGER u. Mitarb. auf bestimmten Fehlern bei der Reparatur von Einzelstrangbrüchen: An einer Bruchstelle können sich vorübergehend voneinander getrennte Einzelstrangabschnitte gelegentlich um eine oder mehrere Basen gegenseitig verschoben wieder vereinigen, s. Abb. 12b. Der Mutagenesemechanismus ist noch nicht zweifelsfrei aufgeklärt; insbesondere sind nicht alle Substanzen, die interkalar in die DNA eingebaut werden, mutagen, ferner erzeugen bestimmte Akridine bevorzugt in spezifischen Basensequenzen Mutationen (Übersicht: 10).

Zu den stärksten Mutagenen gehören die *alkylierenden Agenzien,* wie z. B. Sulfonsäureester (EMS, MMS[1])), Nitrosomethylharnstoff, Schwefel- und Stickstofflost. Sie haben häufig einen mehrfachen Wirkungsmechanismus (Übersicht: 2). An der DNA werden bevorzugt die Basen alkyliert, was u. a. Basenverlust und Strangbrüche zur Folge hat. Diese Agenzien erzeugen vorwiegend Transitionen, seltener Transversionen, möglicherweise auch Rastermutationen. Die Mutationen manifestieren sich bei der Replikation der alkylierten DNA. Bei vielen alk. Agenzien ist auch eine indirekte Beeinflussung der DNA anzunehmen (s. a. Kap. 4.4.2.).

Das sehr häufig benutzte Mutagen *Nitrosoguanidin* (MNNG[2])) wirkt bei Prokaryoten und auch bei Hefen

---

[1]) Äthyl- bzw. Methylmethansulfonat

[2]) N-Methyl-N'-Nitro-N-Nitrosoguanidin

selektiv auf replizierende DNA. Bei tierischen Zellen wurde dagegen bisher keine eindeutige Abhängigkeit der mutagenen Wirkung vom Zellzyklus festgestellt. MNNG ruft wie andere Agenzien eine Reparatur der von ihm geschädigten DNA hervor und verursacht Basenaustauschmutationen. Die mutagene Wirkungsweise dieser (auch stark karzinogenen) Substanz ist im einzelnen noch ziemlich ungeklärt.

Eine Vielzahl von Substanzen, zu denen die eben genannten alkylierenden Agenzien und Nitrosoguanidin gehören, Nukleinsäure-Antimetaboliten, verschiedene Antibiotika und andere Agenzien (z. B. Herbizide, Pestizide, verschiedene Pharmaka) rufen zytologisch nachweisbare Chromosomenmutationen hervor. An der Entstehung dieser Strukturveränderungen scheinen reparaturfähige DNA-Schäden maßgeblich beteiligt zu sein.

2.2.3. Andere Mutagene

Ionisierende Strahlungen induzieren in Säugerzellen sowohl Chromosomen- als auch Genmutationen. Obwohl für diese Mutagene viele Erfahrungen hinsichtlich Dosis-Effekt-Beziehungen und Dosis-Standardisierungen gesammelt wurden, sind hier die molekularen Mutagenesemechanismen noch ziemlich ungeklärt. Als Mutationsursache kommen neben DNA-Strangbrüchen noch eine Reihe anderer Schädigungen in Betracht (s. Abb. 13).

Die strahleninduzierte Rate der Vorwärtsmutation variiert in den verschiedensten Organismen um etwa 3 Zehnerpotenzen. Von Abrahamson, Bender, Conger u. Wolff wurde aber folgende überraschende Beziehung aufgedeckt („ABCW-Relation"): Wenn man für einen beliebigen Organismus die Zahl der Mutationen pro genetischem Locus und pro rad auf die DNA-Menge eines haploiden Zellkerns bezieht, dann erhält man für eine so definierte Mutationsrate nahezu immer den gleichen Wert (Variation um Faktor 3 anstatt 1000) (11), s. Abb. 14.

Eine völlig analoge Korrelation wurde inzwischen für die EMS-induzierte Mutagenese gefunden (12). Diese Beziehungen ermöglichen u. a. interessante Folgerungen über die zur Enzymspezifizierung vorhandenen DNA-Mengen

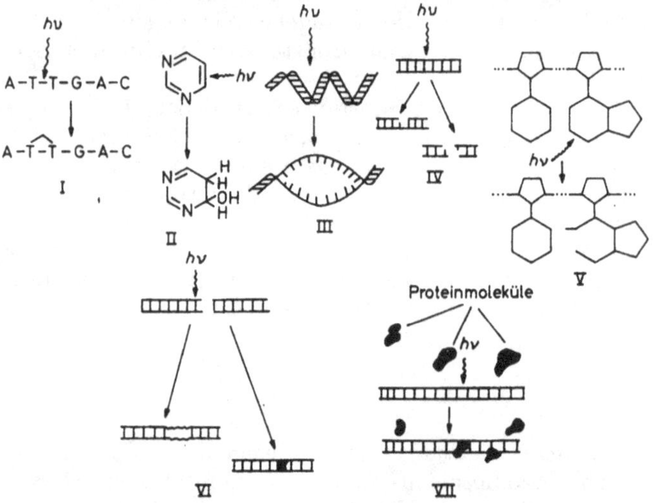

Abb. 13. Typen der molekularen Umbauten, die durch Strahlung bedingt sind; nach SOIFER (103)
I – Pyrimidindimere; II – Hydrate von Zytosin und Urazil; III – partielle Denaturierung; IV – Ein- und Zweistrangbrüche der DNA; V – Basenzerstörung; VI – intermolekulare und intramolekulare Vernetzungen der DNA; VII – Vernetzungen von DNA und Protein

in verschiedenen Organismen und sind nützlich für die Abschätzung mutagener Wirkungen (z. B. Extrapolation auf den Menschen). (UV-Strahlung s. Kap. 3.)

Weitere als Mutagene wirksame physikalische Effekte sind der *photodynamische Effekt* (Übersicht: 13) sowie *hohe Temperaturen* (Übersicht: 14). Über mögliche mutagene Wirkungen der *Schwerelosigkeit* liegen unterschiedliche Ergebnisse vor. Während z. B. Untersuchungen peripherer Lymphozyten von verschiedenen sowjetischen Kosmonauten nach dem Raumflug (Sojus 3, Sojus 6—9,

Sojus 13 u. 17) keine zytogenetischen Veränderungen ergaben, wurde bei vergleichbaren Untersuchungen amerikanischer Raumflüge (Raumschiffe Gemini, Apollo, Skylab) das Auftreten von Chromosomenaberrationen festgestellt (15).

Virusmutagenese: Eine virusbedingte Mutation menschlicher Chromosomen wurde erstmals 1961 von Nichols bei einer Masernepidemie entdeckt. In der Zwischenzeit wurde für eine große Anzahl von DNA- und RNA-Viren (darunter auch Impfviren) sowohl in der Zellkultur als auch bei Patienten das Auftreten virusbedingter Chromo-

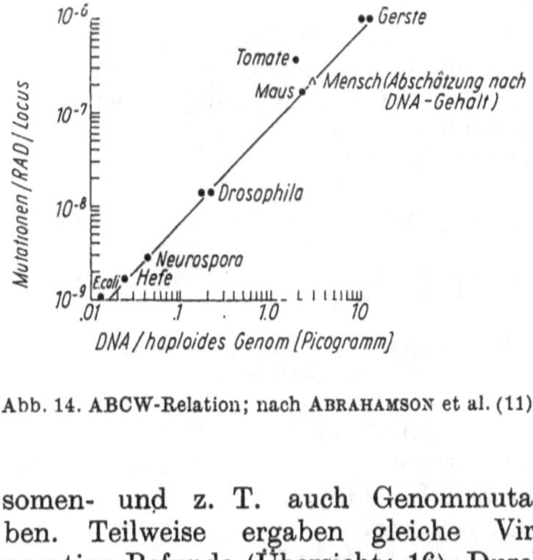

Abb. 14. ABCW-Relation; nach Abrahamson et al. (11)

somen- und z. T. auch Genommutationen beschrieben. Teilweise ergaben gleiche Viren aber auch negative Befunde (Übersicht: 16). Durch tierische Viren können (zumindest in bestimmten Fällen bei *Drosophila* und in Säugerzellen) auch Genmutationen erzeugt werden. So wurde bei verschiedenen Resistenzmarken in Zellen des Chinesischen Hamsters die mutagene Wirkung von Simian Virus 40 (vgl. Kap. 4.3.1.) aufgezeigt (17). Vermutlich kann SV 40 (ähnlich wie der Bakteriophage Mu in *E. coli*) als Folge seiner Integration in das Wirtsgenom Genmutationen auslösen.

2.2.4. *Spontanmutation*

Neben mutagenen Faktoren, die als solche erkannt wurden und denen lebende Systeme – absichtlich oder unabsichtlich – ausgesetzt sind, wirken weitere nicht von außen zugeführte oder teilweise bisher nicht erfaßte Einflüsse auf das genetische Material ein, die für die sog. Spontanmutation verantwortlich sind. Zu diesen Einflüssen gehören z. B.:

- seltene Konfigurationsänderungen der Nukleotidbasen, die zu veränderten Paarungseigenschaften führen,
- Fehler bei der Replikation infolge nicht völlig strenger Spezifität der DNA-Polymerase-Wirkung
- die Wirkung von Genen („Mutatorgenen"), die die Mutabilität anderer Gene beeinflussen (z. B. durch Änderung von Polymeraseaktivität oder -spezifität) (s. a. Kap. 3.2.2.),
- die Intergation von Viren (s. o.),
- die Wirkung intrazellulär als Stoffwechselprodukte entstehender Mutagene (etwa unter veränderten Milieubedingungen),
- exogene Faktoren wie die Wirkung der in der Natur vorhandenen Strahlung.

(Anhand dieser Aufzählung wird ersichtlich, daß die Bezeichnung „spontan" ziemlich problematisch ist!)

Über die Höhe der spontanen Mutationsrate (für Genmutationen) bei in vitro kultivierten somatischen Zellen gibt die Tab. 1 Auskunft. (Für die extreme Variabilität der Azaguanin-Resistenz-Werte können u. a. eine verschiedene Anzahl vorhandener X-Chromosomen, metabolische Kooperation und auch aufgetretene Phänokopien verantwortlich gemacht werden (18), (vgl. die folgenden Kapitel). Aus diesen Daten bestimmte MORROW (18) (bei Ausklammerung einiger Marken, deren genetische Basis nicht ganz verstanden wird) einen Wert von $7-9 \times 10^{-7}$ Mutationen pro Genlocus pro Zelle pro Zellgeneration. Nach neueren Abschätzungen ist dieser Wert nahezu um 2 Zehnerpotenzen höher als ein entsprechend definierter

Tabelle 1

Spontanmutationsraten in kultivierten Zellen, nach MORROW (18) (× 10^{-6} pro Zellgeneration; Daten aus Fluktuationstests)[1])

Charakter		Mut.-Rate	Zellinie
Resistenz gegen			
Azaguanin	r[2])	1,5–5,7	heteroploide Mäusezellen
		0,45–1,8	menschl. diploide Fibroblasten
		15	Hamsterzellen, etabliert
		0,018	V79-Hamsterzellen, etabliert (CHU)
		22	V79-Hamsterzellen, etabliert (HARRIS)
		70	L-54-menschl. diploide Zellen, ♂
		70	Glen, transform. WI-38 (menschl.)
		1	D 98/AG (HeLa)
BUdR	r	< 0,035	BHK-Hamsterzellen, etabliert
	[3])	0,1	L5178Y-Mäuse-Lymphom-Zellen
Glukokortikoid	r(?)	3,5	Mäuse-Lymphom-Zellen, pseudodiploid
hohe Thymidin-Konz.		20	V79
Diaminopurin (2. Schritt)	[3])	0,3 ± 0,08	CHO-Hamsterzellen, etabliert
Ouabain	d	0,06	CHO
Puromyzin (1. Schritt)		4	Mäuse-L-Zellen
(2. Schritt)		100	Mäuse-L-Zellen
Phytohämagglutinin	r	1,5	CHO
Aminopterin	cd	10	Mäuse-Lymphoblastom
Unbahängigkeit von			
Asparagin	d[4])	0,71–1,7	Jensen-Ratten-Sarkom-Zellen, etabliert
		0,74–0,9	L 5178 Y
		1,4–3,5	Walker-Ratten-Karzinosarkomzellen
Glukose	[5])	100	Hamsterzellen, etabliert

Zeichenerklärung: [1]) sämtliche Quellenangaben siehe (18),
[2]) X-chromosomale Lokalisation,
[3]) Mutation vermutlich: +/– → –/–,
[4]) vielleicht Reversion,
[5]) vielleicht mehrere Loci,
r rezessiv, *d* dominant, *cd* kodominant.

Wert für die Mutationsrate beim Menschen (Übersicht: 18). Die Ursachen für diese Differenz sind bisher unbekannt. Unter anderem wird vorgeschlagen, daß in den Keimzellen mehrzelliger Organismen — als Folge einer enzymatischen Reparatur veränderter DNA oder einer selektiven Eliminierung mutierter Zellen — neu entstehende Mutationen suprimiert werden.

Besonders die Untersuchungen der Spontanmutation zeigen, daß die Mutabilität der verschiedenen zellulären wie auch mikrobiellen Systeme stark variiert und sowohl von genetischen wie nichtgenetischen Faktoren abhängig ist. Diese Variabilität bezieht sich nicht nur auf verschiedene Genome, sondern vermutlich auch auf verschiedene Abschnitte einzelner Chromosomen sowie auf verschiedene Sites innerhalb eines Gens.

2.2.5. *Wirkung von Mutationen, Klassifikationsmerkmale*

Neben der bisher vorgenommenen Unterscheidung von Mutationen nach ihrem „Typ“ und nach dem Mechanismus ihrer Entstehung werden Mutationen auch hinsichtlich des Wirkungsbereiches der von ihnen betroffenen Gene bzw. verschiedener phänotypischer Merkmale klassifiziert und beurteilt. Einige dieser (auch in den folgenden Kapiteln benutzten) Unterscheidungskriterien sollen hier zusammenfassend dargestellt werden.

Man unterscheidet Mutationen nach der Funktion des betroffenen Gens bei der Informationsabgabe. So gibt es Strukturgen- und Regulatorgenmutationen, Mutationen in spezifischen Erkennungsregionen der DNA für an der DNA angreifende Enzyme, Repressoren oder Aktivatoren, Mutationen in Genen für Transfer RNAs und andere. Vermutlich die meisten nachweisbaren (auch bei Säugerzellen in dieser Weise bisher identifizierten) Mutationen liegen in den Strukturgenen für bestimmte Proteine.

Mutationen werden ferner nach der *Art der Veränderung des betroffenen Enzyms* unterschieden (Quantität, katalytische oder allosterische Eigenschaften) (Übersicht: 101). Hierher gehören Veränderungen

- der Menge von synthetisiertem Enzymprotein
  — reduzierte (sehr selten auch erhöhte) Enzymaktivität —,
- der Abhängigkeit der Enzymaktivität von äußeren Bedingungen (z. B. von pH-Wert, Salzkonzentration, auch von bestimmten zugeführten Substanzen),
- der Affinität des Enzyms für das umzuwandelnde Substrat oder für ein Koenzym,
- der Substratspezifität,
- des Bindungsortes für einen regulatorischen „Effektor" („Feed-back"-Kontrolle)

und andere Charakteristika.

Diese möglichen Konsequenzen sind u. a. vom Mutations*ort* abhängig. (Zum Beispiel kann ein Aminosäureaustausch im „aktiven Zentrum" der Polypeptidkette oder in Bereichen, die besonders die räumliche Enzymstruktur bestimmen oder in weniger wichtigen Sequenzen vorkommen.) Aus dem Vorhergesagten ergibt sich, daß Mutationen häufig nicht zu einer völligen Blockierung der Genfunktion führen, sondern es existiert oft noch ein mehr oder weniger schlecht funktionierendes Genprodukt. Durch den immunologischen Nachweis eines nicht mehr funktionellen Enzymproteins (als CRM, s. Kap. 2.2.1.) kann man zeigen, daß die betreffende Mutation in einem Strukturgen (und nicht in einem Regulatorgen) stattfand.

Hinsichtlich des *Phänotyps* lassen sich auxotrophe, resistente, temperatursensitive, reparaturdefiziente und anderweitig charakterisierte Mutanten unterscheiden. Der im Vergleich zum Wildtyp veränderte Phänotyp wird i. allg. zur Bezeichnung des jeweiligen Gens verwendet. Mutantenzellen werden auf diese Weise durch sog. *genetische Marken* gekennzeichnet. (Das sind die ihren jeweiligen Mutantenphänotyp „markierenden" Gene). Die verschiedenen Mutantenphänotypen werden im Kap. 2.4. behandelt (Reparaturdefizienz s. Kap. 3.). Am frühesten war das Vorkommen von *resistenten* (menschlichen) Zellen bekannt (durch das Auftreten von

Resistenz gegen die kanzerostatische Wirkung bestimmter Krebs-Chemotherapeutika. Daher sind besonders gegen Kanzerostatika resistente Mutanten beschrieben worden.)

Ein phänotypischer Extremfall ist die Letalmutation.

Temperatursensitive Mutanten (im folgenden „ts"-Mutanten genannt) stellen eine spezielle Form der „bedingten Letalität" dar. Sie beruhen meistens auf einem Aminosäureaustausch in einem essentiellen Protein, das dadurch bei niedriger Temperatur funktionell bleibt, bei relativ hoher Temperatur dagegen (die noch nicht das Wildtyp-Genprodukt beeinflußt) seine Aktivität verliert. Aus der Möglichkeit des „An- und Abschaltens" des Mutantenphänotyps ergeben sich viele experimentelle Vorzüge derartiger Mutanten.

Nach der *Fähigkeit zur phänotypischen Expression* eines Mutantenallels beim Vorhandensein eines entsprechenden Wildtypallels unterscheidet man zwischen rezessiven und dominanten Mutationen (s. Tab. 2). Dominanz-Rezessivitäts-Untersuchungen lassen sich besonders mit Hybridzellen durchführen (s. Kap. 5). Die meisten Mutanten sind rezessiv (wobei ein falsches bzw. inaktives oder fehlendes Mutanten-Genprodukt gegenüber dem Wildtyp-Genprodukt für den Phänotyp praktisch wirkungslos bleibt). In bestimmten Fällen können auch beide Allele gleichzeitig dominant ausgeprägt werden (Kodominanz). In anderen Fällen liegt das äußere Merkmal zwischen den beiden Merkmalen, die bei entsprechend homozygoten Organismen auftreten würden (intermediäre Merkmalsausprägung). Die Begriffe „dominant" und „rezessiv" sind relativ. Sie gelten häufig nur in bezug auf eine bestimmte Beurteilungsebene. Bei ein und demselben Gen kann Dominanz im Hinblick auf die eine, Rezessivität oder intermediäres Verhalten hinsichtlich einer anderen Wirkungsweise festgestellt werden. So vererbt sich beispielsweise die Hautkrankheit Xeroderma pigmentosum (s. Kap. 3.3.4) in bezug auf die schweren, zum frühzeitigen Tod führenden pathologischen Effekte rezessiv. Heterozygote sind normal. Bei vielen von ihnen tritt jedoch Hautfleckung auf. Letztere stellt daher eine dominante Wirkungsweise des Gens dar (111).

Tabelle 2

Beispiele für rezessive und dominante Mutationen

a) Rezessive Mutationen in CHO-Zellen, nach SIMINOVITCH (40)

Art der Mutation		Anzahl der Komplementationsgruppen
Auxotrophien	Glyzin	4
	Prolin	1
	Serin	1
	Inositol	1
	Adenin	6
	Aden(os)in, Glyzin u. Thymidin	1
	Aden(os)in u. Thymidin	1
Temperatur-sensitivitäten	tRNA-Synthetasen	2
	andere	5 – 10
Lektin-Resistenz	Phytohämagglutinin	mindestens 7 – 8
	Concanavalin A	
	Ricin	
	Weizenkeim-Agglutinin	
	Linsen-Agglutinin	
Drogen-Resistenz	Adenosin-Resistenz	1

b) Dominante oder kodominante Mutationen

Mutation	Zellinie[1])	Quellenangabe
Resistenz gegen		
Ouabain	CHO	(64)
α-Amanitin	CHO, BHK	(zit. in 40), (72)
Vinblastin	V 79-Derivat	(62)
Aktinomyzin D (?)		(zit. in 62)
Asparagin-Unabhängigkeit	L 5178 Y u. a.	(zit. in 18)

[1]) die Mutationen wurden teilweise auch in anderen Zellinien erzeugt

2.3. *Selektion und Nachweis von Mutanten*

2.3.1. *Expression rezessiver Mutantenallele*

Bei der Mehrzahl der Mutationen ist das Mutantenallel gegenüber dem Wildtypallel rezessiv (s. Kap. 2.2.). Daß sich trotzdem gelegentlich in den diploiden somatischen Säugerzellen Mutationen phänotypisch ausprägen können, ist prinzipiell auf folgende Ursachen zurückzuführen (19):

- Die Zellen sind in dem betreffenden Gen bereits heterozygot, so daß eine Mutation des dominanten Allels zur Rezessivität eine Veränderung des Phänotyps herbeiführen kann.
- Die Zellen sind strenggenommen nicht völlig diploid in ihrem Genom; es fehlen einzelne Chromosomen oder Chromosomenabschnitte, so daß verschiedene Gene nur in einem Allel vorliegen.
- Das mutierte Gen liegt auf dem X-Chromosom in Zellen eines männlichen Individuums.
- Das mutierte Gen liegt auf einem X-Chromosom in Klonen weiblicher Säugerzellen, in denen das X-Chromosom mit dem entsprechenden Wildtypallel genetisch inaktiv ist [20, 21].
- Die beiden Allele eines Gens mutieren gleichzeitig unabhängig voneinander (sehr seltenes Ereignis; vgl. Kap. 2.3.3.).

Eine Expression von rezessiven Allelen erfolgt ferner in geeigneten Hybridzellen (s. Kap. 5.).

2.3.2. *Selektionsmethoden*

Um in einer Zellpopulation vorhandene Mutanten nachweisen und isolieren zu können, bedarf es zunächst deren Anreicherung. In Anlehnung an bekannte Methoden der Mikrobengenetik wurden für Säugerzellen verschiedene Verfahren der Mutantenselektion entwickelt. Im allgemeinen macht die Isolierung einer bestimmten Art von Mutantenphänotyp jeweils die Anwendung einer spezifischen Selektionstechnik erforderlich.

2.3.2.1. Massenselektion

Durch, eine im Prinzip einfache Methode lassen sich die in der Zellgenetik häufig verwendeten Resistenzmutanten anreichern. Die Mutagen-behandelten Zellen werden als Massenkultur einem Medium ausgesetzt (Selektivmedium), das in geeigneter Konzentration den jeweiligen Antimetaboliten enthält, gegen den die gesuchte Mutante resistent ist: Wildtypzellen werden abgetötet, während resistente Zellen überleben und Kolonien bilden können. Eine erfolgreiche Mutantenselektion bzw. optimale Mutantenausbeute ist von verschiedenen Faktoren (wie Zelleinsaatmenge, Dauer der „Expressionszeit" zwischen Mutagenbehandlung und Selektionsbeginn, Wirkungsweise und Konzentration des Antimetaboliten, Rhythmus des Mediumwechsels) abhängig. Insbesondere muß dem bei verschiedenen selektiven Agenzien auftretenden Phänomen der „metabolischen Kooperation" zwischen Wildtyp und Mutantenzellen Rechnung getragen werden (22). Die Massenselektionsmethode ist auch zur Gewinnung von prototrophen Mutanten bzw. Revertanten einsetzbar, die im Gegensatz zu ihren elterlichen Zellen einen bestimmten essentiellen (exogen zuzuführenden) Nährstoff nicht mehr benötigen. Auf Grund einer Mutation bzw. Reversion sind sie in der Lage, diese Substanz selbst zu synthetisieren bzw. den biochemischen Block durch andere Synthesewege zu umgehen. Die Mutantenselektion erfolgt in einem entsprechenden Mangelmedium. Beispiele sind die Selektion von Glukoseunabhängigkeit-Mutanten bei Hamsterzellen (Fähigkeit zum Wachstum ohne Zufuhr von Glukose oder anderem Zucker als Energiequelle) (23), von Asparaginunabhängigkeit-Mutanten bei Jensen-Sarkom- oder Mäuse-Lymphom-Zellen (z. B. 94) oder von verschiedenen prototrophen Revertanten auxotropher Zellen.

2.3.2.2. BUdR-Licht-Methode

Zur Isolierung auxotropher Mutanten von Säugerzellen wurde von PUCK und KAO 1967 eine Methode entwickelt, die auf einer selektiven Tötung von normal wachsenden Nichtmutantenzellen beruht und in Analogie zu einem entsprechenden Verfahren bei Bakterien (24) auch als

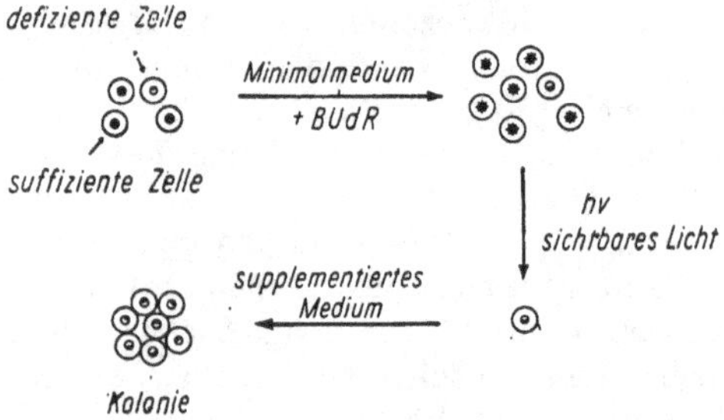

Abb. 15. Isolierung auxotropher Mutanten mit der BUdR-Licht-Technik (schematisch) nach KAO u. PUCK (104). Nach der Mutagen-Behandlung und folgenden Inkubation zur Mutationsexpression werden die Zellen in (z. B. Serin nicht enthaltendem) Minimalmedium inkubiert, in dem nur die nichtmutierten (ser^+-)Zellen wachsen und das gleichzeitig applizierte BUdR einbauen können. In diesen Zellen wird durch nachfolgende Bestrahlung mit sichtbarem Licht die BUdR-haltige DNA photolysiert (s. a. Kap. 3.3.2). Unter den Überlebenden befinden sich einzelne (für Serin) auxotrophe Zellen, die in einem (mit Serin) supplementiertem Medium wachsen und Kolonien bilden könen.

„Penizillin-Methode" bezeichnet wird (25). Das Schema ist in Abb. 15 dargestellt. Nach der Selektion werden Kolonien von der Petrischale isoliert, die Zellen einzelner Klone vermehrt und auf das Vorliegen einer Auxotrophie hin untersucht (s. Abb. 16).

Mittels BUdR-Licht-Technik wurde inzwischen — vorwiegend mit Chinesischen Hamsterzellen — eine Vielzahl von Mutanten isoliert: für Aminosäuren, Purine und andere Substanzen auxotrophe (Übersicht: 26), zur Galaktose-Verwertung unfähige (7) oder ts-Mutanten (28).

2.3.2.3. *Einbau von radioaktiven Präkursoren oder DNA-Synthese-Hemmern*

Bei einer im Prinziep ähnlichen Methode wird anstelle von BUdR eine ^{3}H-markierte Aminosäure (insbes. Leuzin) oder ^{3}H-Thymidin benutzt. Dabei werden die Wildtypzellen selektiv durch Tritiumeinbau getötet (s. Abb. 17). Mit die-

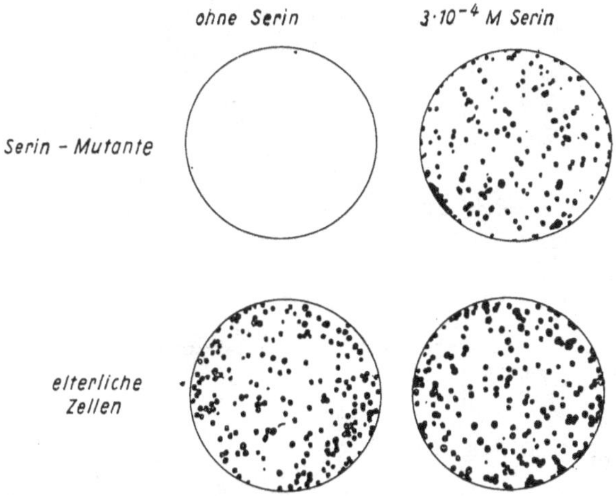

Abb. 16. Zellen einer ser⁻-Mutante wachsen im Gegensatz zu den elterlichen Zellen nicht in Serin-freiem Medium; nach JONES u. PUCK (107)

ser (für CHO-Zellen sehr effektiven) Methode wurde von THOMPSON u. Mitarb. eine Reihe von temperatursensitiven Proteinsynthesemutanten isoliert (29). Analog wurden durch Einbau verschiedener DNS-Synthesehemmer andere ts-Mutanten selektioniert (30).

2.3.2.4. *„Thyminmangel-Tod"-Methode*

Durch Behandlung mit einem Folsäure-Antagonisten (z. B. Aminopterin) wird eine Thymidin-Defizienz erzeugt, die bei prototrophen Zellen zu unbalanciertem Wachstum und Zelltod führt, bei Aminosäure-auxotrophen Zellen dagegen ein Zellüberleben ermöglicht (blockierte Proteinsynthese im Mangelmedium) (19).

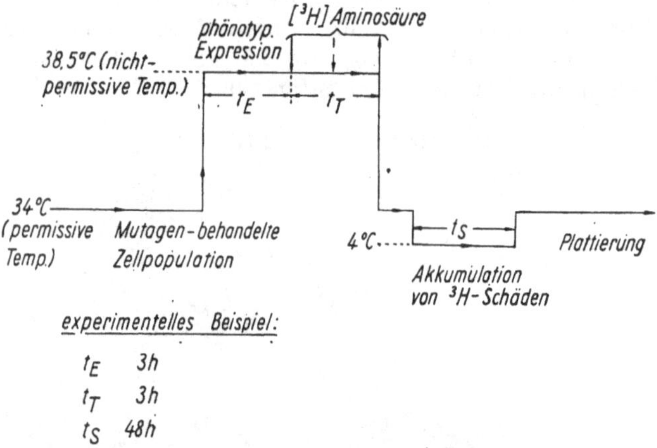

Abb. 17. Selektion von ts-Proteinsynthesemutanten (schematische Darstellung); nach THOMPSON et al. (29)

Mit einer

2.3.2.5. *„Sib"-Selektionstechnik*

(engl. sib = Verwandter) wurden erfolgreich G6PD⁻ (Glukose-6-Phosphat-Dehydrogenase)-Mutanten von CHO-Zellen isoliert (27): Hierbei werden von den Mutagen-behandelten Zellen kleine Einzelkulturen hergestellt, jeweils in 2 Hälften zerlegt, plattiert und die eine Hälfte histochemisch angefärbt. Das Duplikat derjenigen Platte mit (den meisten) an der Färbung erkennbaren G6PD⁻-Zellen wird anschließend in einem gleichen Zyklus weiterselektioniert usw. Ein Vorteil dieser (nur bei höheren Mutationsfrequenzen, daneben auch bei der Selektion von Segreganten aus Hybridzellen (31) anwendbaren) Methode besteht darin, daß die Mutantenisolation in Abwesenheit eines selektiven Druckes erfolgt, der häufig die wahre Mutationsfrequenz verfälschen kann.

Dieser Vorteil ist auch bei den folgenden *nichtselektiven* Methoden der Mutantenisolation vorhanden:

2.3.2.6. Replica Plating

Für die Isolierung bestimmter Arten von Mutanten (z. B. gegen Strahlung oder Antibiotika besonders sensitiver) gibt es bisher nicht oder kaum geeignete Selektionssysteme, so daß man auf ein individuelles „Screening" einzelner Klone angewiesen ist. Hierfür wurden in den letzten Jahren verschiedene Methoden entwickelt: So können auf einem dafür geeigneten Agar verschiedene

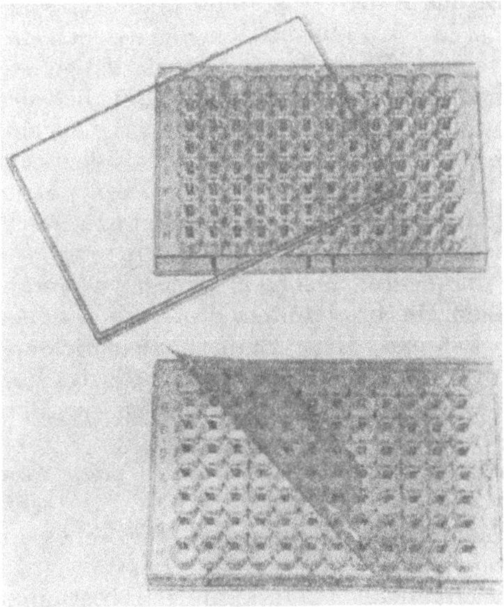

Abb. 18. FALCON-Mikrotestplatte (aus Katalog für Falcon-Plastics) (115)

bekannte Zellinien wachsen und deren Kolonien mittel der aus der Bakteriengenetik bekannten LEDERBERGschen Stempeltechnik von einer Ausgangsplatte parallel auf mehrere Replica-Platten übertragen werden, wo sie den jeweils interessierenden Bedingungen ausgesetzt werden (32). Bei anderen — Material und Zeit sparenden — Verfahren werden handelsübliche Mikrotest-Gewebekulturplatten (s. Abb. 18) in Verbindung mit geeignet konstruierten „Replikatoren" (Pipettiereinrichtungen zur Übertragung der in flüssigem Medium wachsenden Kolonien) verwendet (33, 34). Es wurden noch andere Verfahren entwickelt (35, 36).

2.3.3. *Genetische und nicht-genetische Natur stabiler Veränderungen*

Als Ursache für das Auftreten stabiler phänotypischer Veränderungen bei in vitro kultivierten somatischen Zellen werden von verschiedenen Autoren neben den genetischen Mechanismen (Mutation, Rekombination) auch sog. stabile „epigenetische" Variationen diskutiert (Übersicht: 37). Bei letzteren ist nicht die verantwortliche genetische Information als solche verändert, sondern deren phänotypische Expression anderweitig beeinträchtigt bzw. modifiziert. Zum Beispiel kann man sich das Auftreten von für Kulturen permanenter Zellinien abnormen Veränderungen vorstellen, die bestimmten Prozessen der Zelldifferenzierung während der Embryonalentwicklung ähneln (38). In diesem Zusammenhang ist auch das Vorkommen der — weiter unten näher erörterten — „Phänokopien" zu nennen.

Daher werden häufig phänotypisch stabile Veränderungen somatischer Zellen ungeachtet ihrer Natur (echte Mutation oder nicht) als „Variationen", die Zellen als „Varianten" bezeichnet.

Während der vergangenen Jahre führten bestimmte Beobachtungen mit verschiedenen Mutationssystemen zu

Diskussionen über eine mögliche epigenetische Natur der meisten der untersuchten „Mutanten“ somatischer Zellen. So wurden Befunde erhalten, wonach Mutationsraten unabhängig vom Ploidiegrad waren, ein Ergebnis, das mit der für eine rezessive Marke zu erwartenden (mit zunehmendem Ploidiegrad abnehmenden) Mutationshäufigkeit unvereinbar war (38, 39). Auch in anderen Fällen wurden — insbesondere für (quasi-)diploide Zellen — ungewöhnlich hohe Mutationsraten festgestellt (Übersicht: 40). Ferner erwiesen sich verschiedene Arten von „Mutanten“ als nicht stabil.

Vorstellungen über einen nichtgenetischen Ursprung von bisher untersuchten „Varianten“ in vitro kultivierter Säugerzellen sind jedoch — vor allem auf Grund jüngerer Analysen und Ergebnisse — sicher nicht allgemein anwendbar (Übersicht: 37, 40):

So werden zunehmend bei vielen Variantenstämmen Eigenschaften festgestellt, die als Beispiel für die genetische Natur der bei ihnen aufgetretenen Veränderungen angesehen werden können (s. a. Kap. 2.4.). Die bei polyploiden Zellen als Mutationsraten gefundenen relativ hohen Werte (s. o.) konnten inzwischen dadurch erklärt werden, daß (zumindest im Falle der Mutation zur Thioguaninresistenz) neben den im verantwortlichen (HGPRT-) Gen induzierten Mutationen mitotische Segregationen (speziell Chromosomenverluste bei einzelnen Tochterzellen) auftraten. Beide Phänomene sind für die Höhe der resultierenden Mutantenhäufigkeit verantwortlich (41, 42).

Für die auffällige relative Leichtigkeit eines Nachweises verschiedener, vermutlich meistens rezessiver Mutationen bei in vitro kultivierten Zellen dürften ganz wesentlich strukturelle Veränderungen ihrer Chromosomen eine Rolle spielen. Dadurch kann jeweils ein Wildtypallel der in Frage kommenden Gene (wenigstens funktionell) eliminiert werden (40) (Hemizygotie; s. a. Kap. 2.3.1.): Vor allem bei den — in ihrem Karyotyp oft polymorphen und aneuploiden — permanenten Zellinien kann man eine

Segregation von Zellen annehmen, bei denen durch den Verlust ganzer Chromosomen oder infolge chromosomaler Strukturumbauten derartige Bedingungen bestehen.

Besonders bei der für Mutagenese-Experimente häufig verwendeten aneuploiden Chines.-Hamster-Zellinie CHO (Puck) scheinen viele Gene in einem (funktionell) hemi-

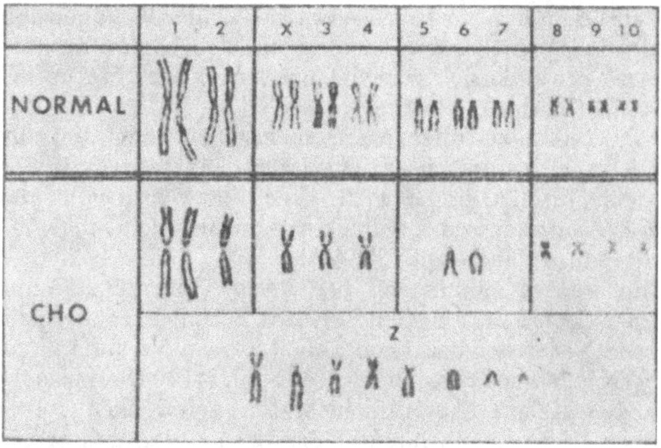

Abb. 19. Vergleich des Karyotyps normaler Zellen des Chinesischen Hamsters mit dem der Zellinie CHO-K1, nach Kao u. Puck (105)

zygoten Zustand vorzuliegen (43) (Übersicht: 40). Abb. 19 zeigt den veränderten Karyotyp dieser Linie im Vergleich zu dem normaler Zellen des Chinesischen Hamsters.

Andererseits konnte bei bestimmten genetischen Marken und mit geeigneten Zellinien durch Mutationsversuche glaubhaft demonstriert werden, daß für die Merkmalsausprägung eines autosomal rezessiven Mutantenallels 2 Genkopien (auf 2 homologen Chromosomen) unabhängig voneinander mutieren müssen. (Beispiel: Mutation zur BUdR-Resistenz in Mäuse-Lymphomazellen (44) (vgl. Kap. 2.4.).

Der Nachweis echter Mutationen bei einer Reihe von z. Z. prüfbaren genetischen Marken in somatischen Zellen schließt natürlich nicht die Existenz epigenetischer Phänomene der oben beschriebenen Art in bestimmten anderen Fällen aus. Überdies wurde — z. B. im Falle der häufig benutzten Azaguanin-Resistenz-Marke (45) — die Möglichkeit einer Selektionierung von „Phänokopien" neben echten Mutanten wiederholt experimentell nachgewiesen: Das sind nicht erbliche phänotypische Veränderungen, die als Folge bestimmter Eingriffe in den Stoffwechsel (so möglicherweise unter der Wirkung eines Selektionsmediums!) auftreten können und einem Mutantenphänotyp ähneln. Auch ist der echt mutative Ursprung sog. „leaky" Mutanten nicht immer sicher. (Bei „leaky" Mutanten ist das Produkt des mutierten Gens noch vorhanden und nur relativ wenig verändert.)

Das mögliche Auftreten phänotypischer Änderungen nichtgenetischen Ursprungs ist besonders bei solchen Fragestellungen zu berücksichtigen, in denen die Höhe von Mutationsraten für ein Ergebnis bedeutsam ist. Das ist sowohl bei Mutagenitäts- als auch bei Mutabilitätsuntersuchungen verschiedenster Art der Fall.

2.3.4. *Kriterien für den Nachweis von Mutationen*

Aus dem Vorhergesagten ergibt sich die Notwendigkeit eines Nachweises der Echtheit von Mutationen. Dazu werden eine Reihe verschiedener Kriterien herangezogen (46), s. Tab. 3.

Das naheliegenste Kriterium, allerdings noch kein notwendiger Beweis einer erblichen Veränderung, ist die Stabilität der phänotypischen Variation. Ein weiteres wichtiges, wenn auch indirektes Kriterium echter Mutationen ist der Nachweis der *zufälligen* Natur der (spontanen) Mutationsereignisse (die im Gegensatz steht zu anderweitigen allmählichen Adaptionen der Zellen an veränderte Bedingungen). Ein solcher Nachweis kann mit dem von Luria und Delbrück (1943) ausgearbeiteten „Fluktuationstest" erbracht werden: In *mehreren kleinen, getrennt kultivierten* Proben fluktuiert die Mutantenzahl stärker als in mehreren *einer Kultur entnommenen* Proben. (Zu verschiedenen Zeitpunkten entstandene und daher unterschiedlich hoch vermehrte einzelne Mutanten bedingen einen Unterschied, der in genügend kleinen Teilkulturen erhalten bleibt.)

Tabelle 3

Kriterien für genetische Veränderungen in somatischen Säugerzellen nach CHU (46)

1. zufälliges Auftreten
2. Beibehaltung eines stabilen Phänotyps bei fehlender Selektion
3. Induktion durch Mutagene
4. Mutagenspezifität
5. Veränderung der Aktivität und physikochemischer Eigenschaften eines spezifischen Genproduktes
6. Bedingte Letalität
7. Interallele Komplementation
8. Lokalisation eines Gens in einer spezifischen Chromosomenregion
9. mitotische Rekombination
10. Gentransfer

Ein sehr strenger Hinweis auf das Stattfinden genetischer Veränderungen ist ferner deren Induzierbarkeit durch bekannte Mutagene. Dabei nimmt in der Regel die Mutationsfrequenz mit der Mutagen-Konzentration zu. Insbesondere sind Mutanten, wenn sie durch spezifische Mutagene (z. B. als Ergebnis eines Basenaustausches oder einer Rasterverschiebung) induziert wurden, bevorzugt, durch gleiche Mutagene revertierbar. Die *spontane* Mutationsrate für Hin- und Rückmutation muß andererseits entsprechend niedrig sein.

Ein weiteres wichtiges Kriterium (speziell für Strukturgen-Mutationen) ist der Nachweis von Veränderungen der Struktur oder Funktion des betreffenden Genproduktes. Meistens ergibt sich ein derartiger Nachweis aus der ohnehin interessierenden zellbiologisch-biochemischen Charakterisierung der betreffenden Mutante (Beispiele s. Kap. 2.4.).

Einige der in Tab. 3 genannten Kriterien sind nur in bestimmten Fällen anwendbar. Dabei wird z. T. schon Genaueres über die Mutation ausgesagt als lediglich deren Existenz.

Beispiele für eine bedingte Letalität in Säugerzellen stellen ts-Mutanten dar, in denen ein essentielles Gen betroffen ist. Da die Temperaturempfindlichkeit des Genproduktes in der Regel auf einen Aminosäureaustausch zurückzuführen ist (vgl. Kap. 2.2.), sind ts-Mutanten ein Hinweis dafür, daß Missense-Mutationen vorliegen.

Bei der *inter*allelen (oder „*intra*genischen“) Komplementation können sich durch unterschiedliche Mutationen im gleichen Gen oder Cistron veränderte Polypeptide zu einem normal wirksamen Protein ergänzen. Das ist z. B. vermutlich bei einigen verschiedenen gal^--Mutanten von Chines. Hamster-Zellen der Fall (46) und wurde bereits 1970 mit Zellen von verschiedenen Galaktosämie-Patienten demonstriert (70). Aus ihnen gebildete Hybridzellen können wie Wildtypzellen Galaktose verwerten (s. a. Kap. 5.). Weiterhin dienen andere Untersuchungen, die vor allem auf der Basis *inter*genischer (intercistronischer) Komplementationen durchgeführt werden, zur Absicherung und weiteren Bestimmung von Mutationen. Zu ihnen gehören z. B. Genlokalisierungen und Untersuchungen von Dominanz-Rezessivität-Beziehungen (vgl. Kap. 5.).

2.4. Das Spektrum der Säugerzellmutanten — Möglichkeiten ihres Einsatzes —

Seit den Anfängen der experimentellen Mutagenese bei in vitro kultivierten Säugerzellen, insbesondere mit den Arbeiten von Chu und Malling (1968) (47) sowie Kao und Puck (1968) (48) wurde durch eine Fülle von Untersuchungen in zellbiologischen Laboratorien verschiedener Länder bestätigt, daß es möglich ist, Mutanten von

Säugerzellen mit drogenresistentem, auxotrophem, temperatursensitivem oder einem anderen veränderten Phänotyp zu erzeugen bzw. zu isolieren. Diese Experimente werden meistens mit permanenten Zellinien des Hamsters

Tabelle 4

Mutationen in somatischen Zellen, nach SIMONOVITCH (40), vereinfacht[1])

Art der Mutation	Schädigung	Stabilität	Erhöhung der Frequenz durch Mutagene	Reversion nachgewiesen
Resistenz gegen				
8-Azaguanin oder 6-Thioguanin	Hypoxanthin-Guanin-Phosphoribosyltransferase	+	+	+[2])
α-Amanitin	RNA Polymerase II	+	+	
Methotrexat (Amethopterin)	Dihydrofolat-reduktase	+	+	
Hydroxyharnstoff	Ribonukleotidreduktase	+		
Zykloheximid	Proteinsynthese	+	+	
BUdR	Thymidinkinase	+		+[2])
Lektine	Membranveränderung	+	+	
Ouabain	Membran-Na^+/Ka^+-ATPase	+	+	
Kolchizin	Membrantransport	+	+	+
Auxotrophie	Glyzinbedürftigkeit andere Bedürftigkeiten[3])	+	+	+
Temperatursensitivität	tRNA-Synthetasen rRNA-Processing Mitosezyklus Nukleosid-Transport	+	+[4])	+
Bildung von Myelom-Proteinen	Immunoglobuline (H-Ketten)	+	+	

[1]) bei den genannten Mutationen liegen Hinweise für eine Strukturveränderung des betreffenden Proteins vor (s. a. Kap. 2.4.1.–2.4.4.)

[2]) Mutation chromosomal lokalisiert

[3]) vgl. Tab. 5

[4]) Frequenzerhöhung bei Reversion

und anderer Nagetiere durchgeführt; andererseits erweisen sich auch Mutationsexperimente mit nichtpermanenten (echt) diploiden menschlichen Fibroblastenkulturen als erfolgreich.

Nicht alle der in der Literatur bisher beschriebenen erblich stabilen Varianten sind bereits hinreichend streng als echte Mutanten abgesichert worden. Tabelle 4 zeigt einige Beispiele für unterschiedliche Arten erblicher Veränderungen, deren genetischer Ursprung als erwiesen angesehen werden kann (40). Im folgenden sollen wichtige bekanntgewordene Säugerzellmutanten unter dem Gesichtspunkt ihrer phänotypischen Eigenschaften und deren Bedeutung erörtert werden.

2.4.1. *Resistenzmutanten*

2.4.1.1. *Azaguaninresistenz*

Resistenz gegen das Hypoxanthin-Analogon 8-Azaguanin (AG) — sowie gegen die Analoga 6-Mercaptopurin und 6-Thioguanin — ist die in der Zellgenetik bisher wahrscheinlich am meisten benutzte biochemische Marke (Übersicht: z. B. 37). Sie wird u. a. herangezogen für Untersuchungen der spontanen und der induzierten Mutagenese, der Mutantenselektion, der Genexpression nach Zellfusion, des Chromosomentransfers in geeignete Empfängerzellen oder als In-vitro-Modell für das Lesch-Nyhan-Syndrom (s. Kap. 5. u. 6.). Die AG-Resistenz beruht speziell auf einem Defekt in dem (den) für das Enzym Hypoxanthin-Guanin-Phosphoribosyltransferase (HGPRT) verantwortlichen Gen(en) (s. Abb. 20). Das Enzym katalysiert die Synthese von 5′-Nukleotiden aus Hypoxanthin und Guanin sowie aus verschiedenen ihrer Analoga, von denen einige — wie 8-Azaguanin, 6-Thioguanin oder 6-Merkaptopurin — nach ihrem Einbau in die DNA bzw. RNA toxisch sind. $HGPRT^-$-Zellen können diese Analoga im allgemeinen nicht oder kaum verwerten und sind daher gegen eine entsprechende Behandlung resistent (s. Abb. 21).

In kultivierten Zellen ist eine HGPRT-Enzymaktivität normalerweise nicht lebensnotwendig, wohl aber dann, wenn — z. B. durch Aminopterin-Anwesenheit — die De-novo-Purinsynthese blockiert ist (s. Abb. 20) und die

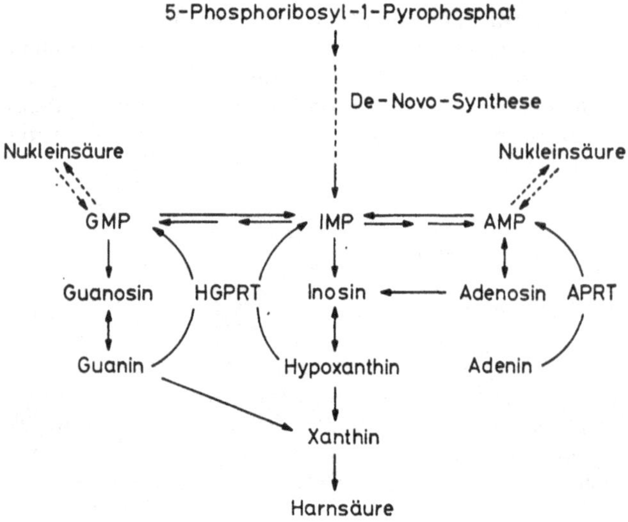

Abb. 20. Stoffwechselschema der Purin-Nukleotid-Synthese

Zellen auf die Verwertung exogenen Hypoxanthins angewiesen sind. Da bei blockierter De-novo-Synthese im allgemeinen nur HGPRT^{+}-Zellen wachsen können, eignet sich ein Medium, das *H*ypoxanthin, *A*minopterin sowie (durch den Aminopterinblock ebenfalls zuzuführendes) *T*hymidin und Glyzin enthält, sog. HAT-Medium, zur Selektion von Revertanten. Diese Möglichkeit der Hin- und Rückselektion ist ein wesentlicher Vorzug dieses Mutationssystems vor vielen anderen. Für mehrere Fragestellungen ist ferner vorteilhaft, daß der HGPRT-Locus (wenigstens beim Menschen und beim Chinesischen Hamster) auf dem X-Chromosom liegt.

Untersuchungen bei verschiedenen Zellinien haben ergeben, daß — selbst mit *einem* Ansatz — selektionierte AG-resistente Mutanten eine in bezug auf diesen veränderten Phänotyp biochemisch sehr heterogene Population darstellen.

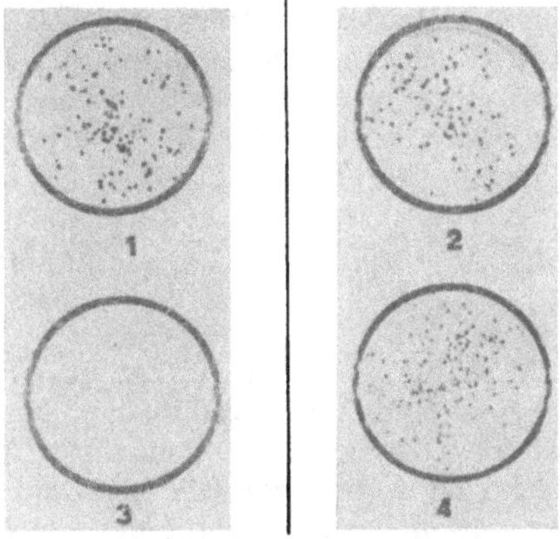

Abb. 21. Koloniebildung in Normalmedium und in Azaguanin-haltigem Selektivmedium.

Die „Rest"-Aktivität des Mutanten-HGPRT-Enzyms schwankt z. B. zwischen nicht nachweisbaren Werten und 150% (!) (49, s. a. 37). (Im letzteren Fall wird vermutlich AG nicht mehr als Substrat akzeptiert.)

Einige Mutanten können auch im HAT-Medium wachsen (50).

In einer Serie von AG-resistenten Hamsterzellmutanten wurden starke Unterschiede hinsichtlich der Affinität des Mutantenenzyms für Hypoxanthin und für Guanin sowie hinsichtlich der Änderung des pH-Optimums für die Reaktion des Enzyms mit Guanin gefunden (51).

Es wurden auch Mutanten mit einer temperatursensitiven AG-Resistenz beschrieben (52).

In mehreren Fällen wurde bei fehlender Enzymaktivität ein noch immunologisch aktives Mutantenenzymprotein nachgewiesen. Einige Autoren folgern aus dem Nachweis einer erfolgreichen Komplementation in Hybridzellen zwischen verschiedenen AG-resistenten Mutanten, daß (bei Maus und Hamster) zwei oder sogar drei Zistrons im HGPRT-Locus existieren (53).

Ein gewisser Nachteil des AG-Resistenz-Mutationssystems ist das gelegentliche Auftreten von Phänokopien (s. Kap. 2.3.3.) sowie die Abhängigkeit der Mutantenausbeute von Selektionsbedingungen (s. Kap. 2.3.2.1.).

Beim Menschen verursacht HGPRT-Defizienz ernste Stoffwechselstörungen, die mit der Überproduktion von Harnsäure verbunden sind (vgl. Abb. 20) und in schweren Fällen zu erblicher Gicht sowie zum Lesch-Nyhan-Syndrom führen.

2.4.1.2. *Resistenzen gegen andere Nukleinsäure-Antimetaboliten*

Mutanten, die in dem Enzym Thymidinkinase (TK) defizient sind, kann man in einem Medium selektionieren, daß das Thymidin-Analogon *BUdR* enthält. Die TK-Marke ist autosomal (sie liegt auf dem menschlichen Chromosom Nr. 17), und die Merkmalsausprägung (BUdR-Resistenz) ist rezessiv. Die Selektion von TK^--Mutanten gelingt deshalb normalerweise auch nicht mit einem Schritt (Mutation in beiden Chromosomen Nr. 17 notwendig: $TK^+/TK^+ \rightarrow TK^-/TK^+ \rightarrow TK^-/TK^-$). Diese Resistenzmarke wird gemeinsam mit der HGPRT-Marke besonders zur Selektion von Hybridzellen verwendet, da auch hier eine Rückselektion im HAT-Medium möglich ist (s. Kap. 5.). Es wurden aber auch BUdR-resistente Zellen beschrieben, die auf einem defekten Transport von BUdR (bzw. Thymidin) durch die Zellmembran beruhen (Übersicht: 37).

In Analogie zu $HGPRT^-$-Mutanten lassen sich auch $APRT^-$ (Adenin-Phosphoribosyltransferase)-Mutanten isolieren (vgl. Abb. 20).

Solche Mutanten sind im allgemeinen resistent gegen

das Adenin-Analogon *2,6-Diaminopurin* bzw. gegen *8-Azaadenin* (54). Die APRT-Marke ist autosomal (und liegt beim Menschen auf dem Chromosom Nr. 16). Mutanten sind daher mit wesentlich geringerer Häufigkeit erhältlich als HGPRT-Mutanten. Wie bei letzteren gibt es aber auch hier ein Medium zur Rückselektion (54). Diese Marke wird ebenfalls zur Selektion von Hybridzellen benutzt (s. Kap. 5.).

Es wurde noch eine Reihe ähnlicher Mutanten beschrieben, darunter solche, die resistent sind gegen Azahypoxanthin, Azauridin, Joddesoxyuridin, hohe Konzentrationen Thymidin, hohe Konzentrationen Adenosin, Cytosin-Arabinosid u. a.

Im Zusammenhang mit gegen Antimetaboliten des Nukleinsäurestoffwechsels resistenten Mutanten sind besonders noch solche zu nennen, die resistent sind gegen Folsäureantagonisten, speziell gegen *Aminopterin*, *Amethopterin* (Methotrexat) und Methasquin (17, 55). Der Mechanismus der Resistenz beruht bei verschiedenen untersuchten Mutanten auf einer Überproduktion des Enzyms Dihydrofolatreduktase (DHFR), das auf Mengen von bis zu 2% (!) des Gesamtproteins der (Chines.-Hamster-)Zelle ansteigen kann (55). Dadurch wird die bevorzugte Bindung der Antagonisten an das Enzym kompensiert. Kürzlich zeigten Chang und Littlefield (109), daß in einem In-vitro-Translationssystem mit polysomaler RNA aus Zellen der Methotrexat-resistenten Hamsterzellinie BHK-A5 etwa 70mal so viel DHFR-Enzymprotein synthetisiert wurde als mit polysomaler RNA aus den elterlichen Methotrexat-sensitiven BHK-Zellen. Es wird vermutet, daß A5-Zellen erhöhte Mengen an DHFR-mRNA bilden, was als Ergebnis einer Genamplifikation oder einer gesteigerten Rate der Transkription von DHFR-Genen gedeutet werden kann (109, 110). Weitere Untersuchungen der Resistenz gegen Folsäureantagonisten dürften neben der praktischen Bedeutung einer Resistenz gegen diese Kanzerostatika besonders wertvoll für ein zunehmendes Verständnis der Regulationsmechanismen in tierischen Zellen sein. Bei *E. coli* K 12 wurden DHFR-Regulatormutanten beschrieben, deren Untersuchung Hinweise dafür erbrachte, daß diese bakterielle DHFR unter negativer Kontrolle steht und durch diffundierbare Moleküle reguliert wird (112). Versuche zum Nachweis eines diffusiblen DHFR-Repressors bei Hamsterzellen waren bisher erfolglos (113).

Es sind auch Säugerzellmutanten beschrieben worden, bei denen strukturelle Veränderungen des genannten Enzyms oder Permeabilitätsveränderungen Ursache der Resistenz sind (zit. in 17).

2.4.1.3. Resistenz infolge Veränderung der Zellmembran

In der Zellbiologie rücken zunehmend Fragen über die Bedeutung der Zellmembran für die Integrität und Kontrolle zellulärer Prozesse in den Vordergrund des Interesses. Zur Aufklärung derartiger Fragen können bestimmte genetische Methoden beitragen. So sind besonders verschiedene Arten von Mutanten für das Studium der Membranfunktion in Säugerzellen und ihrer strukturellen Basis geeignet.

Eine Reihe *pflanzlicher Lektine* sind zytotoxisch für Säugerzellen. Von CHO- und anderen Zellen wurden Mutanten beschrieben, die vermutlich infolge stabiler Veränderungen der Oberflächen-Glykoprotein-Struktur defekte Bindungsorte für bestimmte Lektine besitzen (s. a. Kap. 4.2.2.) und daher in Gegenwart dieser Lektine selektioniert werden können. Im Falle der Resistenz gegen Ricin (einem Lektin aus Rizinussamen) sowie gegen Phytohämagglutinin (PHA) wurde in den (CHO-) Mutanten eine Defizienz des Enzyms N-Azetylglukosaminyl-Transferase gefunden.

Mit 5 näher untersuchten Lektin-Resistenz-Marken (Resistenz gegen PHA, Concanavalin A, Ricin, Weizenkeim-Agglutinin, Linsen-Agglutinin) konnten (bei CHO) bereits 8 Komplementationsgruppen unterschieden werden (Übersicht: 40). Andererseits wurden „pleiotrope“ Effekte der Lektinresistenz festgestellt: Mit der Erlangung der Resistenz gegen ConA wurden CHO-Zellen empfindlicher gegenüber cAMP, Phenäthylalkohol, Phenol, Ouabin, hohe Glukose-Konzentrationen u. a. Substanzen (56). ConA-resistente Mutanten von SV 40-transformierten (Mäuse-) 3T3-Zellen zeigten Wachstumseigenschaften, die mehr den nichttransformierten elterlichen Zellen ähnelten als den transformierten Zellen (zit. in 59).

Bei einer weiteren Gruppe von Mutanten, die Resistenz gegen bestimmte *Antibiotika* oder andere Drogen aufweisen, wurde der Mutantenphänotyp auf Membranveränderungen zurückgeführt, die eine reduzierte Permeabilität zur Folge haben. Hierher gehören Mutanten (von Hamster-, HeLa- oder anderen Zellen) mit Resistenz gegen Aktinomyzin D, Daunomyzin, Adriamyzin, Vinchristin, Vinblastin, Puromyzin oder Kolchizin (59—62). In Kolchizin-resistenten sowie bestimmten Aktinomyzin D-resistenten Mutanten wurden Änderungen von Membran-Glykoproteinen festgestellt (zit. in 40, 59). Man kann aber annehmen, daß für derartige Resistenzmutanten neben den gefundenen Transportveränderungen auch noch andere Resistenzmechanismen möglich sind.) In einem Satz Kolchizinresistenter Mutanten wurde gefunden, daß die resistenten Zellen gleichzeitig kältesensitiv für Wachstum und DNA-Synthese sind. Beide phänotypischen Eigenschaften sollen auf den gleichen Mutationsschritt zurückzuführen sein (40).

Diese Mutanten bzw. Varianten zeichnen sich meistens durch sog. „Kreuzresistenz“ aus, indem sie gleichzeitig gegen mehrere der genannten Substanzen (die innerhalb eines bestimmten Molekulargewichtsbereiches liegen) resistent sind. Interessanterweise wurde für Aktinomyzin D- sowie für Vinblastinsulfat-Resistenz eine (ko-) dominante Merkmalsausprägung festgestellt (62). Bei maligne transformierten Zellen ist die Erlangung einer Resistenz oder Kreuzresistenz gegen Aktinomyzin D mit einer phänotypischen Reversion zu normalem Wachstumsverhalten und mit einer Verringerung der Tumorigenität dieser Zellen verbunden (60). Dieser Zusammenhang wirft wichtige Fragen auf über die Reversibilität der Malignität auf der zellulären Ebene und die Rolle, die Membranveränderungen dabei spielen (s. a. Kap. 4.).

Intensiv und von verschiedenen Gruppen ist in letzter Zeit die Resistenz gegen *Ouabain* (Strophantin) bearbeitet worden (59), einem Herzglykosid, das zuerst als afrikanisches Pfeilgift bekannt geworden ist. Ouabain ist ein spezifischer Hemmer des aktiven Transports von Natrium- und Kaliumionen durch die Zellmembran. Der Mutantenphänotyp beruht auf der Veränderung eines für den Transport notwendigen membranständigen Enzyms, der Na^+, K^+-ATPase. Das Mutanten- und das entsprechende Wildtypenzym unterscheiden sich in der Empfindlichkeit gegenüber der Ouabain-Wirkung und stimmen hinsichtlich anderer Charakteristika weitgehend überein (64). Ouabain-Resistenz ist gegenüber dem Wildtyp kodominant: Hybridzellen aus sensitiven und resistenten Zellen besitzen einen intermediären Resistenzgrad. Diese genetische Marke ist zur Selektion von Hybridzellen geeignet (64) und wird auch erfolgreich zur Mutagenitätstestung herangezogen (vgl. Kap. 2.4.5.) (63). Weitere Anwendungsmöglichkeiten sind Untersuchungen über

- die Kontrolle der Struktur-Funktion-Beziehung der Zellmembran,
- den Mechanismus des aktiven Natrium- und Kaliumtransportes sowie
- den Mechanismus der Hemmung des aktiven Transports durch Herzglykoside

[64].

2.4.1.4. *Weitere Resistenzmutanten*

Resistenz gegen Proteinsynthesehemmer:

Für die Untersuchung spezieller Fragen der Proteinbiosynthese in Säugerzellen dürften — neben einer Reihe bestimmter ts-Mutanten (s. u.) — solche Mutanten wertvoll sein, die infolge einer Veränderung des Proteinsyntheseapparates gegen Hemmer der Proteinsynthese resistent sind.

So wurden in unserem Laboratorium *Zykloheximid*-(CHM)-resistente Mutanten von CHO-Zellen isoliert, deren Mutantenphänotyp zumindest teilweise auf Veränderungen des ribosomalen Proteins zurückgeführt werden kann (66); CHM hemmt die Proteinsynthese durch seine Wirkung auf die große Untereinheit des Eukaryotenribosoms. In einem zellfreien Proteinsynthesesystem (Messung des ^{3}H-Leuzin-Einbaus) erwiesen sich Polysomen aus Mutantenzellen im Gegensatz zu Polysomen aus Wildtypzellen gegenüber der Wirkung von CHM als resistent. CHM-resistente Mutanten sind stabil, und ihre Häufigkeit läßt sich durch Mutationsinduktion erhöhen (67).

Von besonderem Interesse sind Mutanten (von menschlichen und anderen Zellen), die gegen *Chloramphenikol* (CAP), einem spezifischen Hemmer der mitochondrialen Proteinsynthese, resistent sind (68): Mit der CAP-Resistenz wurde erstmals eine zytoplasmatische Vererbung bei menschlichen Zellen nachgewiesen. Der Phänotyp beruht — zumindest teilweise — auf Veränderungen der Mitochondrien. Aus einer Fusion von entkernten CAP-resistenten Zellen mit CAP-sensitiven Zellen resultierten CAP-resistente Fusionsprodukte (69). Die Resistenz einiger untersuchter Zellen wird vermutlich durch Gen(e) in der mitochondrialen DNA kodiert. Mutanten dieses Typs sind speziell für das Studium der Genetik und Biogenese der Mitochondrien von Säugerzellen nützlich.

Der Mechanismus der Resistenz gegen den Proteinsynthesehemmer *Puromyzin* beruht bei den entsprechenden bisher gefundenen Säugerzellmutanten wahrscheinlich auf Permeabilitätsveränderungen der Membran (s. o.).

α-Amanitin-Resistenz:

Von verschiedenen Hamsterzellen wurden Mutanten

isoliert, die resistent sind gegen α-Amanitin, einen spezifischen Hemmer der DNA-abhängigen RNA Polymerase II (71). In-vitro-Tests mit zellfreien Präparationen ergaben, daß bei derartigen Mutanten das Polymerase II-Enzym entsprechende veränderte Eigenschaften aufweist. Das resistente Enzym soll außerdem bei einer Mutante temperaturintensiver sein als das Wildtypenzym (zit. in 40). In Hybriden mit sensitiven Wildtypzellen erweist sich der resistente Phänotyp als dominant (72).

Gegen die *DNA-Synthese-Hemmer Hydroxyharnstoff* und *Guanazol* resistente (Hamster- und Mäuse-)Zellinien weisen veränderte Aktivitäten des Enzyms Ribonukleotid-Reduktase auf (75).

cAMP-Resistenz:

Zyklisches AMP, das eine Rolle bei der Proliferationsregulation kultivierter Zellen spielt sowie vermutlich bei der Kontrolle verschiedener für transformierte Zellen typischen Eigenschaften (s. Kap. 4.), induziert nach einer entsprechenden Akkumulation (bei Mäuse-Lymphosarkom-Zellen) Zytolyse. In resistenten Mutanten scheint das Rezeptorprotein für cAMP defekt zu sein (73).

Untersuchungen mit solchen Mutanten ergaben, daß im Gegensatz zu den Bedingungen bei vielzelligen Organismen für die Lebensfähigkeit kultivierter Einzelzellen cAMP nicht essentiell zu sein scheint (73).

Norleuzin-Resistenz:

Zum Studium der Regulation der Methionin-Biosynthese in Säugerzellen eignen sich Hamsterzellmutanten, die gegen das Methionin-Analogon Norleuzin resistent sind (74). Die Autoren fanden, daß der resistente Phänotyp teilweise auf einer reduzierten Norleuzin-Aufnahme beruht und teilweise auf einer Methionin-Überproduktion als Folge erhöhter Aktivität der dabei verantwortlichen Methyltransferase.

Es wurden noch weitere Resistenzmutanten beschrieben.

2.4.2. *Auxotrophiemutanten*

Auxotrophie-(Mangel)-Mutanten spielen eine wichtige Rolle in der Zellgenetik. Die Isolierung und Charakterisierung derartiger Mutanten trug und trägt wesentlich dazu bei, daß für das Studium der Genetik der Säugerzellen verschiedene bereits in der Mikrobengenetik be-

Tabelle 5

Verschiedene Auxotrophie-Mutanten von CHO-Zellen (15 Komplementationsgruppen), nach KAO und PUCK (26)

Komplementationsgruppe	Bedürftigkeit	zur Induktion benutzte Mutagene[1])	Anzahl untersuchter Mutanten
gly A	Glyzin	EMS, MNNG, Röntgenstrahlen	4
gly B	Glyzin oder Folsäure	EMS, MNNG, UV, NMUT	12
gly C	Glyzin	EMS, UV	2
gly D	Glyzin	EMS, UV	2
ade A	Hypoxanthin, Adenin, Inosinsäure, ihr Ribosid oder Ribotid oder 5-Aminoimidazol-4-Carboxamid	ICR-191	3
ade B	wie ade A	ICR-191, NDMA, NMUT	20
ade C	wie ade A	Sydnon-Acetamid	1
ade D	wie ade A	EMS	1
ade E	wie ade A	ICR-191, MNNG	2
ade F	wie ade A außer 5-Aminoimidazol-4-Carboxamid	ICR-191	2
ino⁻	Inositol	MNNG	1
ser⁻	Serin	EMS	1
pro⁻	Prolin oder Δ'-Pyrrolin-5-Carboxylsäure		
AT⁻	Adenin u. Thymidin	EMS	1
GAT⁻	Glyzin, Adenin u. Thymidin	EMS, MNNG, UV, NMUT	2

[1]) EMS Äthylmethansulfonat, MNNG N-Methyl-N'-Nitro-N-Nitrosoguanidin, NMUT N-Nitrosomethylurethan, NDMA N-Nitrosodimethylamin, ICR-191 Acridin-haltige Verbindung

währte biochemisch-genetische Methoden angewendet werden können. Die Existenz von Mangelmutanten bildete eine Grundlage für die Durchführung genetischer Komplementationstets mit somatischen Zellen. Auxotrophie-Marken haben sich bereits erfolgreich bei Untersuchungen über die Kopplung und Lokalisierung von Genen in menschlichen Chromosomen bewährt (vgl. Kap. 5.). Für einzelne Auxotrophien konnten verschiedene Komplementationsgruppen ermittelt oder es konnte der verantwortliche Enzymdefekt festgestellt werden.

Von Puck u. Mitarb. (26) wurden mit 55 (aus mehr als 200) ausgewählten (CHO-)Auxotrophie-Mutanten 15 verschiedene Mutanten identifiziert, die jeweils untereinander als Zellfusionspartner ihren genetischen Defekt komplementieren können (s. Tab. 5.), darunter 4 Komplementationsgruppen mit Glyzin-bedürftigem Phänotyp und 6 Adenin-bedürftige Gruppen. Alle Mutanten sind stabil und zeigen eine spontane Reversionsfrequenz von weniger als 10^{-7} pro Zelle. Alle Auxotrophien sind phänotypisch rezessiv. Der Defekt bei der glyA-Mutation besteht in einer fehlenden Aktivität des Enzyms Serin-Hydroxymethylase, das für die Umwandlung von Serin in Glyzin verantwortlich ist. Ebenfalls sind die Enzymdefekte bei 5 ade-Mutanten (76) sowie bei der pro-Mutation identifiziert worden (Übersicht: 26).

Von anderen Autoren wurden noch einige weitere Auxotrophiemutanten isoliert.

2.4.3. Temperatursensitive Mutanten

ts-Mutanten sind in nahezu allen daraufhin untersuchten Organismen gefunden worden, sie treten praktisch überall im Genom auf und ermöglichen im Prinzip damit die Bearbeitung eines breiten Spektrums zellulärer Funktionen (30). Auf den besonderen Nutzen von t_s-Mutanten wurde bereits hingewiesen (s. Kap. 2.2.5.). Sie erwiesen sich für die Bearbeitung fundamentaler

Probleme der Mikroben- wie auch der *Drosophila*-Genetik von unschätzbarem Wert. Für Säugerzellen demonstrierte NAHA im Jahre 1969 mit Mutagen-behandelten Affennierenzellen, daß man temperatursensitive Mutanten isolieren kann (78). Seitdem ist eine große Anzahl ts-Mutanten beschrieben worden. Ihre Bedeutung wächst ständig.

Zu den zellulären Funktionen, für die bisher temperatursensitive Mutanten beschrieben worden sind, gehören:

- Zellteilung
- DNA-Synthese
- Proteinsynthese
- Auxotrophie
- Transport (von Nukleosiden)
- Galaktose-Verwertung
- cAMP-Metabolismus
- Expression eines transformierten Phänotyps u. a.

Die bei Säugerzellen bisher untersuchten ts-Mutanten sind rezessiv. ts-Mutationen werden als Selektivmarken bei der Zellfusion mit biochemisch markierten Mutanten benutzt. In entsprechenden Hybridzellen lassen sich verschiedene ts-Mutationen komplementieren (29, 81). Der jeweilige Mutantenphänotyp ist im allgemeinen vom angewendeten Selektionsverfahren (s. Kap. 2.3.2.) abhängig (man benutzt hier auch nichtselektive Methoden der Mutantengewinnung): z. B. werden durch ^{3}H-Thymidin-Einbau und bevorzugtes Abtöten von Wildtypzellen bei hoher Temperatur relativ unspezifisch im Zellteilungszyklus nicht aktive Zellen selektioniert, die ein breites Spektrum von Phänotypen haben. Der Einbau radioaktiver Aminosäuren ermöglicht demgegenüber die Isolation spezieller Proteinsynthesemutanten.

„Zellzyklus"-Mutanten dürften sich besonders zur Identifizierung der verschiedenen Schritte beim Zellzyklus der Säugerzelle (und zur Untersuchung des Zellteilungsmechanismus) eignen (79). Es wurden Hamsterzell-Mutanten isoliert, die (bei der entsprechenden Temperatur) spezifisch in der G_1-Phase blockiert sind und solche, bei denen die Zellen in der Metaphase gehemmt wurden; eine andere Mutante führt keine vollständige Zellteilung durch. Der Beginn der DNA-Synthese läßt

sich mit einer Mutante untersuchen, bei der der Übergang von der G_1 zur S-Phase temperatursensitiv ist.

Bei einer Mutante der Mäusezellinie Balb/3T3 ist die *DNA-Synthese* selbst temperatursensitiv (80). 3T3-Zellen können produktiv von dem onkogenen Polyoma-Virus infiziert werden, dessen DNA-Replikation — bei einer eigenen Initiationsfunktion — von der DNA-Replikationsmaschinerie der Wirtszellen abhängig ist (vgl. Kap. 4.). Deshalb kann die Mutante zur Prüfung der für das Virus notwendigen Wirtsfunktionen und das Virus zur Charakterisierung des temperatursensitiven Defekts eingesetzt werden.

Wertvolle Ansatzpunkte für das Studium verschiedener Komponenten der Proteinbiosynthese bei Säugerzellen liefern eine Reihe von ts-Mutanten, die die *Proteinsynthese* betreffen. Sie sind ferner besonders beispielhaft für das Auftreten veränderter Genprodukte als Folge der Mutation. So wurden bereits Mutanten mit temperatursensitiver Leuzyl-, solche mit temperatursensitiver Asparagyl- und solche mit veränderter Alanyl-Transfer-RNA-Synthese beschrieben (29, 83). Thompson et al. vermuten, daß das Strukturgen für die Leuzyl-Synthetase eines der in CHO-Zellen hemi- oder heterozygot vorhandenen Gene ist (vsl. Kap. 2.3.1. und 2.3.3.), da Mutanten in dieser Marke zu den am häufigsten vorkommenden ts-Mutanten bei CHO-Zellen gehören. (Sie lassen sich z. B. nicht nur nach spezifischer Selektion mit ^{3}H-Leuzin-Einbau, sondern auch nach der Methode mit ^{3}H-Thymidin-Einbau isolieren, s. o.).

Es wurden auch temperatursensitive Ribosomenmutanten beschrieben, die zur Analyse der Struktur-Funktion-Beziehungen des Eukaryoten-Ribosoms eingesetzt werden können: Eine BHK-(Hamsterzellen-) Mutante ist bei der nichtpermissiven Temperatur von 39 °C in der Synthese der großen ribosomalen Untereinheit (Bereitstellung der erforderlichen 28S rRNA durch Spaltung eines höhermolekularen Präkursors) defektiv. Sie gestattet spezielle Untersuchungen über die Balance zwischen Akkumulation und Degradation verschiedener rRNA-Moleküle (84). Bei einer anderen Mutante ist bei 39 °C die große Untereinheit defekt (85). Ebenfalls durch einen „mit der Polyribosomenfraktion assoziierten thermolabilen Proteinbiosynthese-Faktor“ sind Hamsterzell-Mutanten charakterisiert, bei denen gleichzeitig DNA-, RNA- und Proteinsynthese durch *ein* (induzierbares) Mutationsereignis verändert bzw. diese Veränderung auch wieder revertiert werden können (86). Eigenschaften dieser Mutanten zeigen, daß während der programmierten DNA-Biosynthese in Säugerzellen kontinuierlich Protein synthetisiert werden muß [86].

Für das Studium des Mechanismus der malignen Transformation (vgl. Kap. 4) sind Mutanten von großer Bedeutung, bei denen die *Expression des transformierten Phänotyps* temperatursensitiv ist. Derartige Mutanten wurden bisher auf verschiedene Weise erzeugt (z. B. 87, 88) (Übersicht: 89), durch

- Infektion mit temperatursensitiven Tumorvirus-Mutanten,
- Mutagenisierung von mit dem onkogenen Virus SV 40 transformierten Zellen oder
- Behandlung normaler Zellen mit chemischen Mutagenen (bzw. Karzinogenen).

(Eine Selektion kann z. B. in Agar erfolgen, vgl. Kap. 4.) Sie dürften u. a. die Identifizierung von Genen erleichtern, die möglicherweise für die Expression des transformierten Status verantwortlich sind. (Verschiedene temperatursensitive onkogene RNA- und DNA-Viren sind isoliert worden; mit einigen dieser Viren transformierte Zellen verhalten sich bei hoher Temperatur wie Normalzellen und zeigen bei niedriger Temperatur Eigenschaften von Tumorzellen.) Isolierte ts-Mutanten von chemisch transformierten Zellen erlauben einen Vergleich mit entsprechenden Virus-transformierten Zellen hinsichtlich möglicher verschiedener für die maligne Transformation verantwortlicher zellulärer Funktionen (89) (s. a. Kap. 4.).

Parallel zu den „Hitze“-sensitiven Mutanten (38,5 bis 39,5 °C) wurden auch *„Kälte“-sensitive Mutanten* (33 bis 34,5 °C) von Chines. Hamster-Zellen beschrieben, z. B. mit Sensitivität hinsichtlich Zellteilung oder maligner Transformation (vgl. Kap. 2.2.5.).

2.4.4. Andere Mutanten

Neben den bisher genannten sind eine Reihe von Mutanten beschrieben worden, die sich nicht ganz in das bisherige Schema des Kapitels 2.4. einordnen lassen. Einige wichtige von ihnen seien hier noch genannt.

Unfähigkeit zur Galaktose-Verwertung:

Von CHU u. Mitarb. wurden aus Chinesischen Hamsterzellen gal⁻-Mutanten isoliert, die nicht zur Verwertung von Galaktose befähigt sind und daher phänotypisch Zellen von menschlichen Galaktosämie-Patienten entsprechen. Im Gegensatz zu letzteren weisen sie aber nicht Defizienz eines spezifischen Enzyms, sondern *pleiotrop* eine Reduktion der Aktivitäten mehrer Enzyme des Galaktose-Metabolismus auf [90].

Die Mutation ist rezessiv, und die reduzierten Enzymaktivitäten lassen sich in Mensch-Hamster-Hybridzellen durch Wirkung eines auf dem menschlichen A2-Chromosom liegenden Gens zu normalen Werten komplementieren (vgl. Kap. 5.). Es wird angenommen, daß es sich hierbei um Mutationen in einem Regulatorgen oder in einem anderen bisher unbekannten Locus handelt, dessen defektes Genprodukt sekundär metabolische Imbalancen verursacht (90).

Es wurden auch von anderen Autoren gal⁻-Mutanten isoliert.

Glukose-Unabhängigkeit

Bei einer anderen Klasse von Mutanten (SHAPIRO et al.) können die Hamster-Zellen im Gegensatz zu den Wildtypzellen in einem Medium wachsen, das keine Glukose oder anderen Zucker enthält (23, 92). Die Mutanten sind stabil. Sie haben eine sehr hohe spontane Mutationsrate und lassen sich durch chemische Mutagene induzieren. Es wird angenommen, daß es sich hier um dominante Mutationen handelt: Die Mutanten könnten — in den Wildtypzellen nicht aktive(s) — Enzym(e) besitzen, die es ihnen gestatten, bestimmte Substrate als Energiequellen zu verwerten (vermutlich Aminosäuren), was den elterlichen Zellen normalerweise nicht möglich ist. Die Plattierungseffizienz einzelner Mutantenklone (nicht aber signifikant die der Wildtypzellen) wird erhöht, wenn das Kulturmedium durch ganz bestimmte Aminosäuren supplementiert wird. Da bei verschiedenen Mutantenklonen der jeweils optimale Satz von Aminosäuren im Supplement ein anderer ist, wird für möglich gehalten, daß bei einzelnen Mutanten verschiedene Loci betroffen sind (92). Von anderen Autoren wurde bei diploiden menschlichen Zellen eine Mutation zur Verwertung von Fruktose (anstatt Glukose) beschrieben (93). Ein Vorteil dieser Selektionssysteme ist die bequeme Selektionierung (Massenselektion, vgl. Kap. 2.3.2.1.). Das gleiche gilt für die Mutation zur

Asparagin-Unabhängigkeit.

Gewisse maligne Neoplasien beim Menschen, Hund und bei Nagetieren sind im Gegensatz zu Normalzellen Asparagin-bedürftig und deshalb einer „Asparaginase-Therapie“ zugänglich, bei der allerdings relativ häufig Resistenz gegen die Therapie auftritt. Diese Veränderung beruht wahrscheinlich auf einer dominanten Mutation (Suppressormutation oder Inaktivierung eines Repressorgens oder echte Rückmutation?), die das Wiedererscheinen von (in den neoplastischen Zellen nicht vorhandener) Asparagin-Synthetase zur Folge hat (94).

Kultivierte L5178Y-Mäuse-Lymphom- oder Jensen-Ratten-Sarkom- oder andere Zellen lassen sich durch UV oder chemische Mutagene zur Asparagin-Unabhängigkeit induzieren. Diese genetische Marke findet bei der Mutagenitätstestung Anwendung (95) (s. Kap. 2.4.5.).

BUdR-Abhängigkeit

Neben der auf einer Permeabilitätsänderung und der auf einer Thymidinkinase-Defizienz beruhenden Resistenz gegen BUdR (s. Kap. 2.4.1.2.) wurde von Davidson u. Bick eine interessante dritte Form dieser Resistenz beschrieben, bei der die (Syrischen-Hamster-Melanom-) Zellen BUdR-abhängig geworden sind (96). In BUdR-Abwesenheit wachsen die Zellen nur wenig. In der DNA dieser Zellen wird das Thymin zu etwa 50% durch Bromurazil substituiert. Die Ursache für diese Eigenschaft ist bisher unbekannt. Sie könnte nach Vorschlag der Autoren mit einer der verschiedenen Funktionen des Analogons (Wirkung als Mutagen, als Suppressor differenzierter Funktionen, als Induktor latenter Viren) oder auch mehr indirekt erklärbar sein, z. B. durch eine mutierte DNA-Polymerase, die besser mit BUdR als mit Thymidin arbeitet.

2.4.5. Weitere Anwendungen der Mutationsforschung bei Säugerzellen

Die Möglichkeit der Isolierung und Charakterisierung verschiedenster Säugerzellmutanten hat in den letzten Jahren neben anderen Methoden — insbesondere denen der Zellhybridisierung und der Chromosomenidentifizierung — entscheidend zur Entwicklung der somatischen Zellgenetik beigetragen, eines besonders wegen seiner vielseitigen Nutzbarkeit rasch wachsenden Wissenschaftsgebietes: Viele der beim Studium von Mikroorganismen längst bewährten biochemisch-genetischen Untersuchungsmethoden werden heute mit Erfolg für die Erforschung der Säugerzelle angewendet; In-vitro-Zellkulturen dienen zur Bewältigung wichtiger humangenetischer Aufgaben. Neben den in den Kap. 2.4.1.—2.4.4. bereits erörterten

Einsatzmöglichkeiten für verschiedene Arten von Mutanten seien abschließend einige weitere gegenwärtige und zukünftige Anwendungsgebiete der Mutationsforschung — speziell im Rahmen der Genetik somatischer Säugerzellen genannt.

Genlokalisierung: Auf die besondere Rolle der Mutationen für das Studium von Kopplungsbeziehungen zwischen (insbes. menschlichen) Genen wurde bereits eingangs hingewiesen (Kap. 2.1.). Besonders wird für die hier angewandte interspezifische Zellfusion eine breite Palette verschiedener Mutationen zur Selektion von Hybridzellen benutzt. Außerdem werden für die Lokalisierung von Genen menschliche Zellen mit (spontanen oder induzierten) strukturellen Chromosomenveränderungen verwendet (s. Kap. 5.).

Neben der erfolgreichen Genkartierung durch Zellhybridisationsexperimente gibt es anderweitig erste Ansätze mittels Mutanten spezifische Genfunktionen von Säugerzellen bestimmten Strukturen im Banding-Muster der Chromosomen zuzuordnen.

So fand man bei Amethopterin-resistenten Chines.-Hamster-Zellen mit extrem hoher Folatreduktase-Produktion sowie bei einigen malignen menschlichen Neuronalzellen mit vermutlich übermäßiger Produktion eines Proteins spezifisch in bestimmten (Metaphase-) Chromosomen große homogen gefärbte Regionen (97). (Es wird die Möglichkeit erwogen, daß es sich hierbei um ein Säuger-Äquivalent zu den (genetisch aktiven) Chromosomen-„puffs" niederer Eukaryoten handelt.)

Isolierung von Mutanten, bei denen im *gleichen Chromosom mehrere Mutationen* vorliegen: Mit ihnen lassen sich (mitotische) Rekombinationsvorgänge nachweisen, größere chromosomale Veränderungen bzw. chromosomale Segregationen von Gen-Mutationen unterscheiden u. a. m. Ein erstes Beispiel sind CHO-Mutantenzellen, die G6PD- und gleichzeitig HGPRT-defizient sind (vgl. Kap. 2.3.2.5. und 2.4.1.1.). Beide verantwortlichen Loci liegen auf dem X-Chromosom. Mutationen in einigen weiteren bekannten X-chromosomalen Genen dürften sich auch isolieren lassen (27).

Regulation: Obwohl die Existenz von Regulator- und Operatorgenen (analog zu denen bei Mikroben) in Säugerzellen angenommen werden kann und häufig für Mutantenzellen Mutationen eines Regulationssystems diskutiert werden, sind bisher wenige direkte Hinweise darauf erbracht worden:

- Auf den vermutlichen Galaktoseenzym-Aktivator (auf dem menschlichen Chromosom Nr. 2) wurde bereits hingewiesen (Kap. 2.4.4.).
- Ferner wurde ein menschliches Aktivatorgan (auf (Chromosom Nr. 4 oder 5) postuliert, durch dessen Wirkung (in Hybridzellen) spezifische (normalerweise nicht vorhandene) Esterase-Funktionen in CHO-Zellen aktiviert werden können (98).
- Schließlich wird für die Induktion des Enzyms Tyrosin-Aminotransferase (in Ratte-Mensch-Hybridzellen) ein menschliches Regulatorgen. (auf dem X-Chromosom) verantwortlich gemacht (99).

Die weitere Entdeckung und Charakterisierung regulatorischer Gene bzw. deren Mutanten (neben anderen z. B. auf der Ebene der Translation wirkenden Regulationsmechanismen) dürfte unser Wissen über die genetischen Prozesse bei höheren Organismen wesentlich bereichern und speziell beitragen zur Aufklärung der Mechanismen der

Differenzierung. In diesem Zusammenhang dürfte das Studium von Mutanten in solchen Genen wertvoll sein, die differenzierte Zellfunktionen kodieren. So wurden z. B. Alkalische-Phosphatase-(ALP)-konstitutive Varianten von (ALP-negativen) CHO-Zellen isoliert und charakterisiert. Derartige Varianten lassen sich für Untersuchungen des Mechanismus der phänotypischen Genexpression verwenden (100).

Geeignete Zellinien, die bestimmte menschliche gewebespezifische Moleküle synthetisieren können, dürften zukünftig für die *Produktion bestimmter Pharmazeutika,* wie z. B. Wachstumshormonen eingesetzt werden können (65).

Gentransfer: Geeignete — markierte und charakterisierte — Mutantenzellen sind speziell auch für Experimente erforderlich, bei denen genetisches Material in Säugerzellen transferiert wird und auf seinen Einbau sowie seine Expression in den Empfängerzellen hin untersucht werden soll (s. Kap. 6.).

Mutagenitätstestung: Gegenwärtig werden in vielen Ländern, auch in der DDR, Anstrengungen unternommen, mögliche mutagene Wirkungen auf den Menschen zu erkennen und zu verhindern, die sich als Folge einer Verwendung von Nahrungsmittelzusätzen, Arzneimitteln, Kosmetika und anderer Chemikalien ergeben können. Die Dringlichkeit dieser Maßnahmen wird dadurch noch unterstrichen, daß viele der mutagenen Substanzen gleichzeitig karzinogen sind (s. Kap. 4.).

Zur Mutagenitätsprüfung werden verschiedene Testmethoden verwendet: Am einfachsten sind *In-vitro-Methoden*, bei denen man eine mögliche mutagene Wirkung auf Bakterien prüft. Da eine Reihe von Chemikalien erst durch den Stoffwechsel des Organismus für den Menschen mutagen (bzw. karzinogen) werden (oder auch ihre mutagene Wirkung verlieren können), setzt man der zu prüfenden Bakterienkultur eine z. B. aus homogenisierten Rattenleberzellen gewonnene enzymhaltige Fraktion zu (s. a. Kap. 4). Derartige In-vitro-Methoden werden in analoger Weise auch mit bestimmten (Hamster-, Mensch- oder Mäuse-) Zellkulturen durchgeführt. (Dabei wurden bisher u. a. folgende Marken benutzt: Resistenz gegen Azaguanin, gegen Ouabain, gegen BUdR sowie Asparagin-Unabhängigkeit — vgl. Kap. 2.4.) Im „*host-mediated-assay*" (Test mittels eines lebenden Säugetiers als Wirt) werden Bakterien oder auch Säugetierzellen (s. Abb. 22) in die Bauchhöhle lebender Mäuse gespritzt, die außerdem mit der zu testenden Substanz behandelt wurden. Nach einer gewissen Zeit werden die (Bakterien-) Zellen wieder entnommen und auf entstandene Mutationen hin untersucht. Beim *Knochenmarktest* werden dem tierischen Knochenmark entnommene Zellen auf das Vorkommen von Chromosomen- und Genommutationen hin untersucht. Beim *Test auf dominante Letalmutationen* werden — auf indirektem Wege — Mutationen der Keimzellen von Mäusen ermittelt. Es gibt noch eine Reihe weiterer Testmethoden. Für eine ausrei-

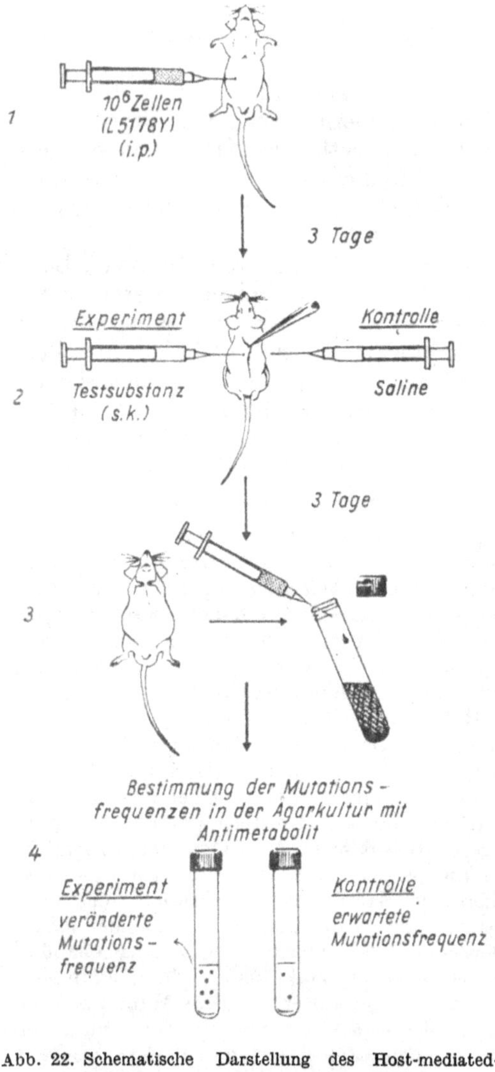

Abb. 22. Schematische Darstellung des Host-mediated-assay mit Mäuse L5178Y-Zellen, nach FISCHER et al. (108)

1. Leukämische Mäusezellen L5178Y (die den Vorteil haben, sowohl in vivo, in der Aszitesflüssigkeit der Maus, als auch in vitro, in der Weichagarkultur, zu wachsen, und die zur Mutationserzeugung in verschiedenen genetischen Marken geeignet sind) werden in entsprechender

chende und den Bedingungen des menschlichen Organismus möglichst angemessene Prüfung einer Substanz müssen die Einzeltests in geeigneter Weise kombiniert werden („Testhirarchie").

Eine wichtige Rolle kommt der Untersuchung von Mutationen schließlich in der *klinischen Genetik* bei der Untersuchung von Erbkrankheiten zu.

Die Bedeutung von Reparaturdefekten für einige Erbkrankheiten wird im Kap. 3. besprochen, die mögliche Rolle somatischer Mutationen bei der Krebsentstehung in Kap. 4.

Literatur[1])

1. Rieger, R.; A. Michaelis (1967), Die Chromosomenmutationen, VEB G. Fischer Verlag, Jena
2. Obe, G. et al. (1971), Angew. Chemie 83, 301
3. Perry, P., H. J. Evans (1975), Nature 258, 121
4. Wolff, S. et al. (1975), Genetics 81, 349
5. Gebhart, E. (1974), Humangenet. 24, 1
6. Vogel, F., G. Röhrborn (1970), (Hrsg.) Chemical Mutagenesis in Mammals and Man, Springer-Verl. Berlin, Heidelberg, New York
7. Chu, E. H. Y. et al. (1972), PNAS 69, 3459
8. Stark, R. M.; J. W. Littlefield (1974), Mut. Res. 22, 281

←

Konzentration in einem dafür geeigneten Medium Mäusen intraperitoneal injiziert.

2. Nach 3 Tagen wird subkutan einer Gruppe von (männlichen) Mäusen die Testsubstanz und einigen Kontrolltieren das entsprechende Lösungsmittel injiziert.
3. 3 Tage danach werden Zellen steril der Aszitesflüssigkeit entnommen, verdünnt und gereinigt.
4. Anschließend wird durch Kultivierung in geeignet supplementiertem Weichagar, der einen entsprechenden Antimetaboliten enthält, das Vorhandensein (bzw. die im Vergleich zur Kontrolle signifikante Zunahme) von (resistenten) Mutantenzellen getestet. Zur Bestimmung der Toxizität der Testsubstanz wird parallel die Klonierungseffizienz der Zellen bestimmt.

Mit diesem System lassen sich u. a. folgende Marken benutzen: Amethopterinresistenz, Thymidinresistenz, Asparaginunabhängigkeit.

---

[1]) verwendete Abkürzungen s. S. 115

9. BENDER, M. A. et al. (1973), Mut, Res. 20. 403
10. ROTH, J. R. (1974), Ann. Rev. Genet. 8, 319
11. ABRAHAMSON et al., Nature (1973), 245, 460
12. HEDDLE, J.; ATHANASION (1975), Nature 258, 359
13. LOCHMANN, E. R.; A. MICHELER (1973) in Physico-chemical Properties of Nucleic Acids (J. Duchnese ed.) A P London, New York
14. LINDGREN, D. (1972), Hereditas 70, 165
15. BOBKOVA, N. N.; T. N. KRUPINA (1975), Genetika 11, 145
16. BARTSCH, H. D. (1970), in [6]
17. THEILE, M. et al. (1976), Mut. Res. 37, 111
18. MORROW, J. (1975), Mut. Res. 33, 367
19. CHU, E. H. Y. (1970), in [6]
20. LYON, M. F. (1972), Biol. Rew. 47, 1
21. KAHAN, B.; R. DEMARS (1975), PNAS 72, 1510
22. COX, R. P. et al. (1974), J. Cell. Physiol. 84, 237
23. SHAPIRO, N. S. et al. (1972), Mut. Res. 15, 203 und 16, 89
24. LEDERBERG, J.; N. ZINDER (1948), J. Amer. Chem. Soc. 70, 2467
25. WITKIN, E. M.; E. C. PARISI (1974), Mut. Res. 25, 407
26. KAO, F. T.; T. T. PUCK (1975), Genetics 79, 343
27. ROSENSTRAUS, M.; L. A. CHASIN (1975), PNAS 72, 493
28. NAHA, P. M. (1974), in [35]
29. THOMPSON, L. H. et al. (1975), Somat. Cell Genet. 1, 187
30. BASILICO, C.; H. K. MEISS (1974), in [35]
31. MARIN, G. (1969), Exp. Cell. Res. 57, 29
32. KUROKI, T. (1973), Exp. Cell. Res. 80, 55
33. GOLDSBERG, R. A.; E. ZIPSER (1969), Exp. Cell. Res. 54, 271
34. SUZUKI, F. et al., Exp. Cell. Res. (1972) 68, 476
35. PRESCOTT, D. M. (ed.) (1974), Methods in Cell Biology Vol. VIII, AP London, New York
36. STAMATO, et al. (1976), Cytogenet. and Cell Genet. 15, 372
37. DEMARS, R. (1974), Mut. Res. 24, 335
38. HARRIS, M. (1971), J. Cell. Physiol. 78, 117
39. MEZGER-FREED, L. (1972), Nature 235, 245
40. SIMINOVITCH, L. (1976), Cell 7, 1
41. CHASIN, L. A. (1973), J. Cell. Physiol. 82, 299
42. CHASIN, L. A.; G. URLAUB (1975), Science 187, 1091
43. DEAVEN, L. L.; D. F. PETERSEN (1973), Chromosoma 41, 129
44. CLIVE, D. et al. (1972), Mut. Res. 16, 77
45. CARSON, M. P. et al. (1974), Mut. Res. 24, 47

46. CHU, E. H. Y. (1974), Genetics 78, 115
47. CHU, E. H. Y.; H. V. MALLING (1968), PNAS 61, 1306
48. KAO, F. T.; T. T. PUCK (1968) PNAS 60, 1257
49. GILLIN et al. (1972), Genetics 72, 239
50. MORROW, J. et al., J. Cell. Physiol. 81, 97
51. THEILE, M.; M. STRAUSS (1977), Mut. Res. 45, 111
52. FENWICK, R.; C. CASKEY (1975), Cell. 5, 115
53. SEKIGUCHI, T. et al. (1975), Exp. Cell. Res. 93, 207
54. CHASIN, L. A. (1974), Cell. 2, 37
55. ALBRECHT, A. M. et al. (1972), Canc. Res. 32, 1539
56. WRIGHT, J. A. (1973), J. Cell. Biol. 56, 666
57. VOGEL, F. (1973), Klin. Wschr. 51, 575
58. ALBERTINI, R. J.; R. DEMARS (1973), Mut. Res. 18, 199
59. TILL, J. E. et al. (1973), Fed. Proc. 32, 29
60. BIEDLER, J. E. (1975), J. N. C. I. 55, 671
61. PETERSEN, R. H. F. et al. (1974), J. Cell. Biol. 63, 773
62. HARRIS, M. (1973), J. N. C. I. 50, 423
63. ARLETT, C. (1976), zit. in [40]
64. BAKER, R. M. et al. (1974), Cell 1, 9
65. KROOTH, R. S., E. K. SELL (1970), J. Cell. Physiol. 76, 311
66. PÖCHE, H. et al. (1975), MGG 138, 173
67. PÖCHE, H. et al. (1975), Mut. Res. 27, 399 und 30, 83
68. MITCHELL, L. H. (1975), Somat. Cell. Genet. 1, 215
69. WALLACE, D. C. (1975), J. Cell Biol. 67, 174
70. NADLER, H. L.; C. M. CHACKO (1970), PNAS 67, 976
71. CHAN, V. L. et al. (1972), PNAS 69, 3119
72. AMATI, P. et al. (1975), PNAS 72, 753
73. BOURNE, H. R. et al. (1975), J. Cell. Physiol. 85, 611
74. KAMELY, D.; J. W. LITTLEFIELD (1974), Exp. Cell. Res. 89, 154
75. LEWIS, W. H.; J. A. WRIGHT (1974), B. B. R. C. 60, 926
76. PATTERSON, D. et al. (1974), PNAS 71, 2057
77. KAUDEWITZ, F. (1973), Molekular- und Mikrobengenetik Springer-Verlag Berlin, Heidelberg, New York
78. NAHA, R. (1969), Nature 233, 1380
79. LISKAY, R. M. (1974), J. Cell. Physiol. 84, 49
80. SLATER, M. L.; H. L. OZER (1976), Cell 7, 289
81. THOMPSON, L. H.; R. M. BAKER (1973), in Methods in Cell. Physiol. Vol. VI (D. M. Prescott ed.) AP
82. RIEGER, R. (1974), in: E. GEISSLER (Hrsg.) MTL Molekularbiologie, Bibliograph. Inst. Leipzig

83. SATO, K. (1975), Nature 257, 813
84. KUMAR, A. et al. (1976), Nature 259, 692
85. HARALSON, M. A. et al. (1975), J. Biol. Chem. 250, 8618
86. ROUFA, D. J.; S. J. REED (1975), Genetivs 80, 549
87. RENGER, H. C.; C. BASILICO (1972), PNAS 69, 109
88. DIMAYORCA et al. (1973), PNAS 70 46
89. MIYASHITA, K.; T. KAKUNAGA (1975), Cell 5, 131
90. SUN, N. C. et al. (1975), PNAS 72, 469
91. GÜNTHER, E. (1969), Grundriß der Genetik, Fischer Verl. Jena
92. LUSS, E. V.; L. N. KONSTANTINOVA (1974), Genetika 10, 44
93. COX, R.; W. K. MASSON (1974), Nature 252, 308
94. VERNICK, D.; J. MORROW (1973), Mut. Res. 18, 225
95. CAPIZZI, R. L. et al (1974), Canc. Res. 34, 3073
96. DAVIDSON, R. L.; M. D. BICK (1973), PNAS 70, 138
97. BIEDLER, J. L.; B. A. SPENGLER (1976), Science 191, 185
98. KAO, F. T.; T. T. PUCK (1972), PNAS 69, 3273
99. CROCE, C. M. et al. (1972), PNAS 70, 1268
100. NOSE, K.; H. KATSUTA (1975), J. Cell. Physiol. 86, 253
101. SUTTON, H. E.; R. P. WAGNER (1975), Ann. Rev. Genet. 9, 187
102. GEBHART, E. (1970), in [6]
103. SOIFER, W. N. (Hrsg. W. ECKART) (1976), Molekulare Mechanismen der Mutagenese und Reparatur, Akademie Verlag Berlin
104. KAO, F. T.; T. T. PUCK (1974), in [35]
105. KAO, F. T.; T. T. PUCK (1969), J. Cell. Physiol. 74 (254)
106. MÜLLER, A. J. (1972), in: E. Geissler (Hrsg.) DNS-Schlüssel des Lebens. Akademie-Verlag Berlin
107. JONES, C.; T. T. PUCK (1973), J. Cell. Physiol. 81. 299
108. FISCHER, G. A. (1974), Mut. Res. 26, 501
109. CHANG, S. E.; J. W. LITTLEFIELD (1976), Cell 7, 391
110. HÄNGGI, U. J.; J. W. LITTLEFIELD (1976), J. Biol. Chem. 251, 3075
111. STERN, C. (1968), Grundlagen der Humangenetik, VEB G. Fischer Verlag Jena, S. 65
112. SHELDON, R.; S. BRENNER (1976), MGG 147, 91
113. LITTLEFIELD, J. W. (1969), PNAS 62, 88
114. AEBERSOLD, P. M. (1976), Mutation Res. 36, 357
115. Katalog Linbro Plastics, Tecnomara AG, Zürich.
116. KNIPPERS, R. (1974) Molekulare Genetik, 2. Aufl., G. Thieme Verl. Stuttgart

3. Reparatur genetischer Schäden

3.1. Einleitung: Bedeutung der DNA-Reparatur für lebende Zellen

Die Lebewesen haben im Laufe der Evolution zelluläre Mechanismen entwickelt, mit denen sie in ihrem Erbgut entstehende Schäden zu einem gewissen Grade reparieren können. Eine Vielzahl physikalischer und chemischer Umwelteinflüsse sowie endogener Faktoren wirken — direkt oder indirekt — auf das genetische Material der lebenden Zellen ein und können die DNA in beliebigen Stellen schädigen, s. Abb. 23a.

Ionisierende Strahlung ruft z. B. mindestens 3 Typen von DNA-Schäden hervor (1):

- Schäden des Zucker-Phosphat-Rückgrates (Einzel- u. Doppelbrüche),
- Schäden der heterozyklischen Basen,
- DNA-DNA-, DNA-RNA- und DNA-Protein — Cross links (Vernetzungen).

Mitomyzin C verursacht Inter- und Intrastrang-Cross links. Alkylierende Agenzien (z. B. Alkylmethansulfonate) greifen bevorzugt am Guanin und auch Adenin an und bewirken eine Abspaltung des alkylierenden Purins. Sie erzeugen auch Strangbrüche, s. a. Kap. 2.2.2.

Die Schädigungen können zu mehr oder weniger starken Störungen der Weitergabe oder der Realisierung der genetischen Information oder auch zu deren Veränderung (Mutation) führen. In Abhängigkeit von der Rolle des betroffenen Gens, vom Schadenstyp sowie vom Ergebnis einer stattgefundenen Reparatur kann ein Schaden für die Zelle letal oder von ihr tolerierbar sein. Die enzymatischen Mechanismen der Reparatur (repair) von DNA-Schäden sind nicht völlig fehlerfrei. Insbesondere können spezielle

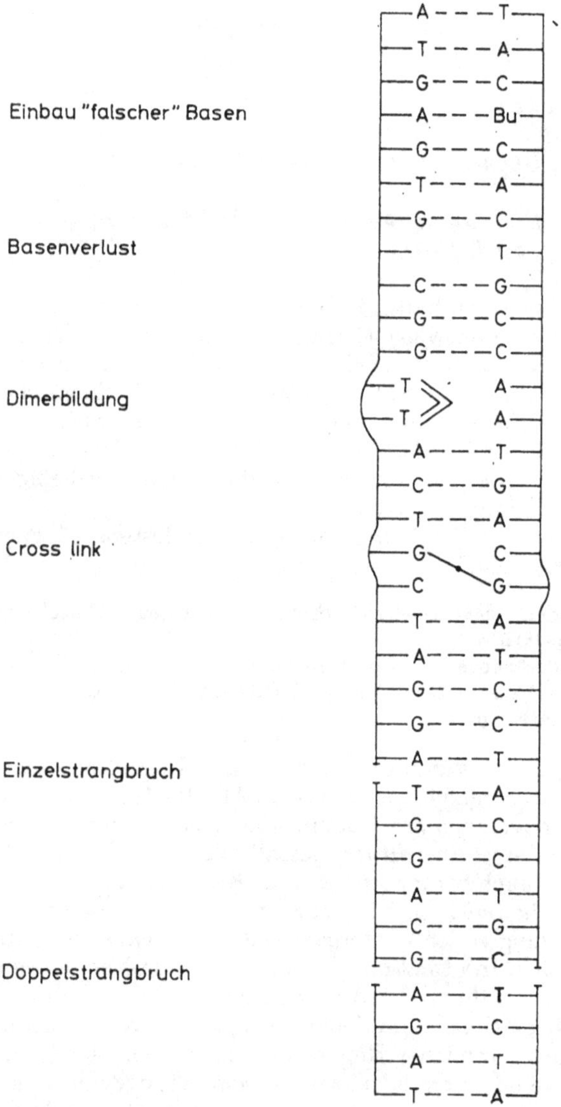

Abb. 23a. Schematische Darstellung von Schadenstypen an der DNA nach Böhme u. Adler (2)

Reparaturprozesse durch die Aufhebung der Letalwirkung bestimmter Schäden das Auftreten von Mutationen begünstigen (s. u.).

Die gegenwärtigen Kenntnisse und Vorstellungen über die verschiedenen Arten der Reparatur genetischer Schäden gehen vor allem auf Untersuchungen über die letalen und mutagenen Effekte von UV-Strahlung an bakteriellen und anderen mikrobiellen Systemen zurück. Dabei konnten

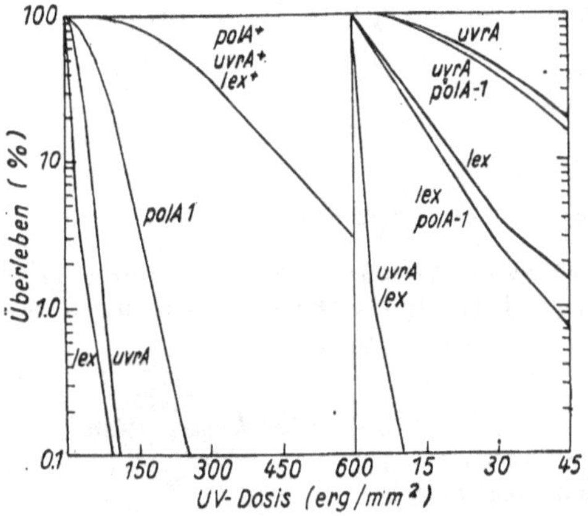

Abb. 24. UV-Überlebenskurven verschiedener reparaturdefinierter Derivate von *E. coli* B/r mit den Mutationen pol A1, uvrA, lex oder deren Kombinationen, nach WITKIN (7)

vor allem verschiedene reparaturdefiziente Mutanten isoliert und einzelnen Genen zugeordnet werden (s. Abb. 24).

Aus verschiedenen Gründen dienten bisher und dienen UV-Strahlen bevorzugt als Mittel zur Erzeugung von DNA-Schäden:

- UV-Licht der Wellenlänge um 254 nm (Absorptionsmaximum der DNA, gleichzeitig Maximum für UV-Inaktivierung sowie UV-Mutation) ist experimentell leicht handhabbar.
- Das (zumindest bei Prokaryoten) für Mutation und Zelltötung wichtigste Photoprodukt in UV-bestrahlter DNA sind Dimere benachbarter Pyrimidine, insbes. Thymindimere,

die durch (teilweise sehr spezifische und kontrollierbare, s. u.) Reparaturprozesse leicht eliminiert werden können (s. Abb. 23b).

- Pyrimidindimere sind auf Grund ihrer (unter geeigneten Bedingungen) extremen Stabilität leicht nachweisbar und manipulierbar.

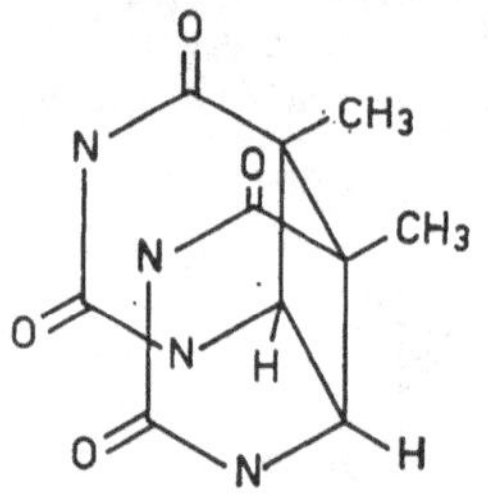

Abb. 23 b. Thymindimer vom Zyklobutan-Typ

Es sollen zunächst kurz einige wesentliche Fakten der (am besten untersuchten) bakteriellen Reparatur dargestellt werden (Übersichten dazu: 2-6).

3.2. *Reparatur und Mutagenese bei Prokaryoten*

3.2.1. *Reparaturmechanismen*

Bei Bakterien gibt es (mindestens) drei verschiedene Typen von Reparaturmechanismen, s. Abb. 25a.

Die *Photoreaktivierung* ist spezifisch für UV-induzierte Pyrimidindimere. Das Photoreaktivierungsenzym verwertet die Energie von langwelligerem Licht (zwischen 310 und 440 nm) und katalysiert die Monomerisierung von (Zyklobutan-)Pyrimidin-Dimeren, s. a. Abb. 23c.

Die *Exzisionsreparatur* erfordert wie die Photoreaktivierung eine spezifische enzymatische Erkennung von Schadstellen, aber neben Pyrimidindimeren sind auch andere strukturelle Defekte in der DNA einer Reparatur zugänglich (z. B. bestimmte Schäden durch Mitomyzin C oder Röntgen-induzierte Basenschäden). Es werden mindestens 3 verschiedene Enzyme benötigt:

1. Eine spezifische Reparatur-Endonuklease — die in dem geschädigten Einzelstrang eine Inzision (Einschnitt) in der Nähe des Schadens erzeugt;

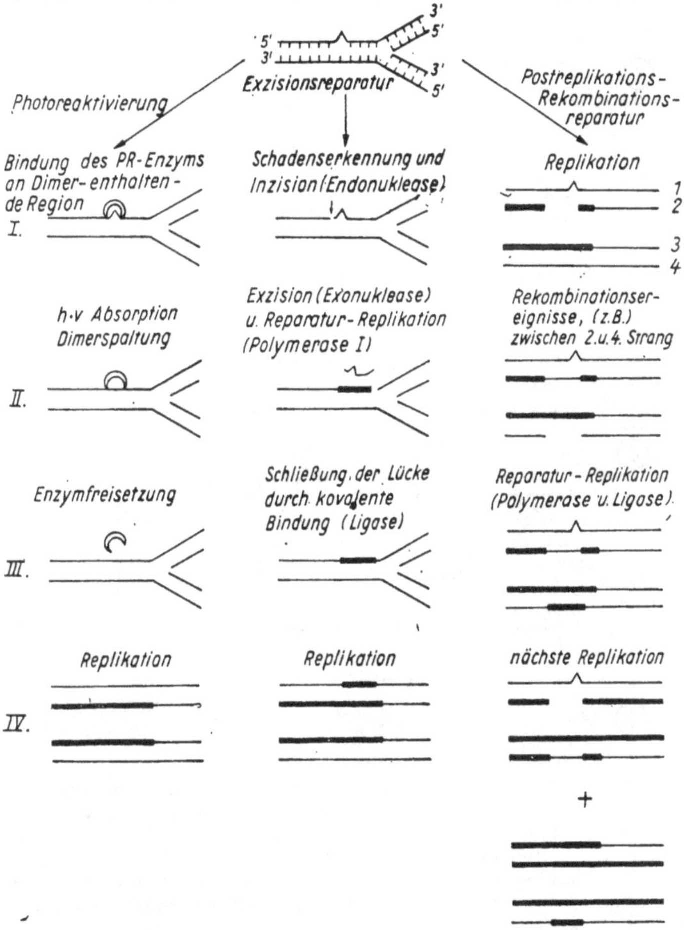

Abb. 25a. Verschiedene Reparaturmechanismen bei der Entfernung UV-induzierter (Intrastrang-)Pyrimidindimere („V“) aus der DNA und Ausbesserung der Schadstellen, nach HANAWALT (4)

2. DNA-Polymerase I, die mit einer (3′ → 5′ – sowie einer 5′ → 3′ –) Exonuklease-Aktivität assoziiert ist (KORNBERG-Enzym) –
zum Ausschneiden einer die geschädigten Nukleotide enthalten-

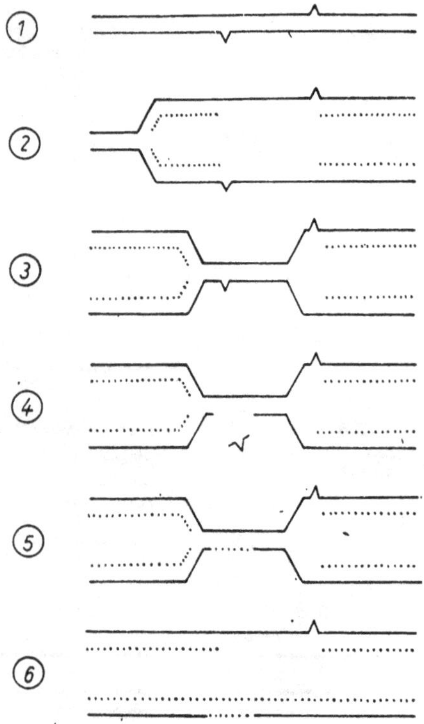

Abb. 25 b. Modell der Elternstrang-Reannellierung zur Erklärung einer exzisionsabhängigen Postreplikationsreparatur (nach GREEN et al. [51]);
1. benachbarte (UV-induzierte) Dimere befinden sich in gegenüberliegenden DNA-Einzelsträngen,
2. Überlappung von Tochterstrang-gaps in der sich replizierenden DNA,
3. örtlich begrenzte Reannellierung der elternlichen DNA-Stränge,
4. Dimerexzision,
5. Reparatur-Replikation und Schließung der verbliebenen Lücke,
6. Trennung der gepaarten Elternstrangabschnitte, rekombinatives Ausfüllen des verbliebenen Tochterstrang-gaps.

den Sequenz mit gleichzeitiger „*Reparatursynthese* oder „*Reparatur-Replikation*“, am intakten Komplementärstrang;

3. Polynukleotid-Ligase –
zur lückenlosen Verbindung des neusynthetisierten Fragments mit dem elterlichen DNA-Strang.

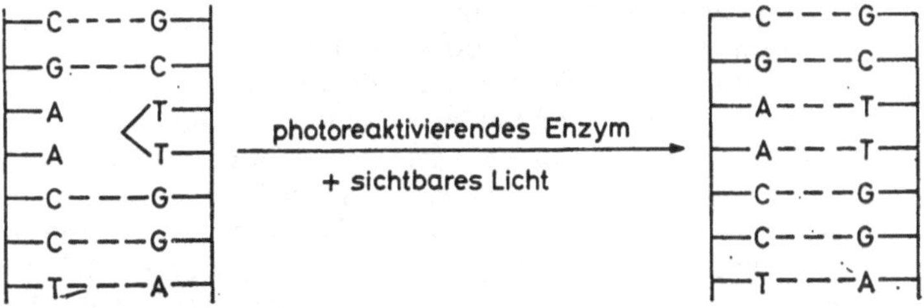

Abb. 23 c. Spaltung von Thymindimeren bei der Photoreaktivierung nach Böhme u. Adler (2)

Die *Postreplikationsreparatur* (oder auch Postreplikations-Rekombinations- oder kurz Rekombinations-Reparatur) ist hinsichtlich der Schadensart am wenigsten spezifisch.

Bestimmte durch UV oder andere Agenzien erzeugte DNA-Schäden können beim normalen Replikationsprozeß umgangen werden. Die DNA-Synthese stoppt in Nähe der Schadstelle und setzt vermutlich in einem benachbarten Initiationspunkt der normalen DNA-Synthese (Synthese in Form sogenannter Okazaki-Framente) wieder ein. Die dabei im neu synthetisierten Strang entstehende Unterbrechung („gap“) (von etwa 1000 Nukleotiden Länge) kann als Folge eines Rekombinationsereignisses mit einem Schwesternstrang (Austausch homologer Segmente) gefüllt werden. Schließlich kann noch die im betroffenen Schwesternstrang verbliebene Lücke durch Reparaturreplikation geschlossen werden. Der hier beschriebene Mechanismus der Postreplikationsreparatur trägt in bestimmten Einzelheiten noch Modellcharakter (s. z. B. 4), ist aber insgesamt gesehen bei Bakterien gut bestätigt worden.

3.2.2. *Reparatur und Mutagenese*

Untersuchungen mit geeigneten Bakterien- und anderen mikrobiellen Mutantenstämmen haben wichtige Einsichten in den Prozeß der (UV-induzierten) Mutagenese geliefert (Übersichten: 2—8).

Im Gegensatz zur sehr effektiven und fehlerfreien Photoreaktivierung sowie zur normalerweise relativ fehlerfrei („error free") ablaufenden Exzisionsreparatur können bestimmte Funktionen der Postreplikationsreparatur fehlerbegünstigend („error prone") und damit begünstigend für die Ausbildung von Mutationen sein: Bestimmte Mutanten mit einer defektiven oder reduzierten Rekombinationsfähigkeit (z. B. recA- oder exrA-Mutanten bei *E. coli*), die nicht oder nur vermindert eine Postreplikationsreparatur ausführen können, werden — obwohl sie im Vergleich zu Wildtypbakterien eine höhere Sensitivität gegenüber der UV-*Inaktivierung* aufweisen — nur geringfügig durch UV *mutiert*. Demgegenüber sind Mutanten mit einem Inzisions- oder einem Polymerase I-Defekt (z. B. uvr- oder pol A-Mutanten bei E. coli) noch stärker durch UV mutierbar als der Wildtyp.

Bei den zur Exzisionsreparatur fähigen (uvr^+-) Bakterien entstehen Mutationen vermutlich aber nur zu einem geringen Teil durch fehlerhafte Postreplikationsreparatur. Untersuchungen mit *E. coli* uvr^+-Bakterien haben gezeigt, daß Mutationen bestimmter Gene meistens bereits vor dem Wiedereinsetzen der Replikation, wahrscheinlich als Ergebnis gelegentlicher bei der Exzisionsreparatur auftretender Fehler gebildet werden (49). Mutationsbegünstigende Fehler der Postreplikationsreparatur treten vor allem in exzisionsdefizienten Bakterien auf.

Als mögliche Fehler der Postreplikationsreparatur nimmt man an, daß beim rekombinativen Ausfüllen eines gaps, z. B. gegenüber einem nichtausgeschnittenen Pyrimidindimer, relativ häufig falsche Basen eingefügt werden können. Prämutagene Sites dürften besonders in solchen Regionen entstehen, wo sich nach erfolgter Replikation zwei Tochterstrang-gaps gegenüberstehen (50). Es wird auch die Möglichkeit einer induzierbaren DNA-Polymerase diskutiert, die speziell an der Schadstelle des Matrizenstranges eine DNA-Synthese aufnehmen und damit die hier vorhandene echte Informationslücke — notgedrungen häufig fehlerhaft — schließen kann (7).

Nach Befunden von WITKIN und anderen ist (bei *E. coli*) die fehlerbegünstigende Postreplikationsreparatur (bereits durch sehr niedrige UV-Dosen) *induzierbar* (7, 52). Sie wird auch „SOS-Reparatur" genannt (die geschädigte DNA signalisiert die Induktion eines zum Überleben notwendigen Reparatursystems). Daneben soll es noch eine fehlerfrei arbeitende *konstitutive* Form der Postreplikationsreparatur geben, die besonders dann zur Wirkung kommt, wenn die SOS-Reparatur (z. B. durch eine Mutation) ausfällt (7).

In diesem Zusammenhang ist das kürzlich von BRIDGES u. Mitarb. vorgeschlagene Modell einer *fehlerfreien, exzisionsabhängigen Form der Postreplikationsreparatur* interessant (51). Danach können sich postreplikativ, insbesondere in DNA-Bereichen, in denen sich Tochterstrang-gaps überlappen, die gegenüberliegenden, einsträngig gebliebenen Regionen elterlicher DNA erneut paaren (Reannellierung) und auf diese Weise eine Exzisionsreparatur dieser Regionen ermöglichen, s. Abb. 25b. Dieses Modell trägt besonders der von den Autoren beschriebenen Tatsache Rechnung, daß beim rekombinativen Ausfüllen von Tochterstrang-gaps in uvr$^+$-Bakterien offensichtlich wesentlich weniger Fehler gemacht werden als in uvr$^-$-Bakterien. Daneben vermag es noch andere Phänomene zu erklären.

Weitere Formen einer Begünstigung der Mutationsentstehung infolge von (genetisch bedingten) Reparaturdefekten liegen offensichtlich bei bestimmten „Mutator"-Mutanten vor. So wurden bei *Proteus mirabilis* sowie einigen anderen Bakterienarten und bei Hefe Mutator-Mutanten beschrieben, die eine stark erhöhte spontane Mutabilität aufweisen (Übersicht: 36).

Spontan entstehende DNA-Schäden dürften prinzipiell den gleichen Reparaturprozessen unterliegen wie durch äußere Noxen gesetzte Schäden. Bei *P. mirabilis* mut-Mutanten (Böhme) scheint die Reparatursynthese während der Exzisionsreparatur von Strukturveränderungen der DNA verstärkt fehlerhaft zu verlaufen (2, 9). Ein derartiger Effekt macht das Vorhandensein von relativ ungenau arbeitenden Polymerasen in diesen Mutanten wahrscheinlich.

Wenn durch UV-Licht oder andere (mutagene) Noxen bestimmte Schäden in der DNA gesetzt wurden, dann hängt die resultierende Mutationsfrequenz u. a. davon ab, inwieweit derartige sog. „Prämutationen" durch Error-free-Reparaturprozesse eliminiert und inwieweit sie als Folge von Error-prone-Reparaturprozessen in Mutationen überführt werden können. Als Ergebnis einer Stimulierung oder Hemmung verschiedener Reparatursysteme sind beobachtbare Mutationsfrequenzen in weiten Grenzen variierbar (s. z. B. 5).

So führt z. B. die spezifische Hemmung von Reparaturprozessen zu

1. reduziertem Zellüberleben und weniger Mutationen (bei Hemmung von Exzisions- und Postreplikationsreparatur) oder zu
2. reduziertem Überleben und mehr Mutationen (bei Hemmung der Exzisionsreparatur) oder zu
3. normalem Überleben und weniger Mutationen (bei spezifischer Einschränkung der Replikation und damit der Postreplikationsreparatur)

[10].

Dabei spielen eine Vielzahl ineinandergreifender und teilweise auch noch aufzuklärender Teilprozesse eine Rolle, auf die hier nicht näher eingegangen werden kann.

3.3. *Reparatur bei tierischen Zellen*

Untersuchungen der letzten Jahre vor allem mit in vitro kultivierten Säugerzellen haben ergeben, daß bei höheren Organismen ähnliche, teilweise vielleicht identische Reparatursysteme existieren wie bei Bakterien. In den folgenden Kapiteln (3.3.1.—3.3.5.) wird auf einige wichtige diesbezügliche Ergebnisse und deren Bedeutung eingegangen. Viele Fragen sind jedoch noch ungelöst oder vorerst teilweise nur hypothetisch zu beantworten. An ihrer weiteren Aufklärung, die eng mit der weiteren Aufklärung anderer fundamentaler molekularbiologischer Mechanismen der Zelle verbunden ist, wird z. Z. intensiv gearbeitet.

3.3.1. Photoreaktivierung

Die enzymatische PR (s. Kap. 3.2.1.) ist bei den Eukaryoten weit verbreitet, entgegen früheren Vermutungen auch unter den Plazenta-besitzenden Säugern, obgleich hier das Enzym in einigen Fällen schwer nachweisbar ist (Übersicht 11). Diese Tatsache ist ein Hinweis auf die allgemeine Bedeutung einer schädigenden Wirkung von UV-induzierten Pyrimidindimeren, die das einzige Substrat für das PR-Enzym bilden (vgl. auch Kap. 3.3.4.: *X. pigmentosum*). (Es ist allerdings nicht auszuschließen, daß das Enzym noch eine andere Funktion besitzt (12).)

3.3.2. Exzisionsreparatur

Bei tierischen Zellen findet auch eine Exzisionsreparatur von durch UV-Strahlen und anderen Noxen erzeugten Schäden statt (s. Kap. 3.2.1.). Sie läßt sich unter verschiedenen Gesichtspunkten und mit verschiedenen Methoden beobachten (Übersicht: 10, 13). Vor allem wird die Reparaturreplikation gemessen. Diese stellt im Gegensatz zur normalen, nur in der S-Phase des Zellzyklus ablaufenden DNA-Synthese eine „nicht-semikonservative" DNA-Synthese dar (Einbau von DNA Präkursoren in bereits existierende elterliche DNA-Stränge). Zur Messung wird häufig das Prinzip der „Photolyse" verwendet. Dabei nutzt man die Tatsache aus, daß (während der Reparatursynthese) in die DNA eingebautes BUdR (Thymidin-Analogon, s. a. Kap. 2.2.2.) nach einer Bestrahlung mit langwelligem UV-Licht zu Einzelstrangbrüchen führt, s. Abb. 26. Mit einer derartigen Methode kann sowohl die durchschnittliche Anzahl als auch die Größe der ausgeschnittenen und reparierten Regionen bestimmt werden. Bei diesem und anderen ähnlichen Verfahren werden isolierte DNA-Moleküle durch Sedimentation in der Ultrazentrifuge untersucht. In ganzen Zellen läßt sich die Exzisionsreparatur andererseits mit geeigneten autoradio-

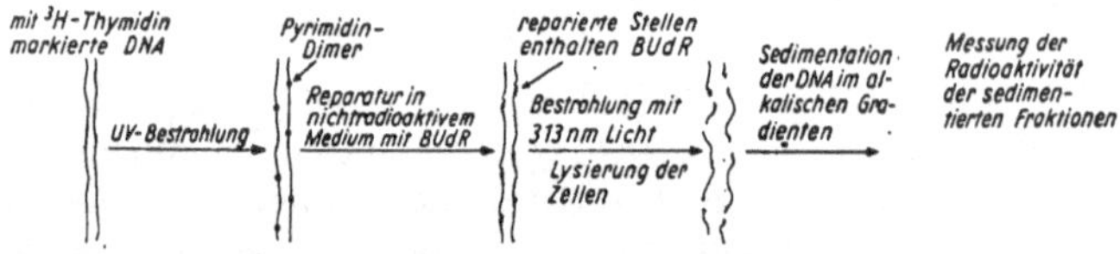

Abb. 26. Messung der Exzisionsreparatur mittels BUdR-Photolyse, nach REGAN u. SETLOW (20)

graphischen Methoden (^{3}H-Thymidin-Einbau) als eine auch außerhalb der S-Phase ablaufende sogenannte unplanmäßige oder *unscheduled DNA-Synthese* nachweisen. Man kann annehmen, daß diese DNA-Synthese der Reparaturreplikation entspricht.

Im Gegensatz zu Bakterien wird aber nur eine Fraktion von (durch niedrige UV-Dosen induzierten) Dimeren bzw. anderen spezifischen Basenschäden durch Exzision entfernt, die in bestimmten menschlichen Zellinien bis zu etwa 5% beträgt, bei einigen Nagetierzellen hingegen kaum nachweisbar ist (Übersicht: 14).

In *E. coli* können dagegen bis zu etwa 90% entsprechender Basenschäden durch Exzision eliminiert werden (15). Auch ist die zur Erreichung maximaler Exzision erforderliche Zeit wesentlich länger als bei Bakterien (in Säugerzellen etwa 18—20 h, in *E. coli* etwa 60—90 min).

Trotz dieser erheblichen Effektivitätsunterschiede lassen sich aber Hinweise anführen, die für die Existenz eines qualitativ einheitlichen Systems der Exzisionsreparatur sprechen:

- Enzyme für die Reparatur-Teilprozesse Inzision, Exzision, Polymerase- und Ligasewirkung wurden in verschiedenen Säugerzellen nachgewiesen (Übersicht: 14).
- Insbesondere sind menschliche Xeroderma pigmentosum-(XP-)Zellen (bestimmten Typs) hinsichtlich einer defizienten Inzisionsendonuklease und infolgedessen einer fehlenden Exzisionsreparatur völlig analog zu *E. coli* uvr-Mutanten (s. u.).
  In XP-Zellen erzeugte Schäden können der Exzisionsreparatur unterliegen, wenn diese Zellen oder deren DNA mit einer UV-spezifischen Endonuklease des Bakteriophagen T4 oder des Bakteriums *Micrococcus luteus* behandelt wurden (16, 17). – Nach Röntgenbestrahlung (Erzeugung von Einzelstrangbrüchen) findet in XP-Zellen eine normale Reparaturreplikation statt.
- In Heterokaryons aus nicht-photoreaktivierbaren menschlichen und nicht-exzisionsreparierbaren Kükenzellen (vgl. Kap. 5) wird jeweils die fehlende Form der Reparatur in der DNA des einen (UV-bestrahlten) Fusionspartners vom entsprechenden Enzym des anderen Partners übernommen (18).
- Durch UV-Licht oder andere Noxen geschädigte tierische doppelsträngige DNA-Viren lassen sich in zur Exzisionsreparatur fähigen Wirtszellen zur Virusvermehrung reaktivieren – ein zur „Wirtszellreaktivierung" in Bakterien-Phagen-Systemen (vgl. 2) analoger Vorgang.

Die nur begrenzte Wirksamkeit der Exzisionsreparatur in tierischen Zellen, ist vermutlich darauf zurückzuführen, daß UV-induzierte Dimere bzw. Schäden anderer Agenzien in bestimmten DNA-Abschnitten durch Nukleoproteine vor dem Angriff von Reparaturenzymen „geschützt" sind (und erst allmählich – infolge Veränderungen in den DNA-Protein-Komplexen während der Replikation oder der Zellteilung – angreifbar werden). Unter bestimmten In-vitro-Bedingungen (hohe Kochsalzkonzentrationen), die eine Entfernung von Histonen und möglicherweise anderen Proteinen von der chromosomalen

DNA bewirken, findet man eine stark erhöhte Anzahl von für das Reparatur-(Endonuklease-)Enzym sensitiven Sites (19). Es wird geschätzt, daß etwa 40% der DNA (in menschlichen WI-38-Zellen) auf diese Weise maskiert sind und daß das Molekulargewicht der mit Protein bedeckten Abschnitte nicht größer als 10^8 Dalton ist. Endonuklease-sensitive Sites bleiben teilweise über 90 Stunden lang bestehen (19).

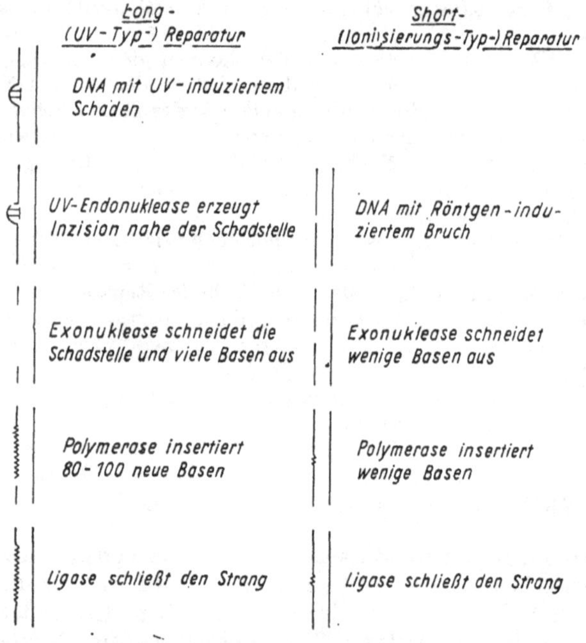

Abb. 27. Long-Typ- und Short-Typ-Reparatur, nach REGAN u. SETLOW (20)

Long-Typ- und Short-Typ-Reparatur

Ein in Bakterien wie in Säugerzellen häufig stattfindender Prozeß ist die Wiedervereinigung (rejoining) von (durch verschiedene Agenzien und speziell durch ionisierende Strahlen erzeugten) Einzelstrangbrüchen. Diese sog. „Short“- oder „Ionisierung“-Typ-Reparatur (20) läßt sich als eine Form der Exzisionsreparatur auffassen, bei der bereits eine Inzision als zu reparierender Schaden vorliegt, s. Abb. 27. Sie läuft relativ schnell ab (bei menschlichen Zellen etwa innerhalb 30—60 min), und es werden nur sehr wenige (etwa 1—5) Nukleotide an der Bruchstelle ausgeschnitten.

Bei der — unter anderem speziell UV-Schäden ausbessernden — „Long“- oder „UV“-Typ-Reparatur werden dagegen (in menschlichen Zellen) in Abhängigkeit von der verwendeten Noxe bzw. Schadensart sowie anderen Parametern 40—140 Nukleotide an der Schadstelle ausgeschnitten (20), s. Abb. 26. Diese vollständige Exzisionsreparatur dauert etwa 18—20 h, s. o.

Die chemische Natur der (verschiedenen Arten von) Einzelstrangbrüche(n) ist noch ziemlich unbekannt. Einige haben 5′-Phosphat- andere 5′-Hydroxyl-Gruppen am Ende. Es ist unbekannt, ob und wie oft die Brüche mit Basen- oder Zuckerschäden oder Basenverlust kombiniert sind (1, 21). Nicht oder falsch reparierte Brüche sind wahrscheinlich für die Entstehung von Chromosomenaberrationen mitverantwortlich (s. a. Kap. 2.2.1.).

3.3.3. Postreplikationsreparatur

Auch eine Postreplikationsreparatur findet in Säuger- und anderen tierischen Zellen statt. Untersuchungen des Molekulargewichts der DNA von UV-bestrahlten Zellen (im alkalischen Sukrosegradienten) führten zu dem Schluß, daß in den nach Bestrahlung synthetisierten Tochtersträngen gaps entstehen, die bei weiterer Inkubation geschlossen werden können (Übersicht: 22). Für viele dieser gaps scheinen wie bei den Prokaryoten im Elternstrang vorhandene UV-induzierte Pyrimidin-Dimere verantwortlich zu sein (vgl. Kap. 3.2.1.). Zumindest in UV-bestrahlten Kükenzellen (die nur eine geringfügige Exzisionsreparatur aufweisen) läßt sich durch Photoreaktivierung die Anzahl der entstehenden Tochterstrang-gaps wesentlich reduzieren (23).

Das Ausfüllen der gaps scheint auf einer De-novo-Synthese zu beruhen (22); das läßt sich beispielsweise mit einer ähnlichen wie der in Abb. 26 beschriebenen Methode nachweisen. Ähnliche Ergebnisse wurden hinsichtlich einer Postreplikationsreparatur von *Röntgen*-bestrahlten Säugerzellen erhalten (24).

Im Gegensatz zur bakteriellen Postreplikationsreparatur ist bei dem analogen Mechanismus in tierischen Zellen eine Beteiligung von Rekombinationsereignissen (Austausch zwischen elterlicher und neusynthetisierter DNA) (noch) nicht erwiesen. Allerdings wird die Möglichkeit diskutiert, daß nur wenige Nukleotide umfassende Segmentaustausche stattfinden, die für die tierische Zelle aus bestimmten Gründen ein besonders geringes Fehlerrisiko haben, andererseits aber schwer nachweisbar sind (3). Neben vielen die „gap"-Vorstellung der Postreplikationsreparatur bestätigenden Befunden wird diese als solche teilweise auch angezweifelt (PAINTER, 21).

Rekombinationsereignisse spielen vermutlich aber (ähnlich wie bei Prokaryoten) bei der Reparatur von Interstrang-Cross links eine Rolle und sind besonders zytogenetisch nach Einwirkung bifunktionell alkylierender Agenzien (z. B. Mitomyzin C) als Schwesternchromatidenaustausch nachweisbar (vgl. Kap. 2.2.1.).

Die Bedeutung der Postreplikationsreparatur für tierische Zellen ist wegen deren begrenzter Fähigkeit zur Exzisionsreparatur möglicherweise besonders groß. Weitere Untersuchungen werden die Rolle dieser und möglicher anderer Reparaturformen aufklären.

3.3.4. Reparaturdefiziente Mutanten bei Säugerzellen

Eine völlige Aufklärung der DNA-Reparatur höherer Organismen hängt mit der Erforschung anderer wichtiger molekularer Mechanismen (insbes. Replikation, Rekombination) bei diesen Systemen zusammen. Von ausschlaggebender Bedeutung dürfte dabei wiederum die Verfügung über geeignete Mutanten sein. Reparaturdefekte Mutanten tierischer Zellen sind speziell auch von Bedeutung für die Mutagenitätstestung (s. Kap. 2.4.5.). Eine Selektion geeigneter Mutantenstämme etablierter Zellinien, wie z. B. isogener UV-sensitiver und -resistenter Stämme, ist daher sehr wünschenswert. Bisher sind allerdings erst wenig isolierte Nagetier- bzw. menschliche Zellinien mit veränderter UV- oder Röntgen-Sensitivität beschrieben bzw. untersucht worden (25—28), (s. a. Kap. 3.3.5.).

Ein anderer Weg besteht in der Untersuchung geeigneter Zellen von Patienten mit einem Erbleiden. Verschiedene Erbkrankheiten sind durch Reparaturdefekte verursacht oder zumindest mit ihnen korreliert. Durch sie wird in tragischer Weise die Bedeutung der DNA-Reparatur für den Menschen demonstriert.

So haben vor allem Untersuchungen der Zellen von *Xeroderma pigmentosum*-Patienten die Bedeutung der Exzisionsreparatur bestätigt (Übersicht: 29). XP ist eine autosomal rezessiv vererbbare Hautkrankheit, die durch Hypersensitivität der Zellen gegenüber Sonnenlicht charakterisiert ist. XP-Patienten leiden an multiplen Hautschäden und Hautkarzinomen und sterben frühzeitig. Eine spezielle Krankheitsform, der DeSanctis-Cacchione-Typ, ist mit neurologischen Störungen verbunden. Im Jahre 1968 fand Cleaver, daß die Koloniebildungsfähigkeit von XP-Zellen bedeutend sensitiver gegenüber einer UV-Bestrahlung war als die von normalen Zellen. XP-Zellen zeigten ferner nach Bestrahlung eine stark verminderte Fähigkeit zur unscheduled DNA-Synthese und zur Reparaturreplikation, was auf eine defektive Exzisionsreparatur schließen ließ (s. Kap. 3.3.2.). Andere Autoren konnten diese Ergebnisse durch Untersuchungen von Zellen verschiedener XP-Patienten bestätigen. Dabei wurde festgestellt, daß in bezug auf die verantwortliche Mutation eine genetische Variabilität existiert: Mittels Zellhybridisation solcher in einem frühen Reparaturschritt geschädigter XP-Zellen ließen sich bisher 5 Komplementationsgruppen unterscheiden (*Xeroderma pigmentosum* A, B, C, D und E) (30) (vgl. Kap. 5.4.1.). Es wird angenommen, daß verschiedene Genloci betroffen sind, die die Untereinheiten und Kofaktoren der verantwortlichen UV-Endonuklease spezifizieren (29). Nach Erzeugung von DNA-Brüchen (z. B. durch Röntgenstrahlen) findet eine normale Reparatur statt.

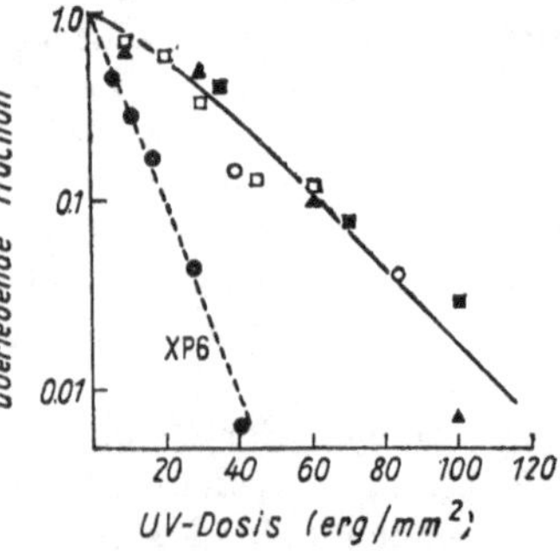

Abb. 28. Überlebenskurven von UV-bestrahlten normalen Fibroblasten (geschlossene Dreiecke u. Vierecke) und von Xeroderma pigmentosum Fibroblasten (geschlossene Kreise); offene Symbole: zwei XP-Varianten mit normaler UV-Sensitivität, nach CLEAVER u. BOOTSMA (29)

Bei verschiedenen Mutanten kann sich der Reparaturdefekt unterschiedlich stark auswirken. Ein kleiner Anteil UV-induzierter Schäden kann selbst noch in der extrem UV-sensitiven Komplementationsgruppe A repariert werden: So läßt sich in XP-Zellen dieser Gruppe noch eine Wirtszellreaktivierung UV-bestrahlter DNA des Virus SV40 nachweisen (44). Es ist ferner festgestellt worden, daß jede der Komplementationsgruppen neben der verringerten Exzisionsreparatur ein reduziertes Vermögen zur Photoreaktivierung besitzt (46).

Neben den genannten Komplementationsgruppen mit defektiver Exzisionsreparatur sind XP-Varianten beschrieben worden, die ein „normales" UV-Überleben zeigen und bei denen die Postreplikationsreparatur defektiv ist (s. Abb. 28) (45). Bei einer weiteren Form von *Xeroderma pigmentosum* wird schließlich vermutet, daß ein Polymerase-Defekt vorliegt (47).

Die Entdeckung und weitere Untersuchung der biochemischen Grundlagen dieser Krankheit ermöglicht neben der Gewinnung von Kenntnissen über die DNA- Reparatur bei Säugerzellen zugleich neue Einsichten in den Zusammenhang zwischen der — durch verschiedene physikalische und chemische Noxen verursachten — Karzinogenese und bestimmten genetischen Veränderungen (s. Kap. 4.).

Eine andere, ebenfalls auf einer Genmutation beruhende Erbkrankheit, die FANCONI*sche Anämie* (FA), hängt vermutlich auch mit einem spezifischen Fehler der DNA-Reparatur zusammen. Bei der FA handelt es sich um eine mit Degenerationszeichen einhergehende kindliche Anämieform, die außerdem durch eine Prädisposition für die Entwicklung von Neoplasien sowie durch häufiges Auftreten spontaner Chromosomenbrüche charakterisiert ist.

Die Reparaturschritte „Inzision" und „Wiedervereinigung von Einzelstrangbrüchen" sollen in FA-Zellen normal verlaufen. Nach POON et al. (31) scheint (zumindest in den von ihnen untersuchten FA-Zellen) eine spezifische Exonuklease betroffen zu sein, die zur Exzision von Schadstellen aus der (UV-bestrahlten) DNA notwendig ist. Andere Untersuchungen zeigten, daß in mit alkylierenden Agenzien behandelten FA-Zellen (die als Folge einer Reparatur normalerweise zu erwartenden) Schwesternchromatidenaustausche reduziert, Chromatidenbrüche und chromosomale Strukturumbauten dagegen aber verstärkt auftreten (vgl. Kap. 2.2.1.) (32).

Ein Defekt in dem Prozeß der Wiedervereinigung von durch Röntgenstrahlen induzierten Strangbrüchen (bei angeblich normaler Reparatur von UV-Schäden) scheint schließlich in Zellen von *Progerie*-Patienten vorzuliegen (Hutchinson-Gilford-Krankheit) vorzeitiges Altern) (33). Eine kausale Beziehung zwischen der beobachteten Reparaturdefizienz und der Krankheit ist jedoch nicht sicher erwiesen (s. a. 13).

Weitere Kandidaten für Erbleiden, die mit DNA-Reparatur-Defekten zusammenhängen, sind das BLOOM-*Syndrom* und die *Ataxia teleangiectasia.* Ersteres ist mit abnorm hohen Schwesternchromatidenaustauschen sowie mit Chromosomenaberrationen, letztere ist besonders mit Umbauten des Chromosoms Nr. 14, beide sind mit einer Prädisposition für die Entwicklung maligner Erkrankungen verbunden (34, 35). Bei Zellen von DOWN-Syndrom-Patienten wird nach Einwirkung von Strahlung, bestimmten Chemikalien oder Viren ein erhöhtes Auftreten von Chromosomenaberrationen festgestellt, UV-Bestrahlte Leukozyten solcher Patienten zeigen ferner im Vergleich zu Kontrollzellen eine reduzierte Reparatursynthese (48).

Die bei einigen der genannten Krankheiten auftretende erhöhte Empfindlichkeit entsprechender Zellkulturen gegenüber einer Virustransformation (s. Kap. 4.) dürfte ebenfalls (teilweise) auf die vorhandenen Reparaturdefekte zurückzuführen sein.

3.3.5. Zusammenhang zwischen Reparatur und Mutation bei Säugerzellen

Verschiedene Tatsachen sprechen für eine enge Beziehung zwischen Reparatur und Mutagenese (sowie Karzinogenese — s. a. Kap. 4.4.).

3.3.5.1. Auslösung von Reparaturprozessen durch Mutagene

Untersuchungen an Mikroben haben die Rolle der Reparatur von UV-Schäden (insbes. die Rolle der „Error-prone"-Postreplikationsreparatur, s. Kap. 3.2.) für die UV-Mutagenese aufgezeigt.

Neben UV- oder ionisierenden Strahlen erzeugen viele chemische Mutagene reparable DNA-Schäden. (Ihr Anteil gemessen an den jeweiligen Gesamtschäden ist aber unterschiedlich.) Durch Reparaturprozesse werden letale und potentiell mutagene Schäden eliminiert. Die mutagene Wirkung verschiedener chemischer Substanzen ist teilweise durch das Fehlen, teilweise durch das (fehlerhafte) Stattfinden bestimmter Reparaturprozesse bedingt.

Durch eine Vielzahl von — gegenwärtig sehr intensiv betriebenen — Untersuchungen wird die Existenz analoger Zusammenhänge bei Säugerzellen bestätigt. Dabei deuten sich — insbesondere durch die Korrelation zwischen der mutagenen und der karzinogenen Aktivität vieler Agenzien (s. Kap. 4.) — enge Beziehungen zwischen Reparatur, Mutagenese und Karzinogenese an.

Man kann die durch eine Reihe von Mutagenen bzw. Karzinogenen erzeugten DNA-Schäden bestimmten Reparaturmechanismen zuordnen. So lösen in menschlichen Zellen Röntgenstrahlen, Äthyl- und Methylmethansulfonat (EMS, MMS) sowie Propansulton bevorzugt eine Short-Typ-Reparatur, dagegen die beiden Karzinogene Azetylaminofluoren und ICR-170 wie UV-Strahlen bevorzugt eine Long-Typ-Reparatur aus, andere Chemikalien wie 4-Nitroquinolin-1-Oxid erzeugen Schäden, die durch beide Reparaturtypen eliminiert werden (18), (vgl. Kap. 3.3.2.).

Zur Mutationsentstehung dürften besonders Formen der Error-prone-Postreplikationsreparatur beitragen (De-novo-Synthese beim Ausfüllen der gaps). Tatsächlich ist gezeigt worden, daß bei V79-Zellen des Chinesischen Hamsters ein durch Koffein hemmbarer Reparaturprozeß für die UV-induzierte Mutagenese (zur Azaguanin-Resistenz) verantwortlich gemacht werden kann (28). Bei Nagetier- und anderen Säugerzellen wird durch Koffein speziell die Postreplikationsreparatur gehemmt (Übersicht z. B. 37). (Diese Wirkung des Koffeins ist allerdings von verschiedenen Faktoren abhängig (38). Daneben hat es auch einige andere, teilweise entgegengesetzte Effekte, so *erhöht* es die Frequenz der Mutationen durch verschiedene chemische Mutagene.) Ebenfalls läßt sich die besonders stark mutagene wie karzinogene Wirkung von Nitrosomethylharnstoff und Nitrosoguanidin einer Postreplikationsreparatur von spezifischen Alkylierungsschäden zuordnen (37), doch sind hier für eine Klärung noch wesentliche Untersuchungen erforderlich.

Vom Ablauf der jeweiligen Reparaturprozesse wird auch die Zeitspanne mitbestimmt, die verstreichen muß, damit einmal gesetzte prämutative Schäden schließlich optimal als Mutationen fixiert werden können. Diesem Tatbestand muß bei der experimentellen Mutagenese Rechnung getragen werden (Expressionszeit: s. Kap. 2.3.2.1.). Ebenfalls scheint die maligne Transformation kultivierter Zellen durch bestimmte Karzinogene vom Stattfinden entsprechender (fehlerfixierender) Reparaturprozesse abhängig zu sein (z. B. 39).

3.3.5.2. Erhöhte Mutabilität von reparaturdefizienten Zellen

Ähnlich wie es von reparaturdefizienten Bakterien- bzw. Hefe-Mutanten bekannt ist, sollten auch reparaturdefiziente Mutanten von in vitro kultivierten tierischen Zellen eine veränderte Frequenz der Mutationsentstehung aufweisen.

Ein solcher Zusammenhang ist bereits an einigen — ersten — Beispielen belegt worden: So läßt sich eine extrem UV-sensitive Hamsterzellmutante (V79 S2), (Arlett) (durch UV) leichter zur 8-Azaguanin-Resistenz muterien als der Wildtyp (40, 41). — Parallelversuche an Röntgensensitiven und -resisten Varianten von Mäuse-Lymphomzellen (M. Fox) zeigten, daß die am meisten sensitive Linie (L5178Y LS) gleichzeitig die am stärksten (durch Röntgenstrahlen zur Thymidin-Resistenz) mutierbare Linie war (27).

Zur weiteren Aufklärung derartiger Beziehungen dürften unter anderem vergleichende Untersuchungen an solchen Zellinien wertvoll sein, die sich von vornherein durch unterschiedliche Reparaturkapazitäten auszeichnen. So sollen menschliche HeLa-Zellen im Gegensatz zu V79-Zellen des Chinesischen Hamsters nicht die Fähigkeit zur Postreplikationsreparatur haben. Auf eine Exzisionsreparatur-Defizienz bei vielen Nagetierzellen im Vergleich zu menschlichen Zellen wurde bereits hingewiesen (s. Kap. 3.3.2.), (s. a. 38).

Einen in diesem Zusammenhang wichtigen Befund erbrachten wiederum X.P.-Zellen (vgl. Kap. 3.3.4.): Derartige Zellen zeigten im Vergleich zu Normalzellen eine erhöhte Frequenz UV-induzierter Mutationen zur Azaguanin-Resistenz (42) sowie eine größere Zahl UV-induzierter Chromosomenaberrationen (43). Analog ließe sich die durch Sonnen-(UV-)Licht induzierbare Karzinogenese bei Xeroderma pigmentosum als Folge einer besonders fehlerbegünstigenden Reparatur erklären (37).

Auf den ebenfalls bei einigen anderen Erbkrankheiten sich andeutenden Zusammenhang zwischen Reparaturdefizienz und der Entstehung von Chromosomenaberrationen wurde bereits hingewiesen (Kap. 3.3.4.). Die Tatsache, daß die durch viele chemische Mutagene und durch UV-Licht in Eukaryotenzellen erzeugten Chromosomenaberrationen besonders während oder unmittelbar nach der S-Phase des Zellzyklus gebildet werden, ist ein Hinweis auf die mögliche Bedeutung der Postreplikationsreparatur für die Entstehung von Chromosomenmutationen.

Trotz vieler in den letzten Jahren gewonnenen Erkenntnisse über den Zusammenhang zwischen Reparatur und Mutation sind die Mechanismen einer reparaturabhängigen Mutationsinduktion in Säugerzellen insgesamt als ein noch ungelöstes Problem zu betrachten und bedürfen noch intensiver Forschung (vgl. Kap. 2.2.).

Literatur[1])

1. CERUTTI, P. A.; Naturwiss. 61 (1974) 51
2. BÖHME, H.; ADLER, B. in: DNA-Schlüssel des Lebens, Akademie-Verlag Berlin 1972; 134
3. HOWARD-FLANDERS, B.; Brit. Med. Bull. 29 (1973) 226
4. HANAWALT, P. C.; Genetics 79 (1975) 179
5. CLARKE, C. H.; Sci. Prog., Oxford 62 (1975) 559
6. WITKIN, E. M.; Ann. Rev. Microbiol. 23 (1969) 487
7. WITKIN, E. M.; Genetics 79 (1975) 199
8. KONDO, S.; Genetics 73 Suppl. (1973) 109
9. BÖHME, H.: Biochem. Biophys. Res. Commun, 28 (1971) 191
10. LEGATOR, M. S.; W. G. FLAMM; Ann. Rev. Biochem. 42 (1973) 683
11. SUTHERLAND, B. M.; Life Sciences 16 (1975) 1
12. COOK, S. J.; J. R. MCGRATH; PNAS 58 (1967) 1359
13. STRAUSS, B. S.; Life Sciences 15 (1974) 1685
14. EVANS, H. J.; Genetics 79 (1975) 171
15. SETLOW, R. B.; W. L. CARRIER; PNAS 51 (1964) 226
16. PATERSON, M. C. et al.; Mutat. Res. 19 (1973) 245
17. TANAKA, K. et al.; PNAS 72 (1975) 4071
18. PATERSON, M. C. et al.; Biophys. J. 14 (1974) 835
19. WILKINS, R. J.; R. W. HART; Nature 247 (1974) 35
20. REGAN, J. D.; R. B. SETLOW; Cancer Res. 34 (1974) 3318
21. PAINTER, R. B.; Genetics 78 (1974) 138
22. LEHMANN, A. R.; Life Sciences 15 (1974) 2005
23. LEHMANN, A. R.; S. STEVENS; BBA 402 (1975) 179
24. KÖRNER, I.; W. MALZ; stud. biophys. 51 (1975) 115
25. TODD, P. W.; A. B. HELLEWELL; Mutat. Res. 7 (1969) 129
26. KLIMEK M. et al.; stud. biophys. 36/37 (1973) 149
27. FOX, M.; Mutat. Res. 23 (1974) 129
28. TROSKO, J. E.; E. H. Y. CHU; Chem.-Biol. Interactions 6 (1973) 317
29. CLEAVER, J. E.; D. BOOTSMA; Ann. Rev. Genet. 9 (1975) 19
30. KRAEMER, K. H. et al.; Mutat. Res. 33 (1975) 327
31. POON P. K. et al.; Nature 250 (1974) 223
32. LATT, S. A. et al.; PNAS 72 (1975) 4066
33. EPSTEIN, J.; J. WILLIAMS, J. LITTLE; PNAS 70 (1973) 977
34. CHAGANTI, R. S. K. et al.; PNAS 71 (1974) 4508
35. HECHT, F.; B. K. MCCAW, R. D. KOLER; N.-Engl. J. Med. 289 (1973) 286

36. Mohn, G.; F. E. Würgler; Humangenet. 16 (1972) 49
37. Fujiwara, Y.; Cancer Res. 35 (1975) 2780
38. Fox, M.; Mutat. Res. 24 (1975) 187
39. Terzaghi, M.; J. B. Little; Nature 253 (1975) 548
40. Arlett, C. F.; Conf. on Current Aspects of Somatic Cell Genet. and its Role in Environm. Mutagenesis, Freiburg (1972), Abstracts
41. Arlett, C. F.; stud. biophys. 36/37 (1937) 139
42. Maher, V. M. et al.; Nature 261 (1976) 593
43. Parrington, J. et al.; Ann. Human Genet. 35 (1971) 149
44. Abrahams, P. J., A. J. Van der Eb; Mut. Res. 35 (1976) 13
45. Lehmann, A. R., et al.; PNAS 72 (1975) 219
46. Sutherland, B. M. et al.; PNAS 72 (1975) 103
47. Mikhelson, V. (Leningrad); Vortrag im Zentralinstitut f. Molekularbiologie d. AdW Berlin-Buch, 1976
48. Lambert, B. et al.; Ann. Hum. Genet., Lond. 39 (1976) 293
49. Nishioka, H., C. O. Doudney; Mut. Res. 9 (1970) 349
50. Doubleday, O. P. et al.; MGG 140 (1975) 221
51. Green, M. H. L. et al.; (1977) Coll. Internat. C.N.R.S. No. 256, Canc. Chim. 227
52. Sedgwick, S. G.; PNAS 72 1975) 2753

---

[1]) verwendete Abkürzungen:
PNAS Proc. Natl. Acad. Sci. (US)
J.N.C.J. J. Natl. Cancer Inst.
MGG Molec. Gen. Genet.
B.B.R.C. Biochem. Biophys. Rcs. Comm.
BBA Biochtm. Biophys. Acta

4. Maligne Transformation

4.1. Normale und maligne transformierte Zellen

4.1.1. Wachstumskontrolle bei in vitro kultivierten Zellen

Werden Zellen eines normalen, gesunden Gewebes explantiert und unter geeigneten Bedingungn in vitro als individuelle „Lebewesen“ kultiviert, so unterliegen sie einer Reihe von Veränderungen (Verlust gewebe- oder organspezifischer Funktionen, Ausbildung eines morphologisch nahezu einheitlichen, zumeist fibroblastoiden Zelltyps u. a. m. Jedoch behalten sie auch in vitro Eigenschaften, die sie ihrer Herkunft nach als Einheiten vielzelliger Organismen ausweisen: Gewebe- bzw. organbedingte Unterschiede verschwinden nicht vollständig, verschiedentlich werden weiterhin gewebespezifische Substanzen synthetisiert, die Zellen zeigen gewisse Formen eines kooperativen Wachstums, die die Möglichkeiten ihrer Vermehrung einschränken (z. B. sind Zellsuspensionen verschiedener Herkunft wie Herz, Skelettmuskel, Leber, Lunge zur Reassoziation in ein charakteristisches Gewebe befähigt).

Bei In-vitro-Kulturen normaler Zellen kommen verschiedene Grundtypen der Wachstumskontrolle zur Wirkung:

Kontakthemmung der Bewegung

Geraten die auf dem Boden einer Kulturflasche angewachsenen zunächst einzelnen und zufällig orientierten Zellen einer normalen Fibroblastenkultur infolge Zellteilung und Zellbewegung in engen Kontakt, so kommen an den Berührungsstellen die (ondulierenden) Bewegungen der Zellmembran zum Stillstand, und die Bewegung der Zellen zueinander wird gehemmt. Als Folge dieser sog. Kontakthemmung stapeln sich die Zellen innerhalb einzelner Kolonien nicht übereinander, sondern breiten sich in deren Peripherie aus, so daß schließlich ein „konfluenter, d. h. zugewachsener einschichtiger Zellrasen, eine „Monolayer" entsteht. Entsprechend verschiedenen Wirkungsmechanismen bzw. Beobachtungsmöglichkeiten werden verschiedene Formen der Kontakthemmung (K. H. der Überlappung, der Kolonieexpansion, der orthogonalen Bewegung usw.) unterschieden (1).

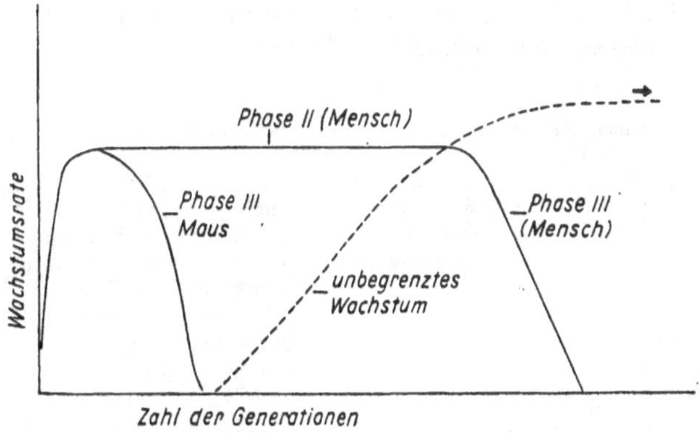

Abb. 29. Alterung in vitro kultivierter Zellen

Phase I Auswachsen der explantierten Zellen, Bildung einer Primärkultur

Phase II Zellvermehrung mit konstanter Rate, üppiges Wachstum jeder folgenden Subkultur

Phase III Absinken der Wachstumsfähigkeit, Auftreten degenerativer Zellveränderungen, schließlich Unmöglichkeit, neue Subkulturen zu erhalten.

.... zum unbegrenzten Wachstum transformierte (Mäuse-)Zellen nach PONTEN (3).

Postkonfluente Zellteilungshemmung

Nach Erreichen einer bestimmten vom Zelltyp und der Mediumzusammensetzung abhängigen Zelldichte (etwa zwischen $5-10^4$ und $5-10^5$ Zellen pro cm^2 Fläche) wird die logarithmische Wachstumsphase von einr stationären Phase abgelöst, in der die Zellzahl –

auch bei Erneuerung des Nährmediums — konstant bleibt. Die Hemmung findet meistens in der G_1-Periode des Zellzyklus statt. Wird in der Monolayer durch Entfernung von Zellen eine „Wunde" erzeugt, so „heilt" diese durch örtlich begrenzten, vorübergehenden Wiederanstieg der Mitoserate „zu". Diese Form der Wachstumskontrolle wird verschiedentlich auch als „Kontakthemmung der Zellteilung" bezeichnet. Auslösende Hemmfaktoren scheinen das Aufhören der Membran- und Zellbeweglichkeit und die Begrenzung der pro Zelle verfügbaren Fläche zu sein (2). Es werden auch andere Mechanismen diskutiert (3).

Tabelle 6

Begrenzte Lebensdauer in vitro kultivierter normaler embryonaler Fibroblasten, nach HAYFLICK [4]

Art	maximale Lebensdauer in Jahren (Durchschnittswerte)	Anzahl erreichbarer Populationsverdopplungen bei kultivierten embryonalen Fibroblasten
Galapagos-Schildkröte	175 (?)	90—125
Mensch	110	40—60
Nerz	10	30—34
Huhn	30	15—35
Maus	3,5	14—28

Alterung

Normale somatische Zellen haben in vitro auch bei fortgesetzter Subkultivierung keine unbegrenzte Teilungsfähigkeit. Ihre „Lebensgeschichte" läßt sich in drei Phasen einteilen, die besonders bei menschlichen Zellen untersucht wurden, s. Abb. 29.

Die mögliche Lebensdauer von Zellinien ist von der Spezies sowie dem Alter des Spenders, vom Zelltyp und von Kulturbedingungen abhängig. Zwischen der maximalen Lebensdauer von Individuen einer Art und der in vitro erreichbaren Anzahl von Verdopplungen entsprechender Embryonalzellen besteht eine direkte Beziehung, s. Tab. 6.

Auch in vivo ist das Teilungspotential von — mehrfach transplantierten — Zellen zeitlich begrenzt. Die Mortalität somatischer Zellen unterscheidet sich von dem prinzipiellen Fortbestand der Keimzellen höherer Organismen. Ihre molekularen Ursachen werden gegenwärtig intensiv untersucht (z. B. 4).

4.1.2. Transformierte Zellen, Definition der Transformation

Normale Zellen können durch die Einwirkung von Tumorviren, karzinogenen Substanzen oder energiereicher Strahlung sowie gelegentlich auch spontan „maligne transformiert"[1]) werden, d. h. die Fähigkeit erlangen, in vivo, nach Implantation in ein geeignetes Versuchstier, eine bösartige Neubildung von Zellen bzw. Gewebe (maligne Neoplasie, Tumor) hervorzurufen. Die Transformation von in vitro kultivierten Zellen ist daher ein mit der Tumorinduktion in lebenden Organismen eng verwandtes Phänomen. Neoplastisch transformierte Zellen weisen bestimmte, vom Normalverhalten abweichende Störungen der Regulation ihres Wachstums auf. In der In-vitro-Kultur sind sie in der Regel durch eine Reihe von Veränderungen charakterisiert, die vor allem die Zell- und Koloniemorphologie, Proliferationseigenschaften, die Zellmembran sowie immunologische Eigenschaften betreffen. Derartige Veränderungen werden in vitro als Kriterien zum Nachweis neoplastischer Zellen herangezogen. Ihr Auftreten ist jedoch teilweise vom Typ und physiologischen Zustand der Zellen sowie von Kulturbedingungen abhängig und daher nicht immer streng mit der Fähigkeit der Zellen zur Tumorbildung im In-vivo-Test („Tumorigenität") korreliert. Gelegentlich wird der Begriff „Transformation" auch auf spezielle (morphologische, proliferative oder andere) Typen

---

[1]) Verwendete synonyme Bezeichnungen: „neoplastische Transformation" oder kurz „Transformation".

dieser Veränderungen angewendet, ungeachtet des vorhandenen Tumorigenitätsgrades der betreffenden Zellen.

In vielen Fällen, jedoch nicht immer, sind bei maligne transformierten Zellen Veränderungen des normalen Karyotyps nachweisbar.

Der Begriff der *malignen* Transformation ist von dem der *genetischen* Transformation zu unterscheiden: Die Einführung genetischer Information in Eukaryotenzellen (s. Kap. 6.) ist keine allgemeine Bedingung der malignen Transformation. Jedoch kann die Aufnahme neuer genetischer Information zur malignen Transformation führen (s. Kap. 4.3.)[1]).

4.2. *Eigenschaften und Nachweis maligne transformierter Zellen*

4.2.1. *Wachstum transformierter Zellen*

4.2.1.1. *Unbegrenzte Teilungsfähigkeit*

Transformierte Zellen sind im allgemeinen zeitlich unbegrenzt kultivierbar. Zellen mit dieser Eigenschaft heißen „etablierte" oder „permanente" Zellinien.

Die Erlangung eines Potentials zum unbegrenzten Wachstum kann spontan oder nach Einwirkung onkogener Viren wie chemischer Karzinogene erfolgen, ist aber häufig noch kein hinreichendes Kriterium einer stattgefundenen neoplastischen Transformation. Sie scheint ein frühes Ereignis beim Übergang von normalen zu neoplastischen Zellen zu sein und einem prekanzerösen Zustand zu entsprechen (4). Andererseits bilden einem lebenden Organismus entnommene maligne Zellen noch nicht automatisch permanente Linien, z. B. lassen sich menschliche Krebszellen in vitro teilweise sehr schwer etablieren.

---

[1]) In diesem Kapitel wird der Begriff „Transformation" im Sinne von maligner Transformation benutzt.

Spontane Transformation zum unbegrenzten Wachstum

Während sich Nagetierzellen (Maus, Ratte, Hamster) relativ leicht etablieren lassen, sind Zellen anderer Spezies — Mensch, Huhn, Rind — trotz einer zeitweiligen Phase üppigen Wachstums (s. Abb. 29) sehr stabil gegenüber einer Transformation zum unbegrenzten Wachstum. Das wird u. a. mit der bei diesen Arten größeren Zahl von

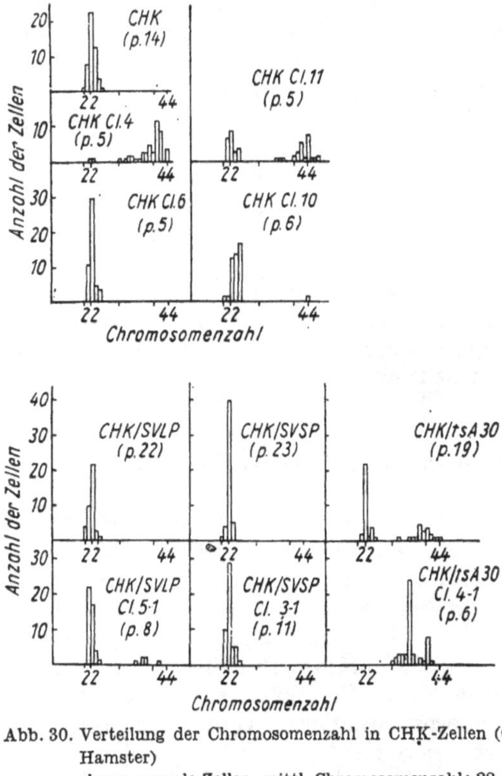

Abb. 30. Verteilung der Chromosomenzahl in CHK-Zellen (Chinesischer Hamster)
oben: normale Zellen, mittl. Chromosomenzahl: 22
Mitte (2. u. 3. Zeile): spontan transformierte Zellen
unten: SV 40-transformierte Zellen (Cl.: Klon-Nr.; p.: Passage) nach LAVIALLE et al. (66)

Zellteilungen pro Individuum in Zusammenhang gebracht (längere Lebensdauer, größeres Körpergewicht) (3). Die leichte Etablierbarkeit von Nagetierzellen wird auch auf das häufige Vorkommen endogener Sarkom- und Leukämieviren bei Nagetieren zurückgeführt, vgl. Kap. 4.3.2.5. (2).

Allgemeine Eigenschaften etablierter Zellinien

Vermutlich alle unbegrenzt wachsenden Zellinien besitzen einen veränderten Karyotyp (Aneuploidie, Polyploidie). Die Tendenz zur Heteroploidie bedeutet, daß Populationen etablierter Linien, auch wenn sie von einzelnen Zellen kloniert wurden, genetisch heterogen sind (s. Abb. 30). Infolgedessen besitzen sie im Vergleich zu diploiden Zellinien eine weitaus größere Fähigkeit, sich veränderten Milieubedingungen anzupassen. Es werden neue Varianten gebildet, die u. U. extremen Veränderungen widerstehen können.

Etablierte Linien zeigen häufig merklich verringerte Kontakt- oder Zellteilungshemmung. Insbesondere unter etablierten Nagetierzellinien erweisen sich viele im In-vivo-Test als nicht tumorigen (2).

4.2.1.2. Morphologie der Zellen und Kolonien

Transformierte Zellen sind in ihrer Form heterogen und häufig abgerundet, sie sind im allgemeinen relativ stark lichtbrechend und leicht mit basischen Farbstoffen anfärbbar. Die erhöhte zytoplasmatische Basophilie, ein Anzeichen für hohe Ribosomendichte und vergrößerte Nukleoli, deutet auf verstärkte Proteinsynthese hin. Die Heterogenität in Zellgröße und -gestalt wie Abnormitäten des Zellkerns resultieren vermutlich aus mitotischen und chromosomalen Aberrationen, die stärkere Lichtbrechung beruht auf einem reduzierten Ausbreitungsvermögen der Zellen auf der Unterlage (s. u.). Zumeist noch deutlicher sind die in der Population der

Zellen beobachtbaren Veränderungen: häufiges Abtrennen der Zellen vom Verband, zufällige Orientierung, Überlappung und Aufeinanderstapelung von Zellen, Verklumpung, Bildung größerer kompakter Zellaggregationen (sog. „Foci") auf dem Rasen kontaktgehemmter Zellen (s. Tafel 2 und 3), Ablösen von Zellen und Tendenz zum Wachstum in Suspension. Alle diese Eigenschaften unterscheiden sich von dem „sozialen Verhalten" der unter normaler Wachstumskontrolle stehenden Zellen. Für ihr Verständnis scheint neben einer Reduktion der Kontakthemmung der Bewegung (s. Kap. 4.1.1.), die Verringerung der Adhäsion neoplastischer Zellen zueinander und zur Unterlage wichtig zu sein. Diese erfolgt unter Mitwirkung von aus den Zellen abgesonderten oder vom Medium stammenden proteinhaltigen Substanzen (sog. „Mikroexudat"), die vermutlich auch bei der Zellteilung eine Rolle spielen. Die erhöhte Produktion und Freisetzung von Proteasen durch neoplastisch transformierte Zellen (s. Kap. 4.2.2.) dürfte eine Tendenz zur Lyse dieser abgesonderten Schicht bzw. zur reduzierten Adhäsion zur Folge haben (2).

4.2.1.3. Wachstum in Suspensionskultur

Im Gegensatz zu den meisten normalen Zellen (mit Ausnahme der Blutzellen und Zellen blutbildender Organe) sind viele Typen transformierter Zellen in der Lage, sich in einer Suspensionskultur zu vermehren, eine Erscheinung, der in vivo die Adaptation solider Tumoren an die Aszitesform entspricht. Ferner haben neoplastische Zellen eine erhöhte Fähigkeit zur Bildung dreidimensionaler Kolonien in Agar oder Methylzellulosesuspension. Der Kontakt normaler Zellen mit einer festen Unterlage gestattet die Formveränderung und Membranbeweglichkeit und spielt wahrscheinlich eine wichtige Rolle während der Mitose. Die Natur der Veränderungen (offensichtlich bestimmter Membranfunktionen), die ein Wachstum in flüssiger oder Agarsuspension erlauben, ist noch nicht aufgeklärt.

Polyanionen, insbesondere schwefelhaltige Polysaccharide (Bestandteil des Agars) sind bei normalen Zellen wachstumshemmend, nicht aber oder kaum bei (Virus-) transformierten Zellen. Zumindest bei BHK/21-Zellen ist eine Resistenz gegenüber Dextransulfat korreliert mit der Fähigkeit der Zellen zum Wachstum in Suspen-

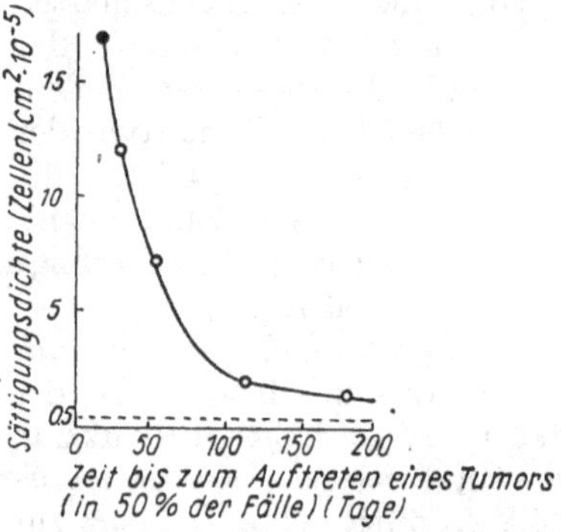

Abb. 31. Beziehung zwischen Sättigungsdichte in vitro und Tumorbildungsfähigkeit in der Maus nach Injektion von 10^7 Zellen
o o o o verschiedene Linien von Balb/3T12-Zellen
• SV 40-transformierte Balb/3T3-Zellen
------------ Sättigungsdichte der nicht-transformierten Balb/3T3-Zellen
(nach AARONSON u. TODARO, aus (3))

sionskulturen, mit ihrer Unabhängigkeit von Wachstumsfaktoren des Serums (vgl. Kap. 4.2.1.5.) sowie mit hohem Tumorigenitätsgrad (5). Es wird vermutet, daß Dextransulfat an die Zellmembran bindet und dadurch bestimmte Membranfunktionen blockiert, die für die Wechselwirkung sowohl mit dem festen Untergrund als auch mit Wachstumsfaktoren des Serums verantwortlich sind, Funktionen, die bei transformierten Zellen weniger bedeutsam zu sein scheinen (5).

4.2.1.4. Hohe Sättigungsdichte

Bei vielen transformierten Linien ist die nach Erreichen einer bestimmten Zelldichte normalerweise stattfindende

Hemmung der Zellteilung (s. Kap. 4.1.1.) mangelhaft, so daß sich die Zellen unter Bildung von „Multilayers" auf der Glasoberfläche weitervermehren. Diese Eigenschaft des uneingeschränkten Wachstums ist häufig mit der Fähigkeit der Zellen zur Tumorbildung in vivo gekoppelt (s. Abb. 31). Für die erhöhte Sättigungsdichte transformierter Zellen dürften vor allem veränderte Membraneigenschaften verantwortlich sein (vgl. Kap. 4.2.2.).

4.2.1.5. Geringe Serumabhängigkeit

Transformierte Zellen können häufig unter Bedingungen niedriger Serumkonzentrationen (1% und weniger) wachsen. Normale Zellen benötigen bei entsprechender Wachstumsrate i. allg. etwa 10% Serum. Es wird angenommen, daß transformierte Zellen wachstumsstimulierende Faktoren des Serums wirksamer transportieren oder verwerten können (6). Eine wichtige Rolle scheint hierbei die Aktivität des membrangebundenen Enzyms Adenylat-Zyklase zu spielen, das zum Aufbau von zyklischem AMP dient und vermutlich durch Serum gehemmt wird (7). Es gibt viele Hinweise dafür, daß cAMP bei der Regulation der Zellproliferation eine Hemmwirkung ausübt; diese Wirkung wird möglicherweise durch das kontraktile Protein Myosin vermittelt (8), s. a. Kap. 4.2.2.

4.2.2. Die Oberfläche transformierter Zellen

Maligne transformierte Zellen weisen gegenüber Normalzellen viele Veränderungen auf, die direkt oder indirekt in Beziehung zu strukturellen Veränderungen der Zellmembran stehen (Übersichten: 6, 9, 10). Neben bereits genannten Wachstumseigenschaften gehören dazu:

- Veränderungen in der Zusammensetzung der Glykolipide und Glykoproteine,

- erhöhte Agglutinierbarkeit durch pflanzliche Lektine,
- erhöhte Protease-Produktion,
- Veränderung der Aktivität von membrangebundener Adenylat-Zyclase, reduzierte Konzentration von cAMP,
- Veränderungen im Nährstofftransport, z. B. erhöhte Desoxyglukose-Aufnahme,
- immunologische Veränderungen, insbesondere Auftreten von Tumor-spezifischem Transplantationsantigen, quantitative und qualitative Veränderungen bei der Ausbildung zellspezifischer Antigene.

Zur Untersuchung von Änderungen der Zelloberfläche sind besonders einige pflanzliche Lektine geeignet (bestimmte (Glyko-)Proteine, die an spezifische Kohlenhydratreste binden). So werden (spontan, durch Viren oder chemisch) transformierte Zellen oder Tumorzellen mit dem Lektin Concanavalin A (ConA) in hohem Grade agglutiniert, s. Tafel 4. Normale Zellen werden dagegen bei gleichen Lektin-Konzentrationen nicht (bzw. nicht in dem Maße) agglutiniert (sofern sie nicht vor der Inkubation mit einem proteolytischen Enzym, z. B. Trypsin, behandelt wurden, s. u.).

Die Ursache dieser erhöhten Agglutinierbarkeit ist noch nicht überzeugend aufgeklärt, obwohl verschiedene Möglichkeiten vorgeschlagen und durch Experimente unterstützt wurden. Besonders wird ein erstmals von BURGER vorgeschlagener Mechanismus diskutiert (z. B. 9). Danach ist eine bestimmte Anordnung der Lektin-Rezeptoren für den Effekt verantwortlich: Die mit Lektin besetzten Rezeptoren können auf Grund ihrer freieren Beweglichkeit auf der Oberfläche transformierte Zellen zusammenklumpen und sich schließlich an einer Stelle der Zelloberfläche vereinigen („Cap“-Bildung), s. Tafel 5. Derartige Aggregationen sollten dann eine multivalente Brückenbildung zwischen benachbarten Zellen ermöglichen. Andrerseits legen mit 10 verschiedenen Zellinien parallel durchgeführte Versuche von UKENA et al. (11) nahe, daß die Aggregatbildung nicht als kausale Ursache der erhöhten Agglutination angesehen werden kann. Im

Zusammenhang mit der Agglutinierbarkeit transformierter und nichttransformierter Zellen wird der Einfluß weiterer Faktoren diskutiert. So wurden Beziehungen zwischen der Agglutinierbarkeit und dem Grad der Ausbildung von Mikrovilli an der Zelloberfläche gefunden (73).

Verschiedene Befunde lassen vermuten (Übersicht 10), daß ConA und andere Rezeptorproteine auf der Membran mit mikrotubulären Strukturen innerhalb der Zelle verbunden sind (die durch Kolchizin und andere Agenzien angegriffen werden können). Diese Strukturen (und dabei speziell Kolchizin-bindende Proteine) könnten für die Übertragung bestimmter Stimuli von der Oberfläche ins Zellinnere (bzw. umgekehrt) von Bedeutung sein, und man nimmt an, daß sie die Beweglichkeit und Wechselwirkung von Oberflächenmolekülen kontrollieren (12), s. Tafel 5.

Eine erhöhte Beweglichkeit von Rezeptorproteinen auf der Oberfläche transformierter Zellen läßt sich ferner mit der Abwesenheit eines spezifischen, bei normalen Zellen vorhandenen, gegen Proteolyse sehr sensitiven Oberflächenproteins in Zusammenhang bringen (10).

In vitro und in vivo transformierte Zellen besitzen zusätzliche proteolytische Enzyme, die vermutlich an der Zelloberfläche angreifen und für eine Reihe von Veränderungen, die den transformierten Phänotyp charakterisieren, verantwortlich gemacht werden können. Speziell wurde gefunden, daß insbesondere transformierte Zellen in der Lage sind, das im Serum vorhandene Proenzym „Plasminogen" in seine proteolytische aktive Form, das sog. „Plasmin" umzuwandeln. Ferner wurde gefunden, daß für Eigenschaften wie

- Zellwachstum in Agar,
- erhöhte Zellbeweglichkeit,
- charakteristische Veränderungen der Zellmorphologie

eine Plasmin-Aktivität erforderlich ist.

Von anderen für transformierte Zellen typischen Eigenschaften ist bekannt, daß sie in *normalen* Zellen durch

Proteasen induziert werden können. Dazu gehören: Agglutination durch Lektine, erhöhter Transport von Desoxyglukose, verringerte Konzentration von cAMP, Wachstum zu hohen Zelldichten (10). Normale Zellen weisen außerdem im Verlaufe des Zellzyklus eine Modulation bestimmter derartiger Eigenschaften auf. So ist die cAMP-Konzentration während der Mitose herabgesetzt. Ferner haben im allgemeinen schnell wachsende Zellen einen niedrigen, langsam wachsenden dagegen einen hohen cAMP-Spiegel (13), s. a. Abb. 32.

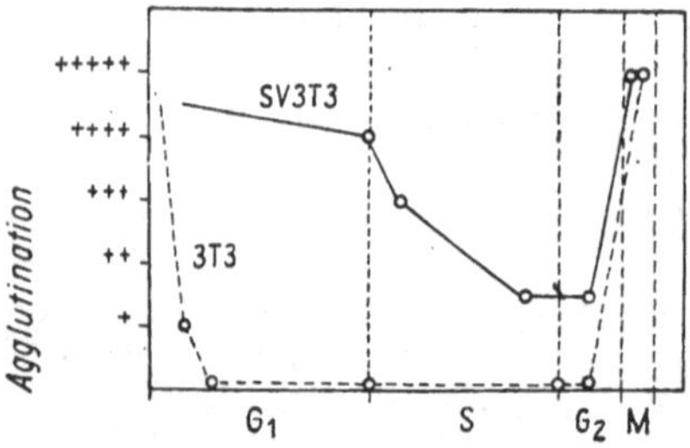

Abb. 32. Agglutination mit ConA (20 µg/ml) als Funktion des Zellzyklus in synchronisierten Kulturen normaler (– – – –) und SV 40-transformierter (———) 3T3-Zellen nach Smets u. De Ley (69).

Im Zusammenhang mit der malignen Transformation sind Vorstellungen interessant, wonach spezifische Membran-Mosaikmuster für die folgende Membransynthese als ihre eigene Matrize dienen können. Entsprechend einem Vorschlag von Pitot (14) könnten nach Einwirkung kanzerogener Agenzien hervorgerufene sogenannte „erbliche" Veränderungen zytoplasmatischer Membranen die normale Sequenz von DNS-Synthese und Mitose beeinflussen und auf diese Weise zur malignen Transformation führen.

4.2.3. *Fähigkeit zur Tumorbildung*

Die bisher beschriebenen Eigenschaften transformierter Zellen sind — so, wie sie sich in der In-vitro-Kultur nachweisen lassen — zwar in der Regel mit einem malignen Potential korreliert, bilden aber noch keinen schlüssigen Beweis für dessen Existenz. Daher bleibt als letztlich gültiger Test für das maligne Wachstumspotential die Transplantation der transformierten Zellen in ein Versuchstier. Jedoch ist auch hierbei ein definitives Urteil mit Vorsicht zu fällen:

Verschiedene komplexe und bisher nur teilweise verstandene immunologische, hormonelle und Ernährungsfaktoren des Wirts wirken als selektive Barrieren und können das maligne Wachstum fördern oder auch hemmen (Übersicht 15). Insbesondere kann eine ausbleibende Tumorentwicklung auf der Wirkung von Histokompatibilitätsantigenen des Empfängertieres gegenüber den implantierten Zellen beruhen. Daher werden als Ausgangsmaterial sowohl für (zu transformierende) Zellinien als auch für Empfänger bei Implantationsversuchen bevorzugt Tiere von ingezüchteten (Mäuse-) Stämmen verwendet. Sie stimmen in ihren genetischen Eigenschaften weitgehend überein. Die Histokompatibilitätsbarrieren werden auch durch Behandlung mit Immunosuppressiva überwunden, ober es werden neugeborene Tiere als Rezipienten verwendet.

Eine wichtige Rolle bei der Reaktion des Wirtsorganismus spielen auch die virusspezifischen und tumorspezifischen Transplantationsantigene der (Virus-)transformierten Zellen (s. Kap. 4.3.). Bei der Tumorigenitätsprüfung von transformierten Zellen, die infektiöse Viren freisetzen können (s. Kap. 4.3.2.2.), besteht ferner die Möglichkeit, daß die Tumorbildung virusinduziert und nicht das Ergebnis einer erfolgreichen Transplantation ist. In diesem Fall müssen transplantierte Zellen durch eine geeignete Marke, z. B. Geschlechtschromosomen, von den Rezipientenzellen unterschieden werden.

Die Tumorigenität transformierter Zellen ist eine quantitative Eigenschaft. Der Tumorigenitätsgrad wird durch Bestimmung der „mittleren Tumor-Dosis" oder durch die Zeit bis zum Erscheinen eines Tumors bestimmter Größe nach Injektion einer fixierten Zellzahl festgelegt (3).

4.3. Virustransformation

4.3.1. Transformation durch DNA-Viren

4.3.1.1. DNA-Tumorviren

Unter den tierischen DNA-Viren, die ein onkogenes Potential besitzen, sind vor allem Vertreter der sogenennten „Papova"-Gruppe — insbesondere Polyomavirus und SV 40 — menschliche und andere Adenoviren sowie die zur Gruppe der großen DNA-Viren gehörenden Herpes-Viren bekannt. Mit Ausnahme der zuletzt genannten, verursachen diese Viren in ihren natürlichen Wirten keine malignen Tumoren. Sie bewirken aber teils das Auftreten benigner (gutartiger) Geschwülste, führen teilweise unter Experimentierbedingungen (in nichtpermissiven Empfängern) zur Tumorbildung und sind vor allem durch ihre Fähigkeit, geeignete in vitro kultivierte Zellen zu transformieren, z. T. sehr gute Modellsysteme zum Studium der malignen Transformation bzw. der molekularbiologischen Mechanismen von Vorgängen, die in vivo zur Tumorbildung führen.

Die Papova-Viren gehören zu den kleinen DNA-Viren und haben alle eine ähnliche Struktur. Ihr DNA-Molekül bildet eine kovalent geschlossene zirkuläre Superhelix und ist von einem sphärischen Proteinkapsid umgeben.

Polyomaviren vermehren sich in adulten Mäusen ohne die Tiere nachweisbar zu schädigen, produzieren aber nach künstlicher Infektion in neugeborenen Mäusen und Hamstern sowie einigen anderen Tierarten, verschiedene Tumoren. Die Tumorzellen selbst enthalten keine infektiösen Viruspartikel. Die Entwicklung von für Polyomavirus permissiven Mäuseembryo-Zellkulturen in vitro sowie von durch Polyoma stabil transformierbaren Mäuse- und vor allem Hamster-Zellinien bildeten eine wichtige Voraussetzung für das Studium biochemischer Grundlagen der Virusreplikation und Zelltransformation.

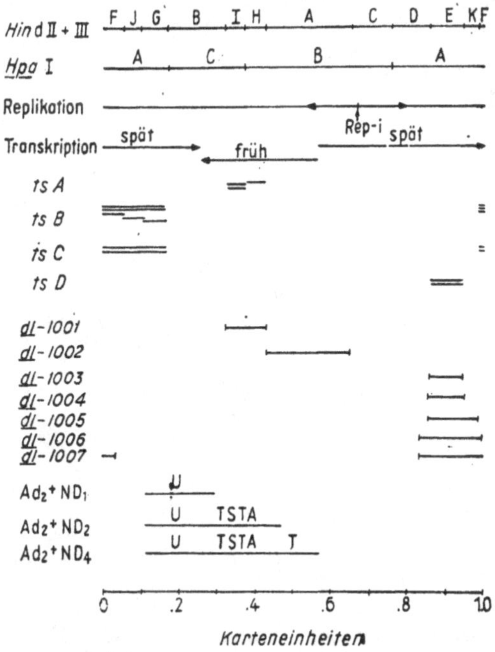

Abb. 33. Genkarte von SV 40

a) lineare Karte mit Initiations-Site für DNA-Replikation, Transkriptions-Sites sowie mit Lokalisation für ts-Mutationen, Deletionen und Determinanten für frühe Antigene; Nullpunkt (der willkürlich gewählten 10 Karteneinheiten) ist der Spaltungsort der Restriktionsendonuklease $E_{CO}RI$; oberste 2 Zeilen: Spaltenstellen von weiteren Restriktionsendonukleasen mit entsprechenden Fragmenten; nach LAI u. NATHANS (70)

Neben dem Polyoma-Virus ist besonders das 1960 entdeckte Simian Virus 40 (SV 40) wegen seiner Kleinheit einer genetischen Analyse leicht zugänglich. SV 40 und Polyomavirus werden wissenschaftlich sehr intensiv bearbeitet. Im Genom von SV 40, das aus nur etwa

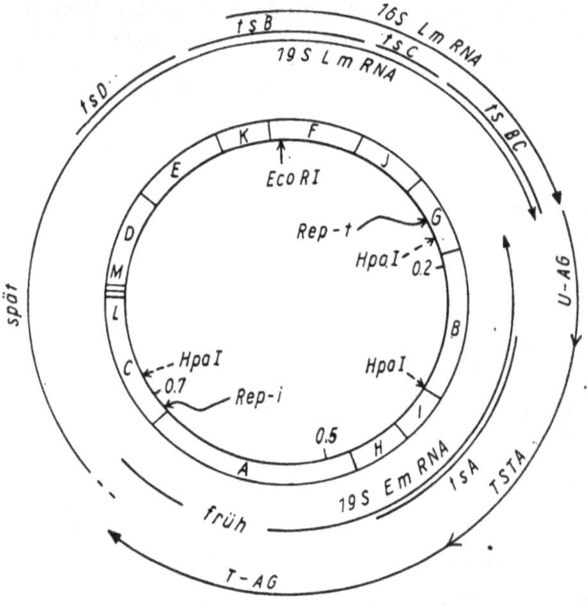

Abb. 33 b) ringförmige Karte mit früher (E) und später (L) Transkription bei lytischer Vermehrung

5500 Nukleotidpaaren besteht, lassen sich mit Hilfe verschiedener temperatursensitiver Mutanten fünf Komplementationsgruppen unterscheiden, die vermutlich drei Genen entsprechen (s. Abb. 33). (B-, C- und BC-Mutationen liegen wahrscheinlich im gleichen Gen). Der natürliche Wirt scheinen Rhesusaffen zu sein. Das Virus induziert in neugeborenen Hamstern und in Ratten Tumoren. In vitro läßt es sich in Leberzellen von Afrikanischen

Grünen Meerkatzen (AGMK-Zellen) vermehren. Es transformiert Zellen verschiedener Spezies.

Auch Kulturen menschlicher Zellen lassen sich durch SV 40 transformieren. Menschliche Zellen sind i. allg. „semipermissiv" für SV 40 (vgl. Kap. 4.3.1.2.): In einer kleinen Fraktion der infizierten (oder auch transformierten) Zellen kann eine Virusvermehrung stattfinden.

Es gibt Hinweise darauf, daß bestimmte menschliche Tumoren mit — immunologisch nachweisbaren — Funktionen von SV 40 oder denen eines verwandten Papova-Virus korreliert sind (16, 17). Im Gegensatz zu den Verhältnissen bei Polyoma lassen sich aus SV 40-transformierten Zellen mit geeigneten Methoden infektiöse Viruspartikel wiedergewinnen (s. Kap. 4.3.1.7.1.).

Verschiedene Typen von Adenoviren können mit unterschiedlichem Grad in Hamstern, Mäusen und Ratten maligne Tumoren induzieren und in vitro kultivierte Hamster- und Rattenzellen neoplastisch transformieren. Transformierte Zellen enthalten zumeist nicht das vollständige Genom des infektiösen Virus in ihrer DNA, wohl aber einige Adenovirusgene, deren Funktion durch den Nachweis virusspezifischer mRNA bzw. Antigene erkennbar wird (18). Adenoviren können mit SV 40 Hybride bilden, bei denen das gesamte oder fragmentierte SV 40-Genom in das Adenovirus-Genom insertiert ist. Verschiedene derartige Hybridviren werden u. a. zur Identifizierung und Kartierung bestimmter Virusfunktionen herangezogen.

In engem Zusammenhang mit Kanzerogenesemechanismen bei Tieren und beim Menschen scheinen auch verschiedene Herpesviren zu stehen. So verursacht z. B. das Marek-Disease-Herpesvirus eine hoch infektiöse Geflügel-Lymphomatose; das Epstein-Barr-Virus steht im Verdacht, für das — besonders in Ostafrika verbreitete — Burkitt-Lymphosarkom - verantwortlich zu sein; und es gibt Hinweise für einen direkten Zusammenhang zwischen menschlichem Cervixkarzinom und dem Herpes Simplex Virus Typ 2 (18, 19).

4.3.1.2. Transformationsprozeß

Je nachdem ob die Infektion einer Zellkultur mit intakten (nichtdefektiven) Viren eine Virusvermehrung hervorruft, bei der in der Regel die befallenen Zellen absterben, oder nicht, spricht man von permissiven oder nichtpermissiven Zellen. Zum Beispiel ist die Mäusezelllinie 3T3 für Polyoma permissiv, für SV 40 nichtpermissiv. In nichtpermissiven Zellen fehlt offensichtlich eine für die Produktion von Virusnachkommen notwendige zelluläre Funktion.

Die sofort auf die Infektion mit DNA-Tumorviren folgenden Ereignisse scheinen in permissiven und nicht-

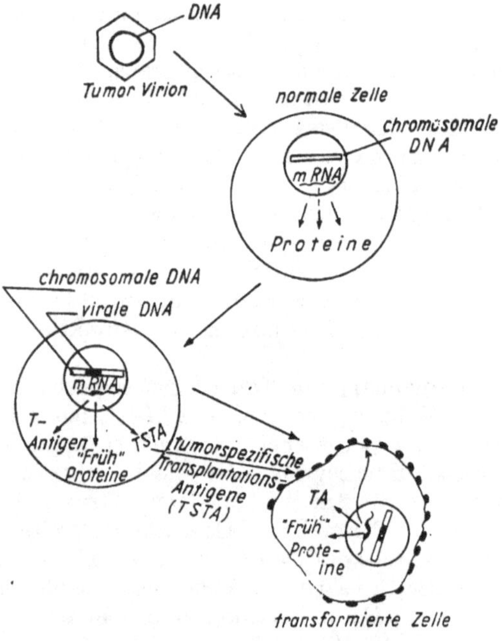

Abb. 34. Transformation durch DNA-Tumorviren nach CHANDRA et al. (68).

permissiven Zellen ähnlich zu sein: Virusspezifische RNA wird synthetisiert, im Zellkern ist virusspezifisches T-(Tumor-)Antigen nachweisbar und die Aktivität einiger (für bestimmte Präkursoren der DNA-Synthese verantwortlichen) Enzyme ist erhöht. In den nichtpermissiven Zellen ist dann allerdings die Virus-DNA- und die Viruskapsid-Protein-Synthese nicht mehr nachweisbar, jedoch kann die Infektion eben dieser Zellen mit blockierter Virusvermehrung in einer malignen Transformation resultieren (Abb. 34).

Es muß mindestens ein Zellteilungszyklus nach der Infektion ablaufen, ehe die Transformation irreversibel fixiert ist.

In den folgenden Kapiteln werden weitere Bedingungen und Besonderheiten der Transformation durch DNA-Viren beschrieben.

4.3.1.3. Abortive Transformation

Neben den stabil transformierten Zellen resultieren aus einer Infektion mit Polyomavirus oder SV 40 in weit größerer Anzahl sog. abortiv transformierte Zellen: Diese unterliegen für einige wenige auf die Infektion folgende Generationen nicht der normalen Wachstumskontrolle und verhalten sich während dieser Zeit wie transformierte Zellen. Sie teilen sich unter Bedingungen, die normalerweise kein Zellwachstum gestatten, z. B. in Agar- oder in Methylzellulosesuspension oder in einem Medium, dem Serum-Wachstumsfaktoren fehlen, sie weisen Membranveränderungen auf, die für Tumor- bzw. transformierte Zellen typisch sind und besitzen neue Antigene (vgl. Kap. 4.2.). Die Mehrzahl dieser Zellen kehrt nach wenigen Tagen in den ursprünglichen Normalzustand zurück, und nur einige bleiben permanent und damit stabil transformiert. Es wird angenommen, daß im Gegensatz zur stabilen Transformation in den abortiv transformierten Zellen die Virus-DNA nicht integriert ist.

4.3.1.4. Faktoren, die die Virusinduzierte Transformation beeinflussen

Die Häufigkeit des Auftretens transformierter Zellen variiert beträchtlich unter den in Frage kommenden Zelle-Virus-Systemen und ist von den genetischen Eigenschaften von Zelle und Virus, vom physiologischen Zustand der Zellen sowie von der Infektionsmultiplizität abhängig (20).

Die Bedeutung zellulärer Funktionen bei der Transformation wird bereits durch die Unterscheidung von Permissivität und Nichtpermissivität verdeutlicht. Bei bestimmten SV 40-transformierten Mäusezellmutanten, die bei niedriger Temperatur einen transformierten, bei hoher Temperatur aber einen normalen Phänotyp besitzen, lassen sich durch Rescue (s. Kap. 4.3.1.7.1.) SV 40-Wildtyppartikel gewinnen (21), was auf die Beteiligung mindestens einer von der Zelle kodierten Funktion bei der Aufrechterhaltung des transformierten Zustandes schließen läßt.

Zellkulturen von Patienten mit bestimmten Erbkrankheiten (z. B. Fanconi's Anämie, Down-Syndrom), die mit einem erhöhten Auftreten von chromosomalen Aberrationen sowie von kanzerösen Erkrankungen korreliert sind, lassen sich besonders leicht durch SV 40 transformieren. Auch lassen sich Zellen in der logarithmischen Wachstumsphase leichter transformieren als solche in der stationären Phase. Ferner sind Zellen, die bestrahlt oder mit chemischen Karzinogenen vorbehandelt wurden, einer viralen Transformation gegenüber besonders zugänglich.

Die Beteiligung Virus-kodierter Funktion(en) an der Transformation und läßt sich anhand verschiedener temperatursensitiver und „host-range-"Mutanten nachweisen, die unfähig sind, die von ihnen infizierten Zellen zu transformieren.

Vor allem wurde gefunden, daß das „frühe" SV 40-Gen A (dessen Funktion für die Initiation der Virus-

DNA-Synthese sowie einer zusätzlichen Zell-DNA-Synthese verantwortlich gemacht wird und das vermutlich auch das T-Antigen kodiert) sowohl die Etablierung als auch die Aufrechterhaltung des transformierten Zustandes kontrolliert (23), (s. Abb. 33, s. a. Kap. 4.3.1.7.3.).

Andererseits ist offensichtlich nicht das vollständige, funktionsfähige Virusgenom für die Transformation erforderlich. Es wurden defektive Viruspartikel beschrieben, die nicht mehr zur lytischen Infektion befähigt sind, wohl aber noch transformieren können (siehe 47).

Eine in bestimmten Fällen effektive Transformation durch Infektion der Zellen mit Virus-DNA gelingt auch mit Virus-DNA-Fragmenten, die die „frühe" SV 40-Region enthalten (22).

Da bei niedrigen Infektionsmultiplizitäten die Zahl transformierter Zellen proportional mit der Multiplizität ansteigt, nimmt man an, daß ein Viruspartikel bzw. DNA-Molekül für die Auslösung der Transformation einer Zelle ausreicht. Dieser Prozeß findet allerdings mit sehr geringer Wahrscheinlichkeit statt, daher werden bei Transformationsexperimenten Infektionsmultiplizitäten bis zu etwa 10^5 infektiösen Einheiten pro Zelle benutzt. Unter optimalen Bedingungen lassen sich z. B. Mäuse-3T3-Zellen durch SV 40 bis zu 40% sehr effektiv transformieren, Hamsterzellen lassen sich mit Polyoma-Virus dagegen maximal nur zu 5% transformieren; von menschlichen Fibroblasten in Kultur werden nach SV 40-Infektion etwa 0,03% transformiert (Übersicht: 18).

4.3.1.5. Reversion der Transformation

Neue Einsichten in den Mechanismus der neoplastischen Transformation dürften weitere Untersuchungen des folgenden interessanten Phänomens liefern: Mit geeigneten Methoden (bei denen die ohne Beschränkung wachsenden transformierten Zellen bevorzugt abgetötet werden) gelingt es, Zellen zu selektionieren, die Wachstumseigenschaften von nichttransformierten Zellen wiedererlangt haben und zumindest weniger tumorigen sind als ihre elterlichen Zellen (Übersicht: 19).

Diese „Revertanten", die sich in dem wiedererlangten „normalen" Phänotyp unterscheiden können (z. B. erwiesen sich isolierte „Serum-abhängige" Revertanten immer gleichzeitig als „Dichte-abhängig", nicht aber immer „Dichte-abhängige" auch als „Serum-abhängig" (24)), synthetisieren zumeist weiterhin virusspezifisches T-Antigen, und in den meisten Fällen wurden bei ihnen Virus-RNA und unveränderte Mengen an Virus-DNA-Sequenzen nachgewiesen (s. Kap. 4.3.1.7.2.).

Auch gestatten sie teilweise den Rescue (s. Kap. 4.3.1.7.1.) infektiöser Virions durch Fusion mit permissiven Zellen. Verschiedene Befunde sind mit der Hypothese vereinbar, daß Veränderungen im Genom der Zelle (und nicht an integrierten Virus-DNA-Segmenten) für den Revertantenphänotyp verantwortlich sind: So dürften Revertanten von SV 40-transformierten Zellen nicht mehr durch SV 40 retransformierbar sein und das ist auch der Fall (25) (vgl. auch Kap. 4.3.1.4.: Temperaturabhängige Reversion). Es wurden auch Revertanten von chemisch transformierten Zellen isoliert (26). Die Reversion der Transformation ist meistens mit einer Zunahme der Zahl der Chromosomen pro Zelle verbunden (24).

Obgleich die biologischen Mechanismen dieser Reversion noch nicht aufgeklärt sind, stellt sie doch offensichtlich ein neues stabiles Gleichgewicht zwischen den Genomen von Virus und Zelle dar, das es der Zelle ermöglicht, alle oder einen Teil der Wachstumseigenschaften wieder auszubilden, die sie vor der Transformation besaß (25).

4.3.1.6. Transformation permissiver Zellen

Die Infektion permissiver Zellen führt definitionsgemäß zur Virusvermehrung und damit normalerweise zum Zelltod, nichtpermissive Zellen überleben und können stabil transformiert werden. Wenn permissive Zellen mit defektiven Virusmutanten infiziert werden, denen für die Replikation essentielle Funktionen fehlen, können sie überleben und gegebenenfalls transformiert werden. Permissive AGMK-Zellen, die mit durch starke UV-Dosen bestrahlten SV 40-Partikeln transformiert werden konnten, enthielten SV 40-T-Antigen und SV 40-RNA, jedoch kein Kapsid-V-Antigen, ihre Fusion mit nichtinfizierten AGMK-Zellen führte zu keinem Virus-Rescue (s. Kap. 4.3.1.7.1.), und eine Superinfektion mit normalen SV 40-Virions zerstörte die transformierten Zellen (27).

Doch auch eine Infektion mit Wildtypviren kann eine Transformation zur Folge haben, wenn die Population permissiver Zellen nichtpermissive Varianten enthält, die keine Virusreplikation erlauben. Auf diese Weise isolierte transformierte Zellen (27) unterscheiden sich von den oben beschriebenen dadurch, daß sie nicht durch Wildtyp-SV 40 superinfiziert werden können.

4.3.1.7. Virusgene in transformierten Zellen

Durch DNA-Viren transformierte Zellen haben in einem oder mehreren ihrer Chromosomen Virus-DNA integriert. Zum Beispiel wurden in verschiedenen Linien SV 40-transformierter Zellen SV 40-DNA-Sequenzen in einer Menge gefunden, die etwa zwischen einer und mehr als zwanzig Virusgenomkopien pro diploider Zelle variiert (28, 29).

In diesem Zusammenhang soll aber noch einmal daran erinnert werden, daß

- nahezu alle transformierten Zellen keine infektiösen Viren enthalten (s. Kap. 4.3.1.2.),
- die bloße Integration von Virus-DNA in das Genom der Wirtszelle i. allg. nicht genügt, um solche Wachstumseigenschaften hervorzubringen, die die transformierte Zelle als solche definieren (s. z. B. Kap. 4.3.1.5.),
- nicht alle Gene des infektiösen Virus für die Transformation notwendig sind (s. Kap. 4.3.1.4.).

Die Anwesenheit und Funktion viraler Gene in transformierten Zellen wird durch verschiedene Methoden untersucht:

4.3.1.7.1. *Virus-Rescue*

Werden SV 40-transformierte Zellen mit für SV 40 permissiven Zellen kokultiviert, so sind unter der Voraussetzung, daß Kontakt zwischen beiden Zellsorten besteht nach wenigen Tagen infektiöse Viren nachweisbar. Die geringe Virusausbeute läßt sich erhöhen, wenn transformierte und Indikatorzellen künstlich — z. B. mittels inaktiviertem Sendai-Virus — zu Heterokaryons fusioniert werden (s. Kap. 5).

Aus mit Polyomavirus transformierten Zellen lassen sich durch Fusion mit permissiven Zellen gewöhnlich keine infektösen Viren induzieren. Im Unterschied zu SV 40 sind die einer Polyoma-Transformation zugänglichen Zellen normalerweise schwach permissiv. Es wird daher angenommen, daß ihre Transformation nur durch in der Viruspopulation vorhandene defektive Mutanten ermöglicht wird (18).

4.3.1.7.2. *Nachweis von Virusnukleinsäuresequenzen*

In vitro — mittels *E. coli*-RNA-Polymerase und gereinigter Virus-DNA — synthetisierte virusspezifische RNA läßt sich mit DNA aus transformierten Zellen hybridisieren. Dabei zeigt sich, daß die RNA bereits geringfügig mit aus nichttransformierten Zellen extrahierter DNA hybridisiert, das Ausmaß der Hybridisation ist jedoch wesentlich größer mit DNA aus transformierten Zellen. Mit einer anderen Methode, bei der man Virus-DNA mit DNA aus transformierten Zellen hybridisiert, wird die Tatsache benutzt, daß die Renaturierungskinetik denaturierter DNA-Moleküle von deren Konzentration und von der Reaktionstemperatur abhängig ist. Diese Methode gestattet auch den Einsatz definierter SV 40-DNA-Fragmente (anstelle der Gesamt-Virus-DNA), die durch Spaltung der Virus-DNA mittels bestimmter Endonukleasen erzeugt werden können (s. Kap. 6).

So wurde gefunden, daß die SV 40 transformierten Mäusezellen der Linie SVT2 etwa 6 Kopien eines DNA-Segments der „frühen" Region des SV 40-Genoms, dagegen nur eine Kopie der „späten" Virussequenzen enthalten (vgl. Abb. 33). Die Virus-DNA ist durch kovalente Bindung in die chromosomale DNA integriert (30).

Die (mit der Transformation verbunde) Insertion erfolgt sicher nicht ganz unspezifisch: Das zirkuläre (SV 40-)Virusgenom scheint dazu in einer in der „späten Region" (s. Abb. 33) liegenden Stelle gespalten zu werden (29). Auch über die (für den transformierten Status vermutlich notwendige) Lokalisation von Virus-DNA innerhalb des Zellgenoms liegen erste Hinweise vor. Durch die Untersuchung von Mensch-Maus-Hybridzellklonen wurde gefunden, daß ein für die SV 40-Transformation menschlicher Zellen notwendiger Integrations-Site im menschlichen Chromosom Nr. 7 liegt (29).

Transformierte Zellen enthalten darüber hinaus in verschiedenen anderen Stellen ihres Genoms Virus-DNA-Sequenzen. Das wird besonders durch Befunde von M. Shani et al. verdeutlicht (72): Diese Autoren isolierten aus SV 40-transformierten Zellen des Chinesischen Hamsters die Chromosomen und trennten sie, nach der unterschiedlichen Größe der 22 verschiedenen Chromosomen sortiert, in vier Fraktionen auf. Durch Nukleinsäurehybridisation konnten in drei von den vier Fraktionen Virus-DNA-Sequenzen nachgewiesen werden, wobei die vierte Fraktion diejenige war, die die kleinen metazentrischen Chromosomen enthielt. Durch einen Transfer einzelner Chromosomenfraktionen in permissive AGMK-Zellen (vergl. Kap. 6) ließen sich bei den zwei Fraktionen mit Chromosomen der mittleren Größenklassen in den Empfängerzellen infektiöse Viren nachweisen.

Mit Hybridisationsmethoden läßt sich in transformierten Zellen ebenfalls Virus-mRNA nachweisen. In verschiedenen SV 40 transformierten Zellen werden (möglicherweise in Abhängigkeit vom Integrationsort der Virus-DNA) unterschiedliche Prozentsätze des Virusgenoms transkribiert. Dabei handelt es sich um die meisten der „frühen" Virus-DNA-Sequenzen und (bei einigen Zellinien auch) um einen kleinen Teil der „späten" Sequenzen (Übersicht: 19).

4.3.1.7.3. Virusspezifische Proteine

Bei der Transformation mit Polyomavirus, SV 40 und Adenovirus wird im Zellkern ein virusspezifisches Tumor- oder T-Antigen gebildet, daß sich durch geeignete immunologische Methoden nachweisen läßt und besonders zum

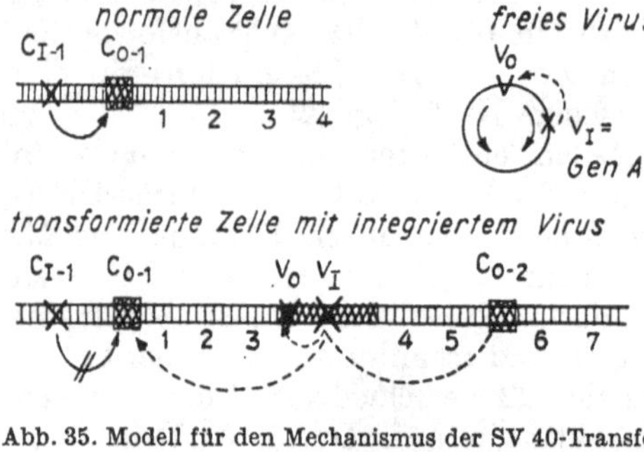

Abb. 35. Modell für den Mechanismus der SV 40-Transformation

Normale Zelle: **Ein zelluläres Gen (C_{I-1}) kodiert ein Initiatorprotein für die im Site C_{0-1} stattfindende Initiation der DNA-Synthese;**

freies Virus mit Initiations-Site für Replikation (V_0):
Das Produkt vom Gen V_I (= Gen A) bewirkt die Initiation der Virus-DNA-Synthese in V_0;

transformierte Zelle mit integriertem Virus: **Das in V_I kodierte A-Gen-Protein steuert nicht nur die Initiation der Virus-DNA-Synthese, auch sondern – in einem oder mehreren Sites – die Initiation der Replikation zellulärer DNA. (nach BUTEL et al. (33))**

Nachweis virustransformierter Zellen benutzt wird (s. Tafel 6). Die nähere Untersuchung dieses und anderer virusspezifischer Proteine wird besonders mit Hilfe geeigneter ts-Mutanten von Viren durchgeführt (s. Abb. 33).

Das T-Antigen erscheint auch in produktiv infizierten permissiven Zellen und ist offensichtlich mit sowohl für die Induktion der lytischen Virusvermehrung als auch für die Transformation wichtigen Funktionen kombiniert (vgl. Kap. 4.3.1.4., s. a. Abb. 35). Es wird dem „frühen" SV 40- (bzw. Polyomavirus-) Gen A zugeordnet, dessen Genprodukt *pleiotrop* gleichzeitig mehrere Wirkungen auszuüben scheint (31, 35). Das SV 40-T-Antigen bindet spezifisch an die doppelsträngige DNA, nahe am Startpunkt der Virus-DNA-Replikation (32) und scheint außerdem Endonuklease-Aktivität zu besitzen (33). Daher dürfte es bei Prozessen der Virusreplikation und -transkription sowie der Wechselwirkung von Virus- und Zell-DNA (insbes. Integration) eine wichtige Rolle spielen. Das (SV 40-) T-Antigen wurde isoliert und biochemisch chatakterisiert (34).

Neben dem T-Antigen enthalten (SV 40-) transformierte Zellen ein in der Kernmembran lokalisiertes sog. „U"-Antigen. Ferner hat die Virustransformation das Auftreten von TSTA- (tumorspezifischen Transplantations-) Antigen(en) und anderen S- (surface) Antigenen in der Zelloberfläche zur Folge. TSTA-Antigene werden in Tieren gebildet, die mit dem Virus, mit Virus-transformierten Zellen oder mit ensprechenden Tumorzellen anderer Tiere immunisiert wurden. Bei (zumindest einigen) S-Antigenen wurde nachgewiesen, daß es sich um virusspezifisch wirkende aber von der Zelle kodierte Antigene handelt.

Ein weiters Beispiel für virusinduzierte *Wirts*enzyme ist eine in menschlichen Zellen nach SV 40-Transformation gefundene spezifische Thymidinkinase-Aktivität. Hierbei handelt es sich vermutlich um die Expression eines zellulären fötalen Thymidinkinase-Gens, das normalerweise im adulten Organismus reprimiert ist (36).

Demgegenüber wird in mit Herpes-Simplex-Virus transformierten Mäusezellen ein *virales* Thymidinkinase-Gen ausgeprägt (z. B. 37) (s. Kap. 6.3.5.1.).

4.3.2. *Transformation durch RNA-Viren*

4.3.2.1. *RNA-Tumorviren*

Die *onkogenen RNA*-Viren (Oncornaviren) sind bei vielen (möglicherweise allen) Vertebraten zu finden und verursachen, sofern sie als pathogen bekannt sind, in einer großen Anzahl von Tierarten Leukosen und Sarkome. Die Viruspartikel bilden relativ große komplexe

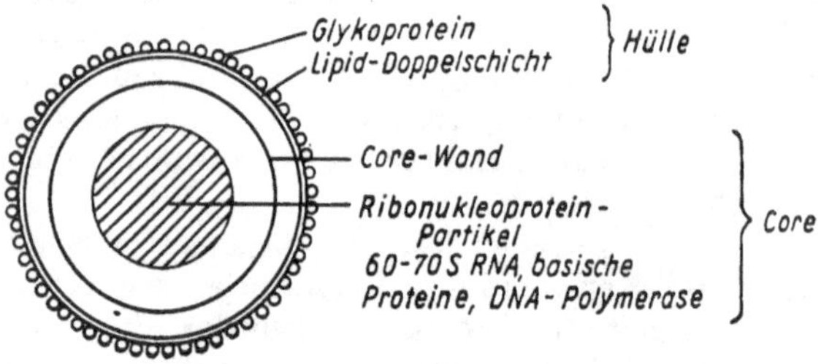

Abb. 36. Querschnitt durch ein typisches onkogenes RNA-Viruspartikel. Durchmesser des Virions: 100–150 nm, Durchmesser des Ribonukleoprotein-Partikels etwa 50 nm (nach TEMIN (51))

Strukturen (s. Abb. 36). Ihr Genom besteht aus zwei bis vier einsträngigen RNA-Molekülen. Aus mehreren Gründen sind sie Gegenstand intensivster Untersuchungen (Übersichten 18, 19, 38, 39):

- Einige Viren sind die Ursache für eine Reihe „natürlich" auftretender Neoplasien bei Hühnern und Mäusen und es ist denkbar, daß Oncornaviren bei einigen menschlichen Tumoren eine ähnliche Rolle spielen.
- Einige Viren, z. B. das Rous-Sarkom-Virus, sind für Versuchstiere oder Zellkulturen als äußerst wirksame Karzinogene bekannt.

— Oncornaviren enthalten eine RNA-abhängige DNA-Polymerase (Reverse Transkriptase, Revertase) [40, 41], die einen RNA→DNA-Informationstransfer ermöglicht und für die DNA-Kopie der RNA dieser Viren verantwortlich ist. (Ebenfalls wurde eine mit den Viruspartikeln assoziierte DNA-Endonuklease- und DNA-Ligase-Aktivität gefunden). Revertase wird möglicherweise in naher Zukunft für die In-vitro-Synthese bestimmter Gene mit entsprechender mRNA als Matrize eingesetzt werden können.

Die Kontrolle der Duplikation und Expression der Virusgene dürfte sehr ähnlich sein wie die der Gene der Wirtszelle.

Man kann annehmen, daß die Biologie der RNA-Tumorviren neue Einsichten in den Mechanismus der Differenzierung der Eukaryontenzelle liefern wird (42). Obwohl sich RNA- und DNA-Tumorviren in wesentlichen Eigenschaften unterscheiden, ist es denkbar, daß die maligne Transformation von beiden Virusgruppen durch einen ähnlichen Mechanismus induziert wird.

Auf der Grundlage morphologischer, pathologischer und serologischer Kriterien werden die RNA-Tumorviren in zwei Hauptgruppen unterteilt:

1. in die zu den sogenannten B-Typ-Viren gehörenden Mäuse-Mamma (Brust) -Tumorviren (MTV) und
2. in C-Typ-Viren (die im Gegensatz zu Typ B-Partikeln ein zentral lokalisiertes sphärisches Nukleoid besitzen (s. Abb. 36).

Zu den letzteren gehören Geflügel-Leukose-Sarkom-Viren (ALV), Mäuse-Leukämie-Viren (MLV), Mäuse-Sarkom-Viren (MSV) sowie einige andere RNA-Viren bei Säugetieren (auch Primaten) und Reptilien.

Weitere Einteilungskriterien sind vor allem das sog. gruppenspezifische Antigen (ein innerhalb einer Virusgruppe antigenisch kreuzreagierender interner Proteinkomplex) sowie (jeweilige Subgruppen charakterisierende) virusspezifische Glykoproteine in der Virushülle.

Besonders intensiv sind in den letzten Jahren die aviären (Geflügel-) RNA-Tumorviren und ihre Beziehung zur Wirtszelle untersucht worden. Die folgenden Ausführungen (Kap. 4.3.2.2.) beziehen sich deshalb vor allem auf Viren dieser Gruppe. Bei den murinen (Mäuse-) Viren sind die Verhältnisse in vieler Hinsicht analog.

4.3.2.2. Virus—Wirt-Beziehung bei Geflügel-Tumorviren

Die Geflügel-RNA-Tumorviren, deren Prototyp, das im Jahre 1911 durch P. Rous entdeckte Rous-Sarkom-Virus (RSV) den ersten direkten Hinweis auf eine viral bedingte kanzeröse Krankheit erbrachte, verursachen bei Hühnern teilweise eine Vielzahl verschiedener Neoplasien des blutbildenden Systems (viszerale Lymphomatosen, Erythroblastosen u. a. m.) und teilweise solide Tumoren (Sarkome, Karzinome). Sie fügen der Geflügelwirtschaft in vielen Ländern jährlich beträchtlichen Schaden zu (43).

In vitro durch RSV transformierte Zellen produzieren in Küken letal metastasierende Tumoren. Bestimmte RSV-Stämme erlangten ein besonderes Interesse, da diese Viren oder auch durch sie in vitro transformierte Zellen oder entsprechende Tumorzellen von Küken in verschiedenen Säugetieren Tumorbildung hervorrufen. Aus den Tumorzellen von Säugern lassen sich durch Zellfusion mit permissiven Kükenzellen infektiöse Viren gewinnen. In einigen Fällen gelingt auch ein direkter Virusnachweis im zellfreien Filtrat.

Im Gegensatz zu DNA-Tumorviren, bei denen Transformation und Virussynthese zwei in der infizierten Zelle einander ausschließende Ereignisse darstellen, sind die Verhältnisse bei RNA-Tumorviren nicht so einfach: Zwischen der Zelle und dem Virus gibt es in dieser Hinsicht vier verschiedene Möglichkeiten der Wechselwirkung (18):

a) Zelle resistent gegenüber Infektion, keine Virusproduktion, keine Transformation;
b) Virusvermehrung, keine Transformation;
c) Virusvermehrung und gleichzeitig Transformation;
d) keine Virusvermehrung aber Transformation.

Besonders aus diesem Grund werden in vitro verschiedene Methoden zum Nachweis des Virus bzw. der von ihm transformierten Zellen angewendet. Zellkulturen, in denen eine Virusvermehrung stattfindet, werden (im Gegensatz zu den Verhältnissen bei nichtonkogenen Viren) normalerweise nicht oder selten getötet, aber — in für Sarkom- und Leukämieviren unterschiedlicher Weise — verändert.

Durch Sarkomviren transformierte Fibroblasten zeigen Veränderungen, wie sie in Kap. 4.2. dargestellt sind, und werden besonders durch Fokusbildung sowie durch Wachstum in Agarsuspensionskulturen nachgewiesen. Viele zur Transformation fähigen Sarkomviren sind in mindestens einer für die Virusreplikation erforderlichen Funktion defektiv und lassen sich daher nur durch Koinfektion mit „helper"-Viren vermehren. Leukämieviren sind demgegenüber meistens zur Replikation fähig. Sie können in vitro i. allg. nicht Fibroblasten, wohl aber Zellen blutbildender Organe transformieren (39). Die Fähigkeit der Viren zu transformieren, scheint daher auch vom Grad der Differenzierung der Zellen abzuhängen (18).

Die Zeitdauer zwischen Infektion und Auftreten morphologischer transformierter Zellen variiert stark in verschiedenen Systemen und beträgt bei RSV-infizierten Kükenzellen wenige Tage, bei Säugerzellen mehrere Wochen. Die Notwendigkeit der Beteiligung von Virusgenen an der Aufrechterhaltung des transformierten Status wurde beim RSV — ähnlich wie im Falle der DNA-Tumorviren — mit Hilfe bestimmter Virus-ts-Mutanten nachgewiesen: Mit solchen Mutanten transformierte Zellen verlieren den transformierten Phänotyp beim Übergang von der permissiven zur nichtpermissiven Temperatur (18).

4.3.2.3. DNA-Provirus

Die Wirkungsweise von RNA-Tumorviren kann man sich folgendermaßen vorstellen (s. Abb. 37):

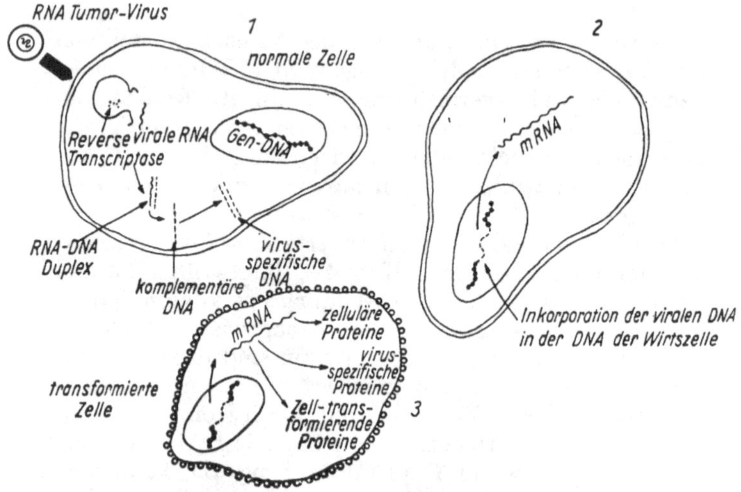

Abb. 37. Wirkungsweise von RNA-Tumorviren, nach CHANDRA et al. (68)

Die Reverse-Transkriptase polymerisiert an den RNA-Einzelstrang des Virusgenoms einen DNA-Strang. Anschließend wird mit diesem komplementären DNA-Strang als Matrize von einer DNA-abhängigen DNA-Polymerase ein DNA-Doppelstrang synthetisiert, der als „Provirus“ in die DNA der Wirtszelle eingebaut werden kann.

Die erstmals im Jahre 1964 von TEMIN begründet ausgesprochene Vorstellung eines DNA-Provirus ist vor allem durch folgende Ergebnisse unterstützt worden (Übersicht siehe 18):

1. Alle RNA-Tumorviren (und einige andere Viren) enthalten RNA-abhängige DNA-Polymerase. Insbesondere führen Versuche mit (RSV-) Mutanten, deren Revertase vermutlich defektiv ist, sowie mit spezifischen Revertase-Hemmern (z. B. Rifampicin-Derivaten) zu dem Schluß, daß das Enzym für die Etablierung der Transformation und die Virusreplikation notwendig ist.

2. Eine erfolgreiche Transformation bzw. Virusproduktion erfordert DNA-Synthese.

Die Hemmung der DNA-Synthese für wenige Stunden nach der Infektion blockiert eine folgende Virusvermehrung.

3. Durch geeignete Nukleinsäure-Hybridisationsmethoden ist es möglich, Virus-spezifische DNA im Genom transformierter Zellen nachzuweisen. (Die Tatsache, daß man auch in nichtinfizierten Zellen virusspezifische DNA finden kann, wenn auch zumeist weniger als in infizierten Zellen, kann als eine zusätzliche Bestätigung der DNA-Provirus-Theorie angesehen werden (vgl. Kap. 4.3.2.5.).)

Es ist bisher weder bekannt, wieviele DNA-Kopien des Virusgenoms gebildet werden, noch ob ihre Integration in einem (oder mehreren) spezifischen chromosomalen Site(s) erfolgt oder nicht. Es wird jedoch angenommen, daß die Transformation und die Virusproduktion eine Zellteilung erfordert. Die Provirus-DNA wird vermutlich den Wirtsgenen völlig ebenbürtig repliziert und in Tochterzellen segregiert. Auch ihre Transkription geschieht höchstwahrscheinlich durch zelluläre RNA-Polymerase (s. Abb. 37). In Virus-produzierenden Zellen muß dann die spezifische mRNA in die für die Viruspartikel benötigten Proteine translatiert werden. Wie bereits erwähnt, macht die Etablierung und Aufrechterhaltung des transformierten Zustandes der Zellen gleichfalls die Wirkung viruskodierter Proteine erforderlich.

4.3.2.4. Menschliche RNA-Tumorviren

Die bisher bekannten Fakten über RNA-Tumorviren, insbesondere die Tatsache, daß für viele tierische Tumoren Oncornaviren verantwortlich gemacht werden, führen zu der Schlußfolgerung, daß RNA-Viren auch Ursache menschlicher maligner Tumoren sein können.

So wird spekuliert, daß menschlicher Brustdrüsenkrebs eine ähnliche Ätiologie hat wie Mammakarzinome der Maus, die aus einer malignen Transformation durch Mamma-Tumorviren hervorgehen (Übersicht 18):

Menschliche Milch enthält Viruspartikel, die den MTV-Partikeln morphologisch sehr ähnlich sind und bei Frauen mit Mammakarzinomen in höherem Prozentsatz auftreten. In diesen Partikeln läßt sich Revertase nachweisen. SPIEGELMANN u. Mitarb. (44) konnten durch eine spezifische Hybridisationstechnik in menschlichen Mammatumoren (und nicht in Kontrollgeweben) die Anwesenheit von Nukleinsäurebasensequenzen nachweisen, die homolog zu MTV-DNA waren.

Analoge Ergebnisse wurden von GALLO u. Mitarb. sowie von SPIEGELMANN u. Mitarb. mit menschlichen Leukämiezellen erhalten.

Von GRAFFI u. Mitarb. wurden von einer permanenten menschlichen malignen Zellinie (gewonnen aus dem Embryo von einer krebskranken Frau) Oncornaviren isoliert (s. Tafel 7).

Diese und andere Befunde, die auf einen Zusammenhang zwischen RNA-Viren und menschlichen Krebserkrankungen hinweisen, sind jedoch noch kein Beweis für eine *kausale* Beziehung, eine virale Ätiologie menschlicher Tumoren (vgl. Kap. 4.3.2.6. und 4.4.3.).

In diesem Zusammenhang ist zu erwähnen, daß es sich bei den meisten der bisher bekannten viral bedingten tierischen Tumoren um Erkrankungen von Stützgewebe sowie von blutbildenden Zellen (Sarkome und Leukämien) handelt, daß sich aber andererseits die meisten menschlichen Tumoren aus Epithelgeweben ableiten (Karzinome) (s. Tab. 7).

Abgesehen vom oben erwähnten Beispiel des MTV sind bisher keine durch RNA- oder DNA-Viren in Tierversuchen erzeugte Karzinome bekannt, die den wichtigsten menschlichen Karzinomen ähneln (45). Dieses Problem bedarf noch intensiver Untersuchungen.

Es ist von vornherein nicht anzunehmen, daß der Mensch hinsichtlich virusbedingter maligner Erkrankungen unter den Säugern eine Ausnahme bilden sollte. Ein wichtigeres Problem scheint zu sein, inwieweit bei menschlichen Tumoren onkogene Viren als *alleinige*

Tabelle 7

Krebsfälle in Dänemark von 1943–1967 nach CAIRNS [59]

Typ	am häufigsten befallenes Organ	Gesamtzahl der Fälle	%
Karzinom			
äußeres Epithel	Haut, Darm, Lunge, Magen, Cervix	168591	56
inneres Epithel	Brust, Prostata, Ovar, Blase, Pankreas	110182	36
Sarkome u. Leukämien		23801	8
	insgesamt*)	302574	100

*) etwa 10000 Fälle, bei denen der genaue Ort der Primärgeschwulst unbekannt war, wurden nicht berücksichtigt.

Ursache in Frage kommen und inwieweit erst *in Kombination mit* oder *als Folge von* der Wirkung chemischer bzw. physikalischer Karzinogene (46).

4.3.2.5. Endogene RNA-Tumorviren

Im Jahre 1964 beobachteten AARONSON u. Mitarb. nach längerer Kultivierung verschiedener Mäusezellinien (3T3 und 3T12) bei bestimmten Kulturbedingungen eine „spontane“ Freisetzung von Viren, deren Eigenschaften denen von Mäuseleukämieviren sehr ähnlich waren.

Eine Viruskontamination von außen konnte ausgeschlossen werden. Später wurde gefunden, daß sich in verschiedenen „virusfreien“ Zellinien von Nagetieren und in Hühnerzellen durch Behandlung mit physikalischen oder chemischen Mutagenen bzw. mit karzinogenen Substanzen C-Typ-Viruspartikel induzieren lassen (47).

Auch virusspezifische Revertase und Virus-Antigene sind induzierbar. Hybridisationsversuche ergaben ferner, daß die DNA der meisten untersuchten Mäuse- und Geflügelzellen Sequenzen enthält, die homolog zu einem Leukovirusgenom sind.

Diese überraschenden Resultate bedeuten, daß in jeder dieser Zellen die Information zur Virusproduktion — als sog. endogenes Virus — zwar vorhanden, aber normalerweise nicht ausgeprägt ist.
Über den Mechanismus der Expression endogener Viren ist nichts bekannt. Vermutlich sind Gene der Wirtszelle beteiligt. Häufig wird eine partielle Expression des endogenen Genoms beobachtet.

4.3.2.6. Onkogen-Hypothese und Protovirus-Hypothese

Die Tatsache, daß normale Zellen C-Typ-Viren freisetzen können, veranlaßten HUEBNER und TODARO 1969 zu dem Vorschlag, daß die Zellen der meisten oder aller Vertebratenspezies Genome von RNA-Tumorviren enthalten und daß diese virusspezifische, sog. „virogene" Information vertikal, d. h. von einer Generation zur nächsten übertragen wird. Danach gehört also die Information für die Virusproduktion im Unterschied zu dem Modell des Provirus (Kap. 4.3.2.3.) bereits von vornherein zur genetischen Ausstattung der Zelle.
Diese Hypothese wurde später begründet und präzisiert (48). Danach ist ein Teil dieses „Virogens", das sog. „Onkogen" für die neoplastische Transformation verantwortlich (s. Abb. 38).
Die Expression des Virusgens unterliegt einer Regulation. Im Normalfall ist das Onkogen reprimiert. Durch die Einwirkung äußerer Faktoren, wie z. B. chemischer Karzinogene oder anderer Tumorviren kann aber das Virogen und mit ihm das Onkogen oder auch nur das Onkogen allein aktiviert werden. Dabei kommt es in Abhängigkeit von einem komplexen Wechselbeispiel zwischen dem Genotyp des Wirts und exogenen wie endogenen Umwelteinflüssen zur Virusproduktion und/oder Tumorentwicklung.
Verschiedene Befunde deuten darauf hin, daß während der Embryogenese eine Expression viraler Gene statt-

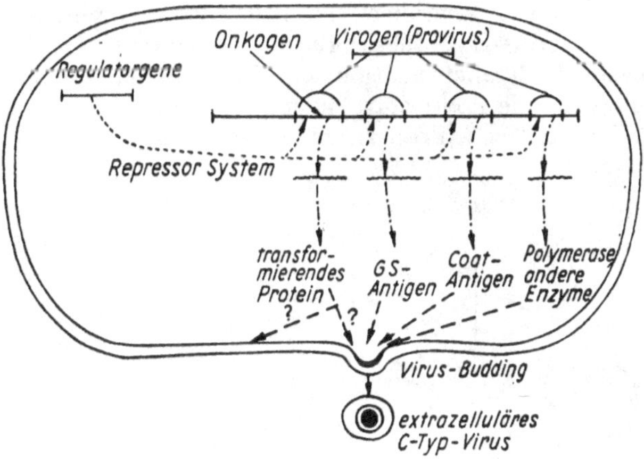

Abb. 38. Modell für maligne Transformation nach der Onkogen-Hypothese nach TODARO u. HUEBNER (48)

findet und virale Funktionen bei der ontogenetischen Entwicklung der Organismen eine Rolle spielen.

Die in der Biologie der RNA-Tumorviren bekannten Fakten sind mit der Onkogen-Hypothese gut vereinbar, liefern jedoch noch keinen schlüssigen Beweis für deren Richtigkeit. Insbesondere ist offen, ob die in normalen Zellen oder Tieren induzierten Viren tatsächlich das „Onkogen" besitzen (18).

Nach der Onkogen-Hypothese ist die für die neoplastische Transformation verantwortliche genetische Information als Ergebnis der Evolution in normalen Zellen vorhanden. Sie wird vertikal durch die Keimzellen übertragen und bedarf für den Fall ihrer Wirkung keiner Veränderung, sondern nur einer Derepression.[1])

---

[1]) Es konnte bereits glaubhaft gemacht werden, daß ein bestimmtes endogenes Katzenvirus auf ein C-Typ-Virus von Primaten zurückzuführen ist, das im Laufe der Evolution der Katzen vor relativ kurzer Zeit (durch Infektion) übertragen wurde und in die Keimbahn einer (im Mittelmeerraum beheimateten) Gruppe von Katzen gelangt sein muß (52).

Demgegenüber postuliert die von Temin vorgeschlagene Protovirus-Hypothese (49, 50) als Ursache für die neoplastische Transformation eine in normalen somatischen Zellen de novo stattfindende Modifikation eines DNA-Abschnittes („Protovirus“) (s. Abb. 39):

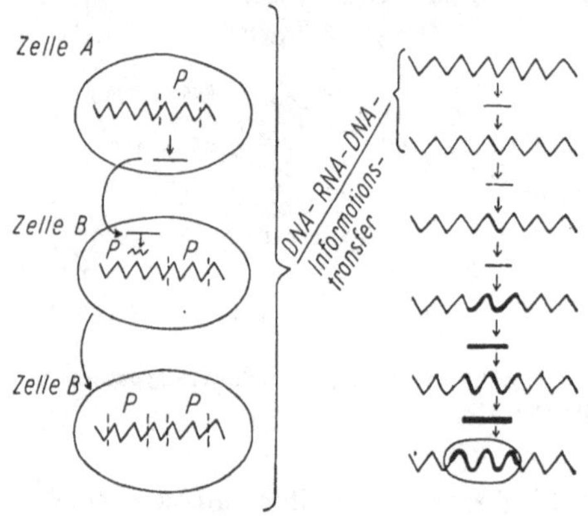

Abb. 39. Modell für maligne Transformation nach der Protovirus-Hypothese nach Temin (49, 50)

P Protovirus,
/\/\/\/\ DNA,
——— RNA,
 Gene für Malignität, zunehmende Strichdicke und Kurvenform: Entwicklung der genetischen Information für Malignität

Die Hypothese geht davon aus, daß normale, insbesondere embryonale Zellen Revertase-Aktivität besitzen (die sich in ihrer Spezifität von der Revertase aus Oncornaviren unterscheidet). Während eines wiederholt stattfindenden DNA → RNA → DNA- Informationstransfers kommt es nach dieser Vorstellung besonders unter dem Einfluß von Karzinogenen zur Veränderung, abnormen Integration oder auch Amplifikation des Protovirus. Dabei entstehen gelegentlich Nukleinsäuresequenzen, die C-Typ-Viren kodieren oder eine Krebsentstehung veranlassen können.

Die Protovirus-Hypothese wird durch mehrere biochemische und immunologische Befunde unterstützt. Sie liefert vor allem Erklärungsmöglichkeiten für Prozesse für Genamplifikation und Differenzierung und für den Ursprung von Viren (51), läßt jedoch die vertikale Transmission von C-Typ-Viren in Vertebraten außer Diskussion. Insbesondere vermag sie schwerlich die Tatsache zu erklären, daß jede Zelle in Mäusen oder Hühnern die Fähigkeit zur Produktion von C-Typ-Partikeln besitzt (47).

Beide Hypothesen sowie die Konzeption des DNA-Provirus (s. Kap. 4.3.2.3.) schließen sich gegenseitig nicht aus. Es wäre denkbar, daß alle drei Modelle korrekt sind und die vorgeschlagenen Mechanismen nebeneinander ablaufen.

4.4 Chemische Transformation

4.4.1. Allgemeines

Neben der Tumorvirologie, die neue Wege für ein Verständnis der Vorgänge bei der malignen Transformation eröffnete, sind besonders die Fortschritte auf dem Gebiet der chemischen Karzinogenese von größter Bedeutung für die Krebsforschung. In vivo oder in vitro können normale Zellen durch einmalige Behandlung mit einer geeigneten Chemikalie in maligne transformierte, d. h. tumorbildende Zellen umgewandelt werden.

Es wird angenommen, daß 80 bis 90% aller menschlichen Krebserkrankungen durch Chemikalien verursacht werden (53). Sowohl natürlich vorkommende als auch industriell erzeugte Substanzen können Tumoren verursachen (s. Tab. 8 sowie Abb. 40 und 41). Es ist daher von größter Wichtigkeit, die menschlichen Umweltbedingungen in dieser Hinsicht streng zu überprüfen, um potentielle Karzinogene eliminieren zu können, und ein besseres Verständnis der molekularen und zellulären Mechanismen der chemischen Kanzerogenese zu erhalten.

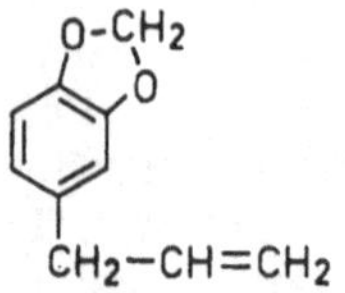

Safrole
(Öl vom Sassafrasbaum)

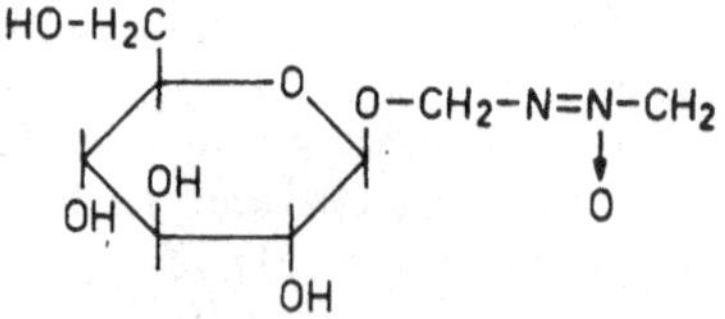

Cycasin
(Cycadeen-Nüsse)

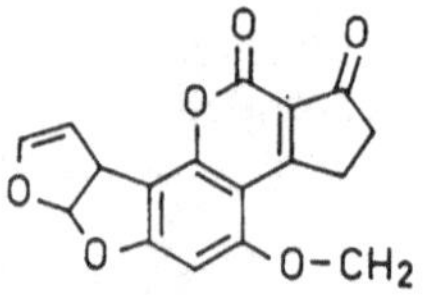

Aflatoxin B_1
(Aspergillus flavus)

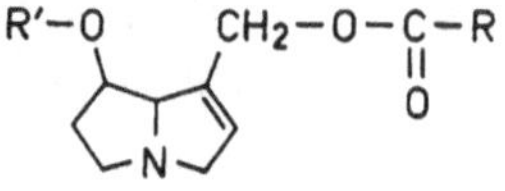

Pyrrolizidin-Alkaloid
(z. B. Wolfsmilchgewächs)

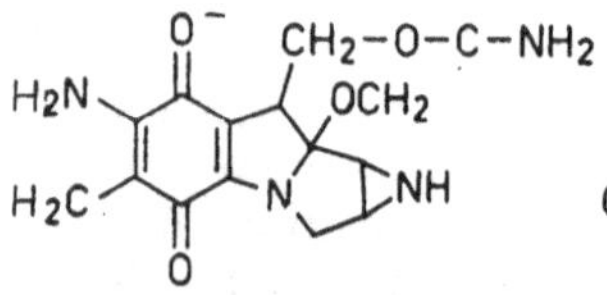

Mitomycin C
(Streptomyces caespitosus)

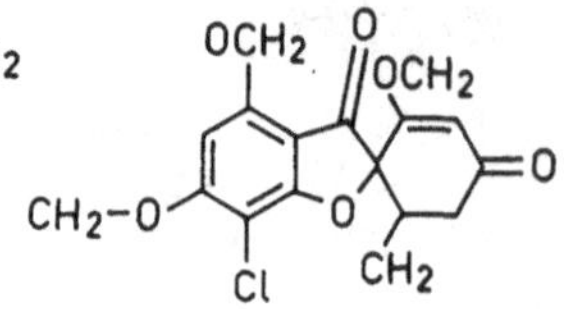

Griseofulvin
(Penicillium griseofulvum)

Abb. 40. Natürlich vorkommende chemische Karzinogene nach HEIDELBERGER (53)

Ein Beispiel hierfür liefert die in Japan von 1965 bis 1973 in relativ großem Umfang als antibakterieller Nahrungsmittelzusatz benutzte Substanz Furylfuramid (AF-2): AF-2 war in verschiedenen ursprünglichen Karzinogenitätstests negativ gewesen. Erst mehrere Jahre später wurde durch Anwendung neuer, umfangreicherer Untersuchungsmethoden die karzinogene Wirkung von

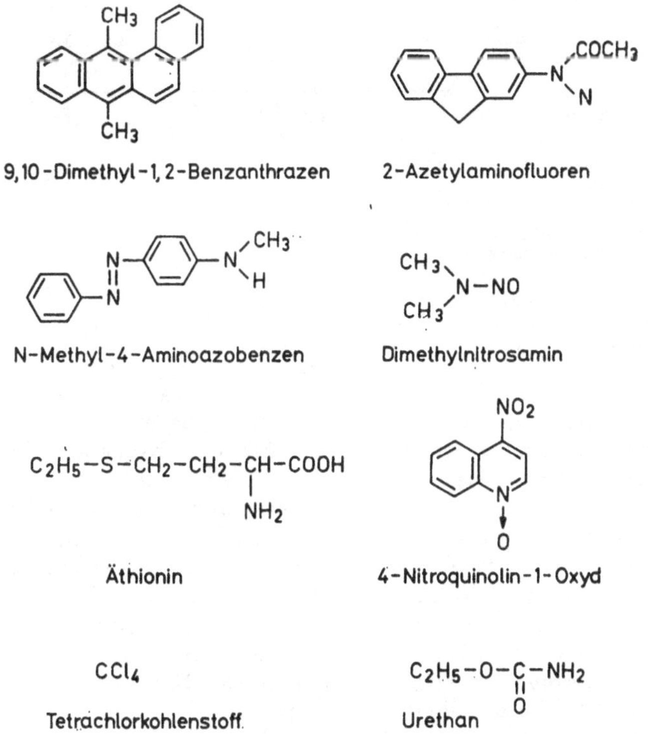

Abb. 41. Synthetische chemische Karzinogene nach MILLER (46)

AF-2 nachgewiesen und seine Verwendung daraufhin untersagt (54).

Die Fortschritte bei der Kultivierung somatischer Zellen in vitro wurden und werden auch auf dem Gebiet der chemischen Transformation erfolgreich angewendet. Pionierarbeit auf diesem Gebiet wurden besonders von der Gruppe um C. HEIDELBERGER und von J. A. DIPAOLO u. Mitarb. in den USA sowie von L. SACHS und E. HUBERMAN, Israel, geleistet.

Tabelle 8

Chemische Substanzen, die beim Menschen Krebs verursachen nach HEIDELBERGER (53)

Ruß, Teere, Öle	Haut, Lunge
Zigarettenrauch	Lunge
2-Naphthylamin	
Benzidin	
4-Aminobiphenyl	
4-Nitrobiphenyl	
N,N-Bis(2-Chloräthyl)-2-Naphthylamin	Blase
Bis(2-Chloräthyl)-Sulfid	Lunge
Nickelverbindungen	Lunge, Nasenhöhlen
Chromverbindungen	Lunge
Asbest	Lunge, Pleura

Gegenüber (aufwendigeren) Tierversuchen haben In-vitro-Untersuchungen Vorteile bei der Kontrolle der Dosis und der Milieubedingungen sowie bei der quantitativen Durchführung und Auswertung der Versuche. (Daneben bleiben Experimente mit Versuchstieren von entscheidender Bedeutung für die Krebsforschung.) Chemisch transformierte Zellen lassen sich beispielsweise durch Koloniebildung in Agar oder durch Fokusbildung (s. Tafel 3, vgl. Kap. 4.2.1.2.) nachweisen. Von chemisch transformierten Zellen wurden auch Revertanten (26) und Mutantenzellen mit temperatursensitivem Transformationsphänotyp (55) beschrieben.

Im Vergleich zu Nagetierzellen lassen sich bei menschlichen Zellkulturen chemisch transformierte Klone nur schwer gewinnen und weiterführen. Das liegt vermutlich an der Schwierigkeit, optimale Kulturbedingungen für derartige Variantenklone zu erreichen (55), s. a. Kap. 4.2.1.1.

4.4.2. Wirkung karzinogener Substanzen

Einige chemische Verbindungen, insbesondere alkylierende Agenzien sind bereits ohne weitere Aktivierung karzinogen. Diese Substanzen sind *elektrophil:* Positiv geladene Atome des Karzinogens reagieren mit negativen, *nukleophilen* Zentren der betroffenen Makromoleküle in der Zelle (Nukleinsäuren und/oder Proteine). Auf diese Weise erfolgt z. B. durch die Karzinogene Äthylmethansulfonat (EMS) und Nitrosoäthylharnstoff eine Alkylierung des Guanins an der N-7-Position.

Eine weitaus größere Anzahl von Substanzen, sogenannte „Präkarzinogene", werden dagegen erst durch den Stoffwechsel des tierischen (bzw. menschlichen) Organismus in ihre endgültig aktive (elektrophile) Form überführt.

Für die metabolische Aktivierung sind vor allem bestimmte in Mikrosomen der Leber, Niere und anderer Organe wirkende Oxidasen verantwortlich. Eine besondere Rolle spielt hierbei das u. a. durch polyzyklische Kohlenwasserstoffe induzierbare Enzym Aryl-Hydrocarbon-Hydroxylase (s. z. B. 60). Die Induzierbarkeit dieses Enzyms unterliegt vermutlich einem Polymorphismus eines einzigen Gens, und es wird angenommen, daß das Enzym für eine unterschiedliche menschliche Prädisposition gegenüber chemischer Karzinogenese von Bedeutung ist (56, 57).

Untersuchungen der letzten Jahre, insbesondere von B. N. Ames u. Mitarb. in Berkeley, Californien, haben ergeben, daß für (mindestens) 90% — und zwar für 156 von 174 (Stand 1975) — aller getesteten kanzerogenen Verbindungen eine *mutagene* Wirkung nachgewiesen werden kann (58). Zu den getesteten Substanzen gehören:

direkt alkylierende Agenzien
Nitrosamine
polyzyklische Kohlenwasserstoffe
Aflatoxine und Antibiotika
aromatische Amine
Nitroaromate
und andere Gruppen.

Insbesondere erwiesen sich *alle* der untersuchten, *für*

den Menschen als karzinogen bekannten Substanzen (unter ihnen Zigarettenrauch-Kondensate!) als mutagen. Bei den meisten der getesteten „Nichtkarzinogene" ist keine mutagene Wirkung festzustellen.

Eine große Gruppe von Karzinogenen – unter ihnen Aflatoxin B_1, Benzpyren, 2-Azetylaminofluoren – erwies sich als Frameshift-Mutagene; andere Karzinogene, wie Beta-Propriollacton oder Propansulton erzeugen Basenpaar-Substitutionen; wieder andere, z. B. Nitroquinolin-1-Oxid, verursachen beide Mutationstypen (54), (vgl. Kap. 3.).

Es können deshalb mit bestimmten Methoden der Mutagenitätstestung (s. Kap. 2.4.5.) Voruntersuchungen zur Karzinogenitätstestung entsprechender Substanzen vor-

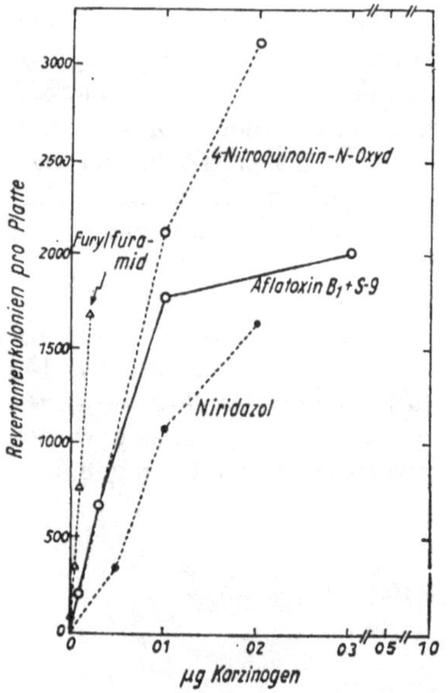

Abb. 42. Mutagene Wirkung einiger Karzinogene (Reversion zur Histidinunabhängigkeit beim Salmonellastamm TA 100, bei Aflatoxin B ist Lebermikrosomen-Präparat S 9 im Agar) nach AMES u. McCANN (54)

genommen werden. (So führte auch bei der obengenannten Substanz Furylfuramid erst die Entdeckung ihrer Mutagenität zum Nachweis ihrer Karzinogenität (54).) Besonders günstig erweist sich hier das Salmonella-Testsystem. Bei entsprechenden In-vitro-Versuchen wird dem Agar häufig ein (Säuger-Leber-) Mikrosomenpräparat zugegeben, damit die Testsubstanz in ihre mögliche aktiv mutagene Form umgewandelt werden kann (s. Abb. 42).

4.4.3. Vorstellungen über den Mechanismus der chemischen Transformation

Über die Auslösung der malignen Transformation durch chemische Karzinogene (wie auch durch physikalische Einwirkungen, z. B. energiereiche Strahlung) werden verschiedene Theorien diskutiert, die sich zwar nicht gegenseitig ausschließen, von denen aber keine endgültig bewiesen ist. Einige dieser Vorstellungen sollen hier kurz erwähnt werden (Übersichten 14, 15, 46, 59, 60) (s. a. Kap. 4.3.2.6.).

Somatische Mutationen

Besonders favorisiert ist die Auffassung, daß neoplastische Zellveränderungen als Folge von Mutationen somatischer Zellen in hierfür besonders kritischen Regionen des Genoms auftreten können. Eine derartige Vorstellung wird schon seit vielen Jahren diskutiert (bereits 1914 hatte Boveri vermutet, daß maligne Tumoren durch chromosomale Imbalancen entstehen (61)) und erhält vor allem durch die oben erwähnte Korrelation zwischen Mutagenität und Karzinogenität starke Unterstützung.

Im Einklang damit stehen auch verschiedene Befunde, wonach bestimmte Prozesse der Reparatur von durch karzinogene Noxen gesetzten DNA-Schäden für die Transformation verantwortlich werden können (62). Ein Kandidat hierfür ist die „fehlerhaft“ arbeitende Postreplikationsreparatur (63), (s. Kap. 3.).

Tabelle 9

Beweise für entweder somatische Mutationen oder aberrante Differenzierung als Mechanismen der Karzinogenese nach WEINSTEIN et. al. (45)

somatische Mutationen	aberrante Differenzierung
1. Stabilität des Tumor-Phänotyps	1. Differenzierung bzw. ausdifferenzierte Funktionen sind stabil
2. Karzinogene greifen DNA an	2a. Karzinogene greifen RNA und Protein an b. geringe Korrelation zwischen Karzinogenität und Bindung an DNA
3. viele Karzinogene sind Mutagene	3a. einige Mutagene sind nicht karzinogen (Basenanaloga, Hydroxylamin, Akridine) b. Karzinogene sind Teratogene
4. DNA-Reperatur-Defekte sind mit erhöhtem Auftreten von Tumoren verbunden a. Xeroderma-pigmentosum b. Photoreaktivierung bei Fischen	4. Nicht alle Xeroderma-pigmentosum-Patienten haben defektive DNA-Reparatur; Ursache-Wirkung-Beziehung nicht geklärt.
	5. Tumoren zeigen deutliche Störung der Genexpression (Hormonsynthese, fötale Gene, Isoenzyme) 6. ts-Mutanten, Revertanten und Teratome deuten „Totipotenz“ an.

Andererseits wird die („fehlerfreie“, gegen Mutation und damit gegen Karzinogenese schützende (!) (63)) Exzisionsreparatur für die mehrfach festgestellte synergistische Wirkung von onkogenen (DNA-) Viren und chemischen Karzinogenen bei der Transformation verantwortlich gemacht (Begünstigung der Integration von Virus-DNA) (z. B. (60)).

Gegen die „Mutations“-Theorie läßt sich u. a. anführen, daß die Frequenz der chemischen Transformation — sie beträgt in vitro bis zu über 20% der die Behandlung überlebenden Zellen (13) — viel zu hoch ist, um allein durch zufällig auftretende Mutationen erklärt werden zu können (vgl. Kap. 2., s. a. Tab. 9). Andererseits kann man aber annehmen, daß viele für derartige In-vitro-Untersuchungen benutzten Zellkulturen (insbes. permanente Linien) schon vor dem Versuch bestimmte Eigenschaften transformierter Zellen besitzen (s. Kap. 4.2.1.1.) (die bereits auf Mutationen zurückgehen können). Immerhin wird durch eine ganze Reihe von Karzinogenen nicht nur die DNA angegriffen, sondern es werden ebenso Ribonukleinsäuren und Proteine modifiziert (45).

Schließlich bleiben auch bei Anerkennung von Mutationen als primärer Transformationsereignisse wesentliche Fragen der neoplastischen Transformation in vivo, z. B. die des Übergangs von der „Initiation" zur „Promotion" eines Tumors (s. z. B. (59)) noch völlig offen.

Aberrante Differenzierung

Eine weitere Theorie geht davon aus, daß die Karzinogene nicht — direkt oder indirekt — am genetischen Material selbst angreifen, sondern auf „epigenetischer" Ebene wirken, indem sie die Genexpression beeinflussen. Insbesondere könnten sie die bisher noch weitgehend unbekannten zellulären Mechanismen „umprogrammieren", die für die Zelldifferenzierung und deren Stabilität verantwortlich sind, s. a. Tab. 9.

Die folgenden typischen Merkmale transformierter Zellen lassen sich als Kennzeichen einer derartigen Umprogrammierung anführen:

- drastische Veränderungen im Aufbau der Zelloberfläche (Kap. 4.2.2.),
- Derepression fötaler (normalerweise nur während der Embryonalzeit ausgeprägter) Gene (vgl. Kap. 4.3.1.7.3.)
- Expression latenter Virusgene (s. u.).

Virusaktivierung

Die Theorie, nach der karzinogene Agenzien dadurch eine maligne Transformation verursachen, daß sie latente Viren bzw. Virusgene aktivieren, wurde bereits im Kap. 4.3.2.6. als „Onkogen-Hypothese“ beschrieben (s. a. Kap. 4.3.2.5.). Die Onkogen-Hypothese stellt eine besondere Form der obengenannten Differenzierungshypothese dar. (Die in Kap. 4.3.2.6. besprochene „Protovirus-Hypothese“ ist demgegenüber ein Spezialfall der Mutationshypothese).

Man muß sicher damit rechnen, daß — in Abhängigkeit vom Zusammenwirken verschiedenster äußerer wie intrazellulärer Faktoren — mehrere Mechanismen an der Entstehung des transformierten Phänotyps beteiligt sind.

Literatur[1])

1. Martz, E.; M. S. Steinberg (1974), H. Cell. Physiol. 81, 25
2. Sanford, K. K. (1974), J. N. C. I. 53, 1481
3. Pontén, J. (1971), Spontaneous and Virus induced transformation in cell culture, Springer Verlag Wien u. New York
4. FASEB Conference „Biology of development and aging“ (1975) Fed. Proc. 34, 4—111
5. Clarke, G. D.; M. Shearer; P. J. Ryan (1974), Nature 252, 501
6. Pollack, R. E.; P. V. C. Houhg (1974), Ann. Rev. Med. 25, 431
7. Oey, J.; A. Vogel; R. Pollack (1974), PNAS 71, 694
8. Pastan, I. (1975), in: Advances in metabolic disorders Vol. 8. Somatomedin and some other growth factors, AP New York u. London, 377—383
9. Burger, M. M. (1973), Fed. Proc. 32, 91
10. Hynes, R. O. (1974), Cell 1, 147
11. Ukena, T. E.; E. Goldman; T. L. Benjamin; M. J. Karnowsky (1976), Cell 7, 213

[1]) verwendete Abkürzungen s. S. 115

12. AUBIN, J. E.; S. A. CARLSEN; V. LING (1975), PNAS 72, 4516
13. HEIDELBERGER, C. (1973) Adv. Canc. Res. 18. 317
14. PITOT, H. C. (1974), J. N. C. I. 53, 905
15. BENJAMIN, T. L. (1974), in: Methods in Cell Biology Vol. VIII, AP New York u. London, 367—437
16. SORIANO, F.; C. E. SHELBURNE: M. GÖKCEN (1974), Nature 249, 421
17. WEISS, A. F.; R. PORTMANN; H. FISCHER; J. SIMON; K. D. ZANG (1975), PNAS 72, 609
18. FENNER, F.; B. R. MCAUSLAN; C. A. MIMS; J. SAMBROOK; D. O. WHITE (1974), The Biology of animal viruses, AP New York, London
19. TOOZE, J. (Ed.), The Molecular Biology of Tumour Viruses, Cold Spring Harbor Laboratory
20. BUTEL, J. S.; M. K. ESTES (1975), In vitro 11, 142
21. RENGER, H. C.; C. BASILIO (1973), J. Virol. 11, 702
22. ABRAHAMS, P. J.; C. MULDER; A. VAN DER VOORDE; S. O. WARNAAR; A. J. VAN DER EB (1975), J. Virol. 16, 818
23. KIMURA, G.; A. ITAGAKI (1975), PNAS 72, 673
24. VOGEL, A.; R. POLLACK (1973), J. Cell. Physiol. 82, 189
25. VOGEL, A.; R. POLLACK (1974), J. Virol. 14, 1404
26. MONDAL, S.; M. EMBLETON; H. MARQUARDT; C. HEIDELBERGER (1971), Int. J. Canc. 8, 410
27. SHIROKI, K.; H. SHIMOJO (1971), Virol. 45, 163
28. OZANNE, B.; P. A. SHARP; J. SAMBROOK (1973), J. Virol. 12, 90
29. KHOURY, G.; C. M. CROCE (1975), Cell 6, 535
30. SAMBROOK, J.; H. WESTPHAL; P. R. SHRINIVASAN; R. DULBECCO (1968), PNAS 60, 1288
31. WEIL, R.; C. SALOMON; E. MAY; P. MAY (1974), Cold Spring Harbor Symp. Quant. Biol. 39, 381
32. REED, S. I.; J. FERGUSON; R. W. DAVIS; G. R. STARK (1975), PNAS 72, 1605
33. BUTEL, J. S.; J. S. BRUGGE; C. A. NOONAN (1974), Cold Spring Harb. Symp. Quant. Biol. 39, 25
34. OSBORN, M.; K. WEBER (1974), Cold Spring Harb. Symp. Quant. Biol. 39, 267
35. MARTIN, R. G.; J. Y. CHOU; J. AVILA; R. SAVAL (1974), Cold Spring Harb. Symp. Quant. Biol. 39, 17
36. BULL, D. L.; A. T. TAYLOR; D. M. AUSTIN; O. W. JONES (1974), Virol. 57, 279

37. LIN, S.-S.; W. MUNYON (1974), J. Virol. 14, 1199
38. GEISSLER, E.; Virusgenetik in: H. RÖHRER (Hrsg.) Handbuch der Virusinfektion der Tiere, Bd. 6, VEB G. Fischer Jena (im Druck)
39. WYKE, J. A.: (1974), Int. Rev. Cytol. 38, 67
40. MIZUTANI, S.; H. M. TEMIN (1970), Cold Spring Harb. Symp. Quant. Biol. 35, 847
41. BALTIMORE, D.; (1970), Nature 226, 1209
42. HUEBNER, R. J. et al. (1970), PNAS 67, 366
43. GROSS, F. (1970), Oncogenic Viruses, Pergamon, Oxford
44. SPIEGELMAN, S.; R. AXEL; J. SCHLOM (1972), J. N. C. I. 48
45. WEINSTEIN, I. B.; N. YAMAGUCHI; R. GEBERT (1975), In vitro 11, 130
46. MILLER, J. A. (1970), Canc. Res. 30, 559
47. TODARO, G. J. (1973), Persp. Virol. 8, 81
48. TODARO, G. J.; R. J. HUEBNER (1972), PNAS 69, 1009
49. TEMIN, H. H. (1971), J. N. C. I. 46, III.
50. TEMIN, H. H. (1974), Canc, Res. 34, 2835
51. TEMIN, H. H. (1974), Ann. Rev. Genet. 8, 155
52. BENVISTE, R. E.; G. J. TODARO (1974), Nature 252, 456
53. HEIDELBERGER, C. (1973), Fed. Proc. 32, 2154
54. AMES, B. N.; J. MCCANN (1975), in: Screening Tests in Chemical Carcinogenesis (edts. R. Montesano, H. Bartsch, L. Tomatis) IARC, Lyon
55. IGEL, H. J.; A. E. FREEMAN; J. E. SPIEWAK (1975), In vitro 11, 117
56. KELLERMANN, G.; C. R. SHAW; M. LUYNTEN-KELLERMANN (1973), N. Engl. J. Med. 289, 934
57. DRAKE, J. W. et al. (1975), Science 187, 503
58. MCCANN, J. M.; E. CHOI; E. YAMASAKI; B. N. AMES (1975), PNAS 72
59. CAIRNS, J. (1975), Nature 355, 197
60. CALVIN, M. (1975), Naturwiss. 62, 405
61. BOVERI, T. (1914), Zur Frage der Entstehung maligner Tumoren, G. Fischer Verl. Jena
62. KAKUNAGA, T. (1975), Nature 258, 248
63. STRAUSS, B. S. (1974), Life Science 15, 1685
64. IDE, T. et al. (1975), Virol. 66, 568
65. BERTRAM, S.; C. HEIDELBERGER (1975), Canc. Res. 34, 526
66. Lavialle, C. et al. (1975), Arch. Virol. 49, 127
67. SACHS, L. (1974), Harvey Lectures 68
68. CHANDRA, P. et al., (1973), Klin. Wschr. 51, 781

69. Smets, A.; L. DeLey (1974), J. Cell. Physiol. 84, 343
70. Lai, C.-J.; D. Nathans (1974), Cold Spring Harbor Symp. Quant. Biol. 30, 53
71. Khoury, G. et al., ebenda, p. 147
72. Shani, M. et al., Virology 70 (1976), 201
73. Collard, J. G.; J. H. M. Temmink, J. Cell Biol. 68 (1976) 101
74. Aaronson, S. A.; G. J. Todaro, Science (1968) 162, 1024

5. Die Hybridisierung von tierischen somatischen Zellen

5.1. Die Entdeckung tierischer somatischer Zellhybride

Jahrzehntelang, bevor die Mikrobengenetik und insbesondere die Bakteriengenetik unser genetisches Wissen revolutionierten, war die Analyse genetischer Gesetzmäßigkeiten eine sorgfältige Analyse der Ergebnisse sexueller Reproduktionen. Erst die Entdeckung parasexueller Prozesse[1]) in Bakterien und vor allem in filamentösen Pilzen veranlaßte vor nunmehr 20 Jahren Genetiker wie Guido PONTECORVO, Curt STERN und Joshua LEDERBERG zu der optimistischen Prognose, daß solche parasexuellen Vorgänge eventuell auch bei in vitro kultivierten tierischen Zellen nachweisbar sind und eine echte Alternative zu der sexuellen Reproduktion darstellen könnten. Mit der erfolgreichen Hybridisierung tierischer somatischer Zellen in vitro haben diese Spekulationen eine glänzende Bestätigung erfahren. Von einer biologischen Kuriosität hat sich die Hybridisierung tierischer somatischer Zellen zu einer Methode entwickelt, die detaillierte Einblicke in molekularbiologische Prozesse einer Vielzahl biologischer Phänomene erlaubt. Eine zusammenfassende Erörterung aller damit verbundenen Probleme würde den Rahmen dieser kurzen Übersicht bei weitem übersteigen. Wir werden deshalb den interessierten Leser in vielen Fällen auf die entsprechenden Originalarbeiten verweisen müssen.

---

[1]) Als parasexuelle Prozesse bezeichnen wir Vorgänge, bei denen nur Teilgenome verschmelzen oder keine koordinierte Verteilung der Genome durch die Meiose eintritt.

5.2. *Kurze Geschichte der Hybridisierung tierischer somatischer Zellen*

Es gibt unter den Wissenschaftlern, deren Arbeitsgebiet die Hybridisierung tierischer somatischer Zellen ist, z. T. beträchtliche Meinungsverschiedenheiten über den Zeitpunkt der nachweislich ersten Berichte tierischer somatischer Zellhybride. Wir wollen diese Kontroverse außer acht lassen und uns den Experimenten zuwenden, die vor ca. 15 Jahren die Aufmerksamkeit vieler Wissenschaftler auf die Zellhybridisierung in vitro gerichtet haben.

Im Jahre 1960 arbeitete ein französisches Forschungsteam unter der Leitung von Georges Barski an dem Problem der Übertragung genetischer Informationen zwischen tierischen Zellen. Ausgerüstet mit dem Wissen über gelegentliche zytoplasmatische Fusionen zwischen tierischen Zellen, mischten Barski und Mitarbeiter 2 permanente, heteroploide Mauszellen der C3H Linie, die ursprünglich beide von dem gleichen Ausgangsmaterial stammten, sich im Laufe der Zeit aber immer stärker in ihrer Morphologie und neoplastischen Eigenschaften unterschieden. Nach 3—4 Monaten Kokultivierung entdeckten die Wissenschaftler einkernige, vermehrungsfähige Zellen, die die kompletten Chromosomensätze beider Eltern enthielten und sich in der Morphologie und ihren Wachstumseigenschaften deutlich von den Elternzellen unterschieden. Der Karyotyp der Hybridzellen schien relativ stabil zu sein, wenngleich eine gewisse Tendenz zur Chromosomensegregation beobachtet wurde. Die naheliegende Schlußfolgerung war, daß diese Zellen das Produkt einer spontanen Fusion zwischen den Elternzellen darstellten (1). Dem allgemeinen Skeptizismus, den Barskis Experimente auslösten, folgte schnell eine Periode intensiver Arbeit als es B. Ephrussi in Paris gelang, Barskis Experimente nicht nur zu reproduzieren, sondern nachzuweisen, daß auch „Kreuzungen" zwischen unterschiedlichen, z. T.

auch nicht neoplastischen Mauszellen, die qualitative Unterschiede im Genotyp aufwiesen (z. B. unterschiedliche Histokompatibilitäts-Gene sowie Unterschiede in der Hitzestabilität des Enzyms β-Glucoronidase) kein Hindernis für eine erfolgreiche Hybridisierung darstellten (2).

Ephrussi erkannte sehr schnell den potentiellen Wert seiner Experimente als eine Möglichkeit zur genetischen Rekombination somatischer Zellen. Den Erwartungen waren aber zunächst 2 schwerwiegende Grenzen gesetzt:

- die „frühen" Hybride hatten einen nachweisbaren Selektionsvorteil und fast immer war das ein Wachstumsvorteil über die Elternzellen. Es zeigte sich, daß die Isolation von Hybridzellen nahezu unmöglich wurde, wenn dieser Vorteil unentdeckt blieb.
- Die Frequenz der Zellfusion durch Kokultivierung war gering und bewegte sich in der Ordnung von 10^{-4}—10^{-6}.

Schon damals zeigte sich, daß der Wert der Hybridisierung als experimentelle Methode in starkem Maße davon abhängig ist, wie es gelingt, diese Beschränkungen zu überwinden.

5.3. *Die Entwicklung der Zell-Hybridisierung zu einer experimentellen Methode*

Bevor wir uns näher mit speziellen Problemen der Hybridisierung somatischer Zellen beschäftigen, ist es an dieser Stelle notwendig, einige grundlegende Begriffe zu klären:

Verschmelzen zwei aneinanderliegende Zellen zu einer zunächst 2kernigen Zelle, so bezeichnen wir diesen Vorgang als Zellfusion. Die auf diese Weise entstandene 2kernige Zelle wird Homokaryon genannt, wenn sie aus Elternzellen entstanden ist, deren Eigenschaften sich gleichen und Heterokaryon, wenn die Elternzellen ungleich waren (s. Tafel 8). Die Kerne solcher Homo- bzw.

Heterokaryons können unter bestimmten Bedingungen miteinander verschmelzen, wodurch eine 1kernige, vermehrungsfähige Hybridzelle entsteht. Sie enthält die Chromosomen beider Elternzellen, die mehr oder weniger stabil an die Nachkommen weitergegeben werden, wobei die Evolution des Karyotyps entscheidend von der Art der Elternzellen abhängt (siehe Tafel 9).

Die 1kernigen Hybridzellen werden auch Synkaryons genannt und je nachdem ob die Zellen der gleichen oder verschiedener Tierarten miteinander fusioniert werden (siehe 5.4. und 5.5.), spricht man von intra- bzw. interspezifischen Hybriden.

Es scheint so, als ob die mehrkernigen Zellen in diesem Zustand nur begrenzt lebensfähig sind und als Voraussetzung für ihre Vermehrung die Fusion der Zellkerne notwendig ist.

Doch wenden wir uns nun jenen entscheidenden Etappen in der Geschichte der Hybridisierung tierischer somatischer Zellen zu, die ihre heutige Bedeutung entscheidend mit begründet haben. War die Isolation von Hybridzellen zu Beginn der sechziger Jahre eine mühselige, mehr vom Zufall abhängige Angelegenheit (so ist es z. B. auch heute noch schwierig, Homosynkaryons — d. h. fusionierte Elternzellen eines Typs — sowie Endoreduplikationen von echten Hybriden zu unterscheiden), so änderte sich die Situation schlagartig, als es Littlefield 1964 gelang, eine in der Mikrobengenetik erprobte Selektionstechnik für die Zellgenetik nutzbar zu machen (3). Er isolierte 2 biochemisch markierte Sublinien einer heteroploiden Maus-L-Linie: die eine resistent gegenüber 8-Azaguanin (8-AG), die andere resistent gegenüber 5-Bromdesoxyuridin (5-BUdR). Die Resistenzen sind korreliert mit dem Verlust der genetischen Information für die Bildung der Enzyme Hypoxanthin-Guanin-Phosphoribosyl-Transferase (HGPRT) bzw. Thymidin-Kinase (TK). Beide Enzyme werden für die Phosphorylierung der Basenanaloga benötigt. Die Technik der Hybridselektionierung beruht im Prinzip darauf, daß tierische Zellen zur Synthese von Nukleotiden zwei Wege zur Verfügung stehen: der de novo Syntheseweg, in dessen Verlauf Nukleotide aus Zucker und Aminosäuren synthetisiert werden und ein alternierender Weg, der für die Nukleotid-Synthese die vorgebildeten Nukleoside Hypoxanthin und Thymidin, unter Beteiligung der Enzyme HGPRT sowie TK, benötigt. Der de novo Syntheseweg kann experimen-

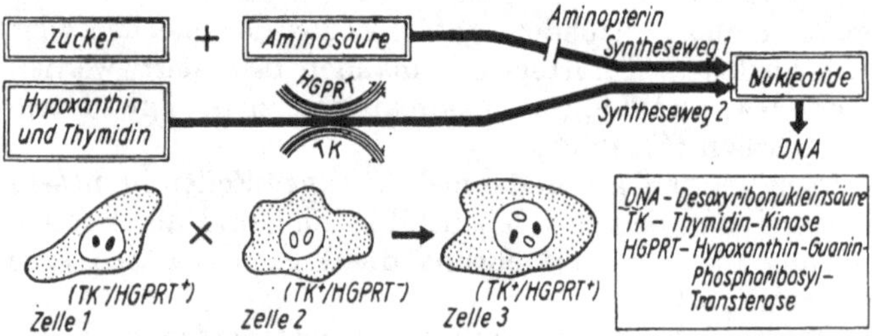

Abb. 43. Das Littlefieldsche Selektionssystem

tell durch Aminopterin, einem Folsäure Antagonisten, gehemmt werden. Dadurch wird das Wachstum von Mutanten-Zellen blockiert, denen die Enzyme HGPRT bzw. TK fehlen und die in einem Wachstumsmedium kultiviert werden, das geeignete Konzentrationen an Hypoxanthin, Thymidin und Aminopterin (sog. HAT-Medium) enthält. LITTLEFIELD vermutete, daß eine Kultivierung von $TK^+/HGPRT^-$ mit $TK^-/HGPRT^+$-Mauszellen zu Hybridzellen führen könnte, die durch genetische Komplementation zwischen den Zellen beide Enzyme synthetisieren und damit in HAT-Medium lebensfähig wären. Seine Erwartungen wurden durch die entsprechenden Experimente voll bestätigt und liefern darüber hinaus den ersten Nachweis einer intergenomischen Komplementation bei in vitro gezüchteten tierischen somatischen Zellen (Abb. 43). Das LITTLEFIELDsche Selektionssystem ist bis heute die eleganteste, am häufigsten benutzte und effektivste Methode zur Selektion von Hybridzellen geblieben. Die Arbeitsgruppe von EPHRUSSI adaptierte das HAT-Selektionssystem auf ein sogenanntes „Halbselektives“ Verfahren (4). In diesem System reagiert nur eine der Elternzellen sensitiv auf die Anwesenheit von Aminopterin im Selektivmedium, während die zweite Elternzelle, in der Regel eine diploide, primäre Zelle, keinen Selektivmarker trägt. Auf Grund des relativ langsamen Wachstums der diploiden Zellen oder ihrer Unfähigkeit, sich an den Oberflächen der Kulturgefäße festzuhaften (z. B. Lymphozyten), können die entstandenen Hybridzellen als vielschichtige, diskrete Kolonien isoliert werden.

Der Verlust spezifischer Chromosomen in einer Elternzelle kann die Selektion *spezifischer* Hybridzellen erleichtern. So sind z. B. menschliche Zellen sensitiv gegenüber Diphtherie-Toxin, weil sie einen besonderen Oberflächenrezeptor für das Toxin besitzen, der Mauszellen fehlt und diesen Resistenz gegenüber Diphtherie-Toxin verleiht. Das entsprechende menschliche Gen wurde auf dem Chromosom Nr. 5 kartiert (5). Bei der Selektion von Maus/Mensch-Hybridzellen werden bei Anwesenheit von Diphtherie-Toxin alle unfusionierten menschlichen Zellen eliminiert (die Mauszellen können durch einen zusätzlichen $HGPRT^-$-Marker selektioniert werden) und die resultierenden Hybridzellen enthalten in der Regel nur solche menschliche Zellen, denen das Chromosom Nr. 5 fehlt.

Neben den genannten gibt es eine Reihe weiterer Selektivsysteme, die aber z. Z. noch nicht die Bedeutung der oben erwähnten Systeme haben und zumeist für den Einzelfall wichtig sind (6).

Wie wir eingangs bereits erwähnten, sind spontane Zellfusionen nur sehr seltene Ereignisse und ihr Nachweis ist erst durch die verbesserten Selektionssysteme wesentlich erleichtert worden. Seit Jahren war bekannt, daß Viren eine stimulierende Wirkung auf den Fusionsprozeß ausüben können, aber erst der japanische Wissenschaftler OKADA konnte 1958 eindeutig nachweisen, daß durch hohe Konzentrationen von Viren, spezielle durch das sog.

HVJ-Virus (Haemagglutinating Virus of Japan — auch als „Sendai"-Virus bezeichnet) die Fusionsrate von in vitro kultivierten Zellen um das 100—1000fache erhöht werden kann (7). Heute wissen wir, daß unterschiedliche Gruppen von Viren Zellfusion induzieren können, so z. B. verschiedene Herpes-Viren, Pocken-Viren, und Myxo- bzw. Paramyxoviren. Zu letzterer Gruppe gehört auch das „Sendai"-Virus, das heute in den meisten Labors für Fusions-Experimente benutzt wird. Die Fusionsfähigkeit der Sendai-Viren ist wahrscheinlich an ihre Hülle gebunden. Dadurch ist es möglich, z. B. durch UV-Strahlen oder geeignete chemische Agenzien (β-Propiolakton) die für Fusionsexperimente störende Virus-Nukleinsäure zu inaktivieren, ohne die Fusionsaktivität herabzusetzen.

Andere Viren, wie z. B. NDV- oder Influenza-Viren benötigen Transkriptions- bzw. Translations-Aktivitäten zur Stimulation der Polykaryozytose (8). Man unterscheidet deshalb zwischen einer FFWO- (fusion from without) und einer FFWI- (fusion from within) Stimulation der Fusion durch Viren. Im allgemeinen wird die FFWO-Methode bevorzugt, da sie relativ frei ist von lytischen- oder anderen komplizierenden Effekten nicht inaktivierter Viren.

Die Natur des Fusions-Faktors ist bis heute rätselhaft, und Gegenstand vieler Spekulationen. Die Integrität der Phospholipide auf den viralen Hüllen scheint für den Fusionsprozeß bedeutsam zu sein, da eine Behandlung mit Lipasen und Phospholipasen A und B die Fusionsaktivität eines Virus zerstören. Andererseits scheinen auch andere Substanzen, wie z. B. Lysolecithin und Polyethylenglykol Zellfusionen induzieren zu können. Ebenso können Liposomen-Vesikel mit geeigneter Lipid-Zusammensetzung eine den Sendai-Viren entsprechende Fusionsaktivität aufweisen, ohne, wie das z. B. bei Chemikalien die Regel ist, den Ertrag lebender Zellen beträchtlich herabzusetzen (9).

Der Fusionsprozeß ist schematisch in Abb. 44 darge-

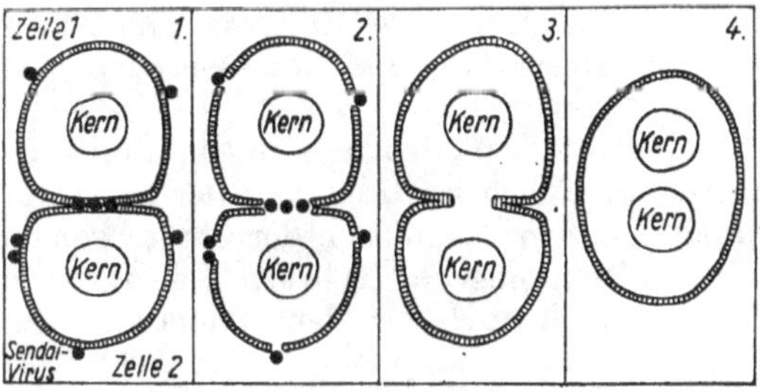

Abb. 44. Mechanismus der Zellfusion unter Verwendung von Sendai-Virus (stark schematisiert)

1. Virus Adsorption an zwei Zellen und deren Zusammenlagerung
2. Schädigung der Zellmembran an den Stellen an denen Viren adsorbiert sind
3. Wenn die geschädigte Zellmembran einer Zelle mit der geschädigten Zellmembran einer zweiten Zelle in Kontakt kommt, können die Zellen an dieser Stelle fusionieren
4. Entstehung eines Heterokaryons

stellt und verläuft wahrscheinlich über eine Degradation der Zellmembranen zweier benachbarter Zellen, wobei ein sich ständig erweiternder zytoplasmatischer Kontakt an den Stellen der zerstörten Zellmembranen erfolgt. Derartige Membrandestruktionen scheinen für eine Fusion erforderlich zu sein. Auch Kulturbedingungen, wie Ionenstärke, Sauerstoffgehalt und pH beeinflussen signifikant die Frequenz der Heterokaryon-Bildung.

5.4. *Intraspezifische somatische Zellhybride*

Intraspezifische Zellhybride, zu denen wir auch die „frühen“ Hybride Barskis zählen, sind hauptsächlichst nach der Fusion unterschiedlicher Mauszell-Linien isoliert worden, obgleich sie in den letzten Jahren auch von einer ganzen Reihe Zellen anderen Ursprungs, so z. B.

von Zellen des Syrischen Hamsters (10), des Chinesischen Hamsters (11), der Ratte (12) und des Menschen (13) gewonnen wurden.

Eine der interessantesten Beobachtungen, die auch schon von Barski beschrieben wurde, war der Nachweis einer, wenn auch geringen, Reduktion der Chromosomen im Verlaufe der Kultivierung der Hybridzellen. Ähnliche Prozesse waren nämlich auch bei dem Phänomen der Haploidisierung im Verlaufe des parasexuellen Zyklus bei filamentösen Pilzen festgestellt worden und bilden eine notwendige Voraussetzung für das Studium der mitotischen Segregation.

Da in intraspezifischen Hybridzellen die Prozesse der Chromosomen-Segregation und des Chromosomen-Verlustes kaum unterscheidbar sind, schlug Ephrussi vor, generell den Terminus „Segregation“ für den Vorgang einer Chromosomenreduktion zu verwenden (14). Danach wird eine Hybridzelle als Segregant bezeichnet, wenn sie im Verlaufe ihrer Kultivierung einem nachweisbaren Chromosomenverlust unterworfen ist.

Intraspezifische Hybride sind gewöhnlich nur einem geringen Chromosomenverlust unterworfen. So konnte Silagi (15) in intraspezifischen Hybriden aus Maus-Tumor-Fibroblasten, die mit Maus-Melanom-Zellen (B 16) fusioniert worden waren, sogar nach 500 Generationen keinen signifikant nachweisbaren Chromosomenverlust finden und Ruddle und Mitarb. (16) fanden bei intraspezifischen Hybridzellen der Maus noch nach 2 Jahren Kultivierung keine Änderung des Karyotyps.

Generell scheint die Stabilität des Karyotyps einer intraspezifischen Hybridzelle von den Charakteristika der Elternzellen abhängig zu sein. Fusioniert man z. B. eine stabil diploide Zelle mit einer anderen stabil diploiden Zelle, so ist die entstehende Hybridzelle in der Regel stabil tetraploid, während nach Fusion einer heteroploiden Zelle mit einer anderen heteroploiden oder einer diploiden Zelle die Hybridzellen immer heteroploid sind und in der Regel einen instabilen Karyotyp aufweisen.

5.4.1. Intraspezifische Komplementation

Verschiedene Untersuchungen an intraspezifischen Zellhybriden demonstrieren deren Potential für genetische Komplementations-Analysen. So führt die Fusion biochemisch markierter diploider menschlicher Zellinien, die von Patienten mit bestimmten Erbkrankheiten isoliert werden können (Tab. 10) zur Bildung aktiv wachsender intrasspezifischer Hybridzellen des Menschen. SINISCALCO u. Mitarb. (17) fusionierten HGPRT$^-$-Fibroblasten,

Tabelle 10

Verzeichnis einiger genetischer Störungen, die in menschlichen Fibroblastenkulturen erfaßt werden können (gekürzt, nach WITKOWSKI und PROKOP (92))

Genetische Störung	Defizientes Enzym
Akatalasie (Schweizer- und Jap. Typ)	Katalase
Argininborsteinsäure-Schwachsinn	Argininosuccinase
Zystathionurie	Zystathion-Synthetase
Galaktosaemie	Galaktose-1-Phosphat-Uridyl-Transferase
Ketonurie	Ketosäure-Dekarboxylase
Glukose-6-Phosphat-Dehydrogenase (Primaguin- und Mediterraner Typ)	Glukose-6-Phosphat-Dehydrogenase
Lesch-Nyhan-Syndrom (Hyperurikose)	Hypoxanthin-Guanin-Phosphoribosyl-Transferase
Ahornsirup-Krankheit	Ketosäure-Dekarboxylase
Hyperlysinaemie	Lysin-Ketoglutarat-Reduktase
Niemann-Pick-Syndrom	Sphingomyelinspaltendes Enzym
Refsum-Syndrom	Phytansäure-alpha-Oxidase
Marfán-Syndrom	Hyaluronsäure
Tay-Sachs-Syndrom	β-N-Azetylhexosamidase-Komponente
Orotazidurie	Orotdekarboxylase
Glukogenose (Typ II)	Saure Maltase
Glukogenose (Typ III)	Amylo-1,6-Glykosidase
Citrullinaemie	Argininborsteinsäure-Synthetase
Hypervalinaemie	Valin-Transaminase

die sie von einem an Hyperurikose leidenden Erbkrankheiten isolierten, mit Glukose-6-Phosphat-Dehydrogenase (G6PD) negativen Fibroblasten, isoliert von einem an kongenitaler sphärozytischer hämolytischer Anämie erkrankten Jungen, in einem Selektionsmedium, das eine kritische Konzentration an Azaserin enthielt. Azaserin hat auf HGPRT-Zellen praktisch die gleiche Auswirkung wie 8-AG. Eine biochemische Analyse der nach der Fusion gefundenen, tetraploiden Hybridzellen ergab, daß praktisch 90% der Hybridzellen sowohl die Enzyme HGPRT als auch G6PD synthetisieren können. Diese Befunde sprechen für eine intergenische Komplementation der Enzym-Loci. Da beide Loci auf dem X-Chromosom kartiert worden sind (siehe 5.6.), sollten sich deshalb der funktionelle HGPRT-Lokus auf dem einen, der funktionelle G6PD-Lokus auf dem anderen X-Chromosom befinden, mit anderen Worten ausgedrückt: in der tetraploiden Hybridzelle sind beide X-Chromosomen aktiv.

Als sehr erfolgversprechend erwies sich die intergenische Komplementation bei der Aufklärung der genetischen Basis der Erbkrankheit Xeroderma pigmentosum (XP). Diese Krankheit äußert sich als Folge eines defektiven DNA-Reparatur-Mechanismus der menschlichen Zellen (vgl. Kap. 3.3.4.). DeWeerd-Kastelein u. Mitarb. (18) konnten durch Komplementation in Heterokaryons zeigen, daß die klassische Form von XP und eine variante Form, genannt De Sanctis-Cacchione-Syndrom, genetisch unterschiedlich sind und daß die beobachtete Komplementation auf intergenischem Bereich erfolgt. Nach jüngeren Untersuchungen von Kraemer und De Weerd-Kastelein wurden inzwischen 5 Komplementations-Gruppen von XP gefunden (19), was auf eine hohe genetische Heterogenität dieser Krankheit schließen läßt.

Auch von zahlreichen anderen Erbkrankheiten (u. a. G_{MI}- und G_{MII}-Gangliosidosen, Cystathionurie, „Ahorn-Sirup-Syndrom“) sind über intergenische Komplementationen erste Ansätze zur Aufklärung der genetischen Grundlagen dieser Krankheiten erkennbar geworden.

Intergenische Komplementationen sind auch von *CHU* u. Mitarb. (20) sowie dem Forscherteam unter Leitung von T. PUCK (21, 11) bei einer Reihe Nahrstoff-auxotropher Mutantenzellen des Chinesischen Hamsters beschrieben worden. So wurde z. B. nach Fusion verschiedener Glyzin-bedürftiger Zellmutanten gefunden, daß dieses Bedürfnis von mindestens 4 unterschiedlichen Genen kontrolliert wird.

Nur vereinzelt sind Beobachtungen über intragenische Komplementationen beschrieben worden.

So wurden von NADLER u. Mitarb. (13) menschliche Fibroblasten, die sie verschiedenen, an Galaktosämie erkrankten Patienten entnommen hatten, fusioniert. Die Erbkrankheit Galaktosämie wird ursächlich geprägt von dem Verlust der Syntheseaktivität für das Enzym Galaktose-1-Phosphat-Uridyl-Transferase. Dieser Defekt ist in den entnommenen Fibroblasten nachweisbar.

In den Hybridzellen wurde Galaktose-1-Phosphat-Uridyl-Transferase-Aktivität nachgewiesen, die in bezug auf K_m, pH-Optimum und elektrophoretische Beweglichkeit von der des Wildtyp-Enzyms nicht unterscheidbar war, sich allerdings hinsichtlich spezifischer Aktivität, V_{max} und thermaler Stabilität eindeutig von diesem unterschied.

In diesen und anderen Untersuchungen ist der Nachweis einer interallelischen Komplementation sehr problematisch. Um diesen Nachweis zu führen, müßten solche Faktoren wie spontane Rückmutationen, somatische Rekombinationen oder Regulationsdefekte eindeutig ausgeschlossen werden können. Möglicherweise wird diese Unterscheidung zukünftig durch Aminosäure-Sequenzanalysen oder immunochemische Marker wesentlich erleichtert.

5.5. Interspezifische somatische Zellhybride

Eine der bedeutsamsten Entdeckungen in der Geschichte der Hybridisierung somatischer Zellen gelang im Jahre

1965 den englischen Wissenschaftlern H. HARRIS und J. WATKINS (22). Sie wiesen nach, daß nicht nur Zellen der gleichen Art, sondern auch Zellen evolutionär weit auseinander stehender Arten miteinander fusioniert werden können. In ihren ersten Experimenten mischten HARRIS und WATKINS Suspensionen von menschlichen (Hela) und Maus-Zellen (Aszites) in Gegenwart von UV-inaktiviertem Sendai-Virus. Nach kurzer Zeit fanden sie unter den Zellen zahlreiche Homo- und Heterokaryons. Letztere enthielten unterschiedliche Anteile von Zellkernen beider Elternzellen. Sie waren einige Tage Stoffwechsel-aktiv und ließen in seltenen Fällen den Beginn nukleärer Fusion erkennen. Der weitaus größte Teil der Heterokaryons war aber nur kurze Zeit lebensfähig.

Für den ungeheuren Widerhall, den diese Beobachtungen unter den Zellbiologen fanden, sprechen zahlreiche Publikationen, die schon kurze Zeit nach der Veröffentlichung der Arbeiten von HARRIS und WATKINS erschienen und diese bestätigten sowie entscheidend erweiterten. So wurden noch im gleichen Jahre von WEISS und EPHRUSSI die ersten lebensfähigen interspezifischen Hybride beschrieben, die sie nach der Fusion von heteroploiden Mauszellen und diploiden Rattenzellen mittels eines halbselektiven Systems isolierten (23). Schon kurze Zeit später wurden lebensfähige interspezifische Hybriden beschrieben, die nach der Fusion von Zellen unterschiedlichster Organismen isoliert worden waren und heute ist es möglich, praktisch jeden gewünschten Hybriden herzustellen. Selbst solche außergewöhnlichen Kombinationen wie Mensch × Moskito (24), Maus × Huhn (25) oder Rind × Nerz (26) sind schon hergestellt worden. Diese große Zahl an Kombinationsmöglichkeiten läßt den Schluß zu, daß es wahrscheinlich zwischen tierischen somatischen Zellen, die in vitro fusioniert werden können, keine solchen Inkompatibilitäts-Barrieren gibt, wie sie bei sexuellen Vorgängen auftreten. Der entscheidende Schritt zur Bildung einer Hybridzelle scheint vielmehr in der mitotischen Synchronie der Heterokaryonkerne zu liegen.

Bleibt diese aus, bleiben die Heterokaryons zwar längere Zeit Stoffwechsel-aktiv, teilen sich jedoch nur in den seltensten Fällen und sterben in der Regel nach einer gewissen Zeit ab.

5.5.1. *Charakterisierung und Bedeutung interspezifischer somatischer Zellhybride*

Im Prinzip basiert die Bedeutung interspezifischer Zellhybride auf 2 grundlegenden Charakteristika:

a) Beide elterlichen Genome, die sich in Größe, Form und Anzahl der Chromosomen unterscheiden, sind in den Hybridzellen aktiv. Die einander entsprechenden Genprodukte (meist Proteine) werden gleichzeitig gebildet. Die evolutionäre Distanz zwischen den Fusionspartnern ist meist so groß, daß sich homologe Proteine im allgemeinen in ihrer Aminosäure-Zusammensetzung deutlich voneinander unterscheiden und durch physikalische und biochemische Methoden getrennt werden können (Abb. 45).

b) Im Verlaufe der Kultivierung segregieren interspezi-

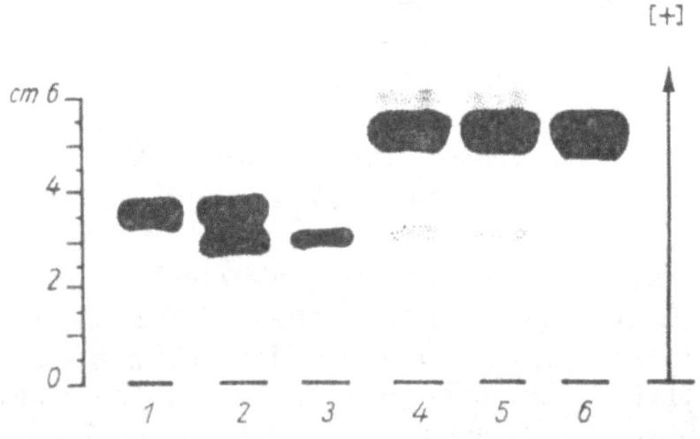

Abb. 45. Elektrophärogramm von Phosphoglukomutase$_1$ (PGM$_1$) aus (1) Maus-, (2) Maus- und Mensch-, (3) Mensch-, (4) Mensch-Chinesischer Hamster-Hybrid-, (5) Mensch- und Chinesischer Hamster-, (6) Chinesischen Hamster-Zellen (nach MEERA-KHAN, 1971)

Tabelle 11

Bevorzugter Verlust von Chromosomen in interspezifischen somatischen Zellhybriden

Hybrid	Betroffenes Genom
Ratte × Maus	Ratte
Maus × Chin. Hamster	Maus
Mensch × Maus	Mensch
Maus × Syr. Hamster	Maus
Mensch × Chin. Hamster	Mensch
Mensch × Ratte	Ratte
Käng.-Ratte × Chin. Hamster	Käng.-Ratte
Maus × Affe	Affe

fische Hybride in der Regel einen mehr oder weniger großen Teil an Chromosomen aus, und zwar bevorzugt die Chromosomen einer Elternzelle. Die Spezies-Dominanz im Muster des Chromosomen-Verlustes ist inzwischen für eine Reihe interspezifischer Hybride beschrieben worden, von denen einige in Tabelle 11 dargestellt worden sind. Interessanterweise liegen über das Verhalten von Hybriden aus Zellen des Chinesischen Hamsters × Mauszellen sehr unterschiedliche Ergenbisse vor. So berichten SCALETTA u. Mitarb. (27) und MARIN u. Mitarb. (28) über einen bevorzugten Verlust der Maus-Chromosomen, während andererseits KOYAMA u. Mitarb. (29) bzw. HANDMAKER (30) fanden, daß die Chromosomen des Chinesischen Hamsters bevorzugt segregieren. Dieses unterschiedliche Verhalten ähnlicher Hybride ist bis heute noch nicht eindeutig geklärt.

Besonderes Interesse, insbesondere für die Kartierung menschlicher Chromosomen, haben, wie wir im folgenden Kapitel sehen werden, die Mensch × Maus (Chinesischer Hamster)-Hybride erlangt. WEISS und GREEN (31) beobachteten, daß in allen Hybriden, die sie nach der Fusion von menschlichen diploiden Zellen (WI38) mit Maus-L-Zellen (Klon 1 D) isolierten, nach 20 Generationen zwar die erwartete Zahl von Mauschromosomen, aber nur noch

2—15 menschliche Chromosomen vorhanden waren. Nach 85 Generationen hatten einige Hybride alle identifizierbaren menschlichen Chromosomen verloren.

Diese Beobachtungen scheinen generell für alle Primaten × Nager-Hybride Gültigkeit zu haben, da Mensch × Chinesischer Hamster-Hybride als auch Mensch × Syrische Hamster-Hybride bevorzugt menschliche Chromosomen sowie Affe × Maus-Hybride bevorzugt Affen-Chromosomen aussegregieren.

5.5.2. *Mechanismus des Chromosomenverlustes*

Wir haben schon wiederholt auf die Bedeutung des Chromosomenverlustes in Hybridzellen für die zellbiologische Forschung hingewiesen. Trotz intensiver Arbeit ist aber bis heute über den Mechanismus dieses Verlustes noch sehr wenig bekannt. Ganz allgemein scheint es so zu sein, als ob der Verlust, der einzeln oder in Chromosomen-Gruppen erfolgen kann, nach bisher unbekannten Wechselbeziehungen zwischen den Elternzellen gesteuert wird. Von den zahlreichen Hypothesen, die vorgeschlagen worden sind um diese Wechselbeziehungen zu erfassen, sollen an dieser Stelle nur einige vorgestellt werden:

- T. Puck u. Mitarb. sehen in den unterschiedlichen Wachstumsraten der Elternzellen den entscheidensten Schritt bei der Entscheidung über Ausmaß und Richtung des Chromosomenverlustes. Nach ihrer Ansicht sollten die Chromosomen langsamer wachsender Zellen aus den Hybridzellen eliminiert werden. Andererseits findet Handmaker (30) eine Eliminierung von Chromosomen der im Vergleich zu Maus-Zellen schneller wachsenden Zellen des Chinesischen Hamsters in Maus × Chinesischer Hamster-Hybriden.
- Ephrussi et al. betonen den Einfluß der Multiplizität und des Zustandes der Elternzellen in den Hybriden auf die Chromosomen-Segregation. So ist z. B. der Verlust menschlicher Chromosomen in Mensch × Maus-Hybriden geringer,

wenn die Hybridzelle aus 2 Maus-Genomen und einem Genom der menschlichen Zelle besteht und wenn permanente menschliche Zellen zur Fusion verwendet werden.

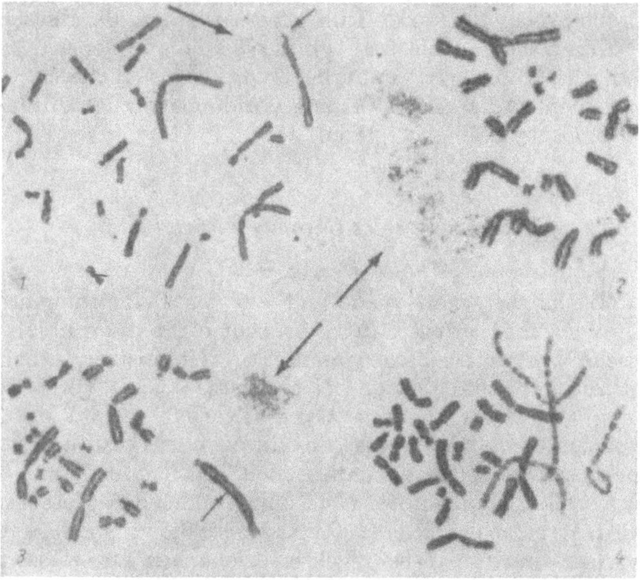

Abb. 46. Metaphase-Zellen mit pulverisierten Chromosomen (große Pfeile) (1 – 3) und ungewöhnlich vergrößerten Chromosomen. Bemerkenswert sind auch andere abnormale Chromosomenveränderungen (kleine Pfeile) und Fragmente (nach Ikeuchi et al. 1972)

— Johnson und Rao (32) sehen in der nukleären Asynchronie der Elternzellen die Basis für den bevorzugten Verlust spezifischer Chromosomen. Besonders dann, wenn sich die in einem Heterokaryon befindlichen Zellkerne sowohl in der Mitose als auch in anderen Phasen des Zellzyklus befinden, kommt es zur teilweisen oder vollständigen Pulverisation der nicht-mitotischen Chromosomen (Abb. 46).

Weitere Erklärungsmöglichkeiten sehen andere Autoren u. a. in

- fehlerhafter Koordination bei der Chromosomen-Replikation der Hybridzelle
- Ausschluß bestimmter Chromosomen vom Spindel-Apparat (so ist z. B. nicht bekannt, ob die Spindel ein Hybridprodukt ist, oder nur von einer Zellspezies gebildet wird)
- Nichterkennen von Regulationssignalen
- unterschiedliche Affinität der Chromosomen für bestimmte Orte auf der Kernmembran.

In der Vielfalt der Hypothesen offenbart sich nicht nur das z. T. noch sehr begrenzte Wissen über diese Vorgänge, sie gibt auch Aufschluß über die Komplexität des Phänomens.

Inzwischen gibt es Hinweise dafür, daß eine Chromosomensegregation, und zwar die eines bestimmten Elternteiles, auch experimentell induziert werden kann. Sie basieren vor allem auf Arbeiten von PONTECORVO, der ein ganzes Spektrum von Hybridzellen, nach der Fusion von Maus 3T3 (TK^-) Fibroblasten mit Chinesischen Hamsterzellen Wg3 ($HGPRT^-$) isolierte und charakterisierte. Diese Hybridzellen haben normalerweise einen sehr stabilen Karyotyp. Wird nun eine der Elternzellen vor der Fusion mit geeignet hohen Röntgen-Dosen bestrahlt, so wird dadurch der bevorzugte Verlust der betreffenden Chromosomen in den Hybridzellen induziert (33). Ähnliche Resultate erreicht man, wenn eine der Elternzellen vor der Fusion in BUdR-haltigem Kulturmedium gezüchtet und nach erfolgter Fusion mit sichtbarem Licht bestrahlt werden. BUdR wird von den Zellen im Verlaufe der Chromosomen-Replikation anstelle von Thymidin in die DNA eingebaut und führt nach Behandlung der Zellen mit sichtbarem Licht zu DNA-Brüchen. Derartig behandelte Chromosomen scheinen bevorzugt aussegregiert zu werden. Auf Grund des unterschiedlichen Replikationsmusters unterschiedlicher Chromosomen könnte diese Methode dazu führen, selektiv bestimmte Chromosomen zu eliminieren. Inzwischen scheint es auch möglich zu sein mit Laser-Mikrobestrahlung einen gerichteten Verlust bestimmter Chromosomen zu induzieren (34).

Bisher wurde angenommen, daß der Verlust einzelner Chromosomen zufällig erfolgt. In jüngerer Zeit gibt es jedoch Hinweise dafür, daß die Segregation auch gerichtet erfolgen kann. Beim Studium des Eliminierungsmusters menschlicher Enzymaktivitäten in zahlreichen Klo-

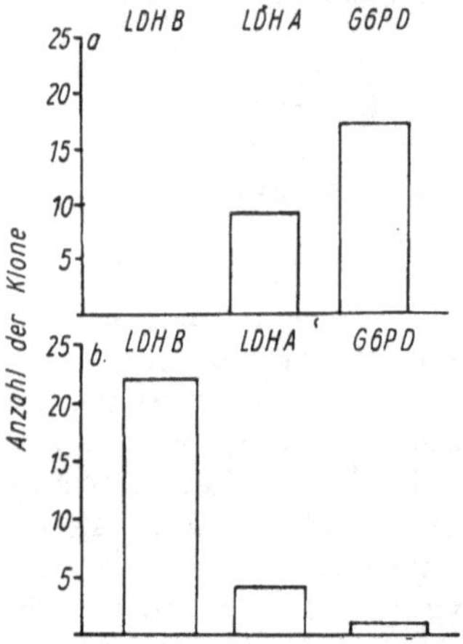

Abb. 47. Marker-Verlust in individuell getesteten Hybridzellklonen

a) Anzahl der Zellklone, die die jeweiligen Enzym-Marker zuerst verlieren

b) Anzahl der Zellklone, die die jeweiligen Enzym-Marker zuletzt verlieren

(nach NORUM und MIGEON, 1974)

nen von Mensch × Maus-Hybriden zeigte sich, daß bei allen untersuchten Klonen die menschlichen Enzymaktivitäten für Glukose-6-Phosphat-Dehydrogenase Laktatdehydrogenese A und Laktatdehydrogenese B, die auf unterschiedlichen Chromosomen kartiert wurden, immer in dieser Reihenfolge verlorengehen (35) (Abb. 47). Neben diesem vereinzelt beobachteten gerichteten Chromosomenverlust scheint es auch eine selektive Wechselwirkung zwischen bestimmten Chromosomen zu geben, die dann, wie z. B. die menschlichen Chromosomen E 17 (u. a.

wurde hier für das Gen für TK kartiert) und C 7 (u. a. Markerchromosom für SV 40 Tumorantigen) gerichtet segregieren (36).

Wenn uns auch heute noch das Phänomen des Chromosomenverlustes in Interspezifischen Hybriden recht widersprüchlich erscheint, so ist es nach EPHRUSSI (37) doch gerechtfertigt, folgendes zu schlußfolgern:

- es handelt sich unzweifelhaft um einen gestörten Mechanismus der koordinierten Weitergabe von Chromosomen zweier Elternzellen, der seinerseits wiederum ein geistiges Modell zum Studium dieser Koordinationsprozesse darstellt;
- die Entdeckung dieses Phänomens war der Startpunkt einer stürmischen Entwicklung der Hybridisierung somatischer Zellen und insbesondere der formalen Genetik des Menschen.

5.6. Die Kartierung menschlicher Chromosomen

Die klassische Methode zur Bestimmung der Lage spezifischer Gene auf den 24 verschiedenen menschlichen Chromosomen beruht darauf, das Muster der Vererbung individueller Charakteristika über viele Generationen einer Familie zurückzuverfolgen und zu entscheiden, welche Merkmale miteinander gekoppelt oder wenigstens assoziiert sind. Solchen Untersuchungen stellen sich enorme Schwierigkeiten entgegen, weil menschliche Familien relativ klein und die Generationszeiten sehr lang sind und darüber hinaus die Zahl geeigneter Merkmale in der menschlichen Population ziemlich begrenzt ist. Zwar erleichtern eine Reihe statistischer Methoden solche Untersuchungen, trotzdem bleiben sie auch heute noch zeitaufwendig und teuer. „Es ist so, als ob man ein unbekanntes Tier, das man nur durch seinen Geruch identifizieren kann, in einer Gegend jagen will, wo es nur Irrgärten gibt“, charakterisierte V. MCKUSICK die Situation sarkastisch (38). Diese Worte verdeutlichen aber auch, mit wieviel Hoffnung vor allem die Humangenetiker die Entwicklung der Hybridisierung somatischer Zellen verfolgen.

In der Praxis haben sich für die Kartierung menschlicher Chromosomen insbesondere Hybridzellen aus der Kombination diploider Zellen des Menschen mit aneuploiden Zellen verschiedener Arten von Nagern, besonders mit Zellen der Maus oder des Chinesischen Hamsters, als vorteilhaft erwiesen (vgl. 5.5.).

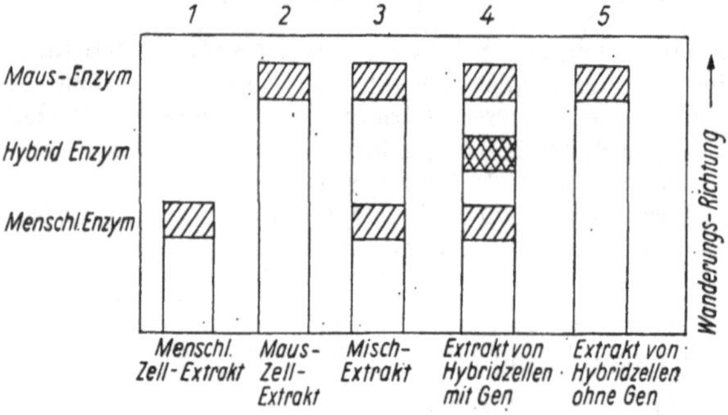

Abb. 48. Unterscheidung homologer G6PD-Enzyme der Maus und des Menschen durch Elektrophorese in Stärkegel.

G6PD ist ein Dimer: ein Polymer bestehend aus 2 Untereinheiten. Menschliche Zellen enthalten ein menschliches Homopolymer (1), Mauszellen ein Maus-Homopolymer (2), die beide eine unterschiedliche Beweglichkeit im elektrischen Feld zeigen. In einer Mischung beider Zellextrakte lassen sich beide Komponenten nachweisen (3). In Mensch-Maus-Hybridzellen werden beide Komponenten synthetisiert und treten in eine mehr oder weniger zufällige Wechselwirkung, wodurch in der Hybridzelle beide Homopolymere sowie ein Mensch-Maus-Heteropolymer mit intermediärer Wanderungsgeschwindigkeit im elektrischen Feld entstehen. Die Enzyme einer Hybridzelle, die sowohl das menschliche, als auch das Maus-G6PD-Gen enthalten, bilden drei separate Banden (4). Hybridzellen, die das menschliche G6PD-Gen aussegregiert haben, enthalten nur noch das Maus-Homopolymere (5). (nach RUDDLE, 1974)

Dafür sind mehrere Gründe ausschlaggebend gewesen:

- Maus (Hamster)- und menschliche Chromosomen unterscheiden sich in Form, Größe und den durch verschiedene Farbstoffe (Quinakrin, Giemsa u. a.) geprägten Bandenmustern;
- die Hybridzellen enthalten nach unterschiedlich langer Kultivierung den nahezu kompletten Satz an Nagerchromo-

somen und segregieren die menschlichen Chromosomen fast vollständig aus;
- die Genome beider Elternzellen sind funktionell und werden gleichzeitig ausgeprägt;
- homologe Enzyme beider Eltern die sich in ihrer Aminosäurezusammensetzung unterscheiden, können durch biochemische sowie physikalische Methoden erkannt und getrennt werden (unterschiedliche elektrophoretische Beweglichkeit, unterschiedliche Hitzestabilität u. a.). Sehr oft werden in den Hybridzellen sog. Hybridenzyme nachgewiesen, die sich in vielen Eigenschaften von den entsprechenden Enzymen der Elternzellen unterscheiden und wahrscheinlich durch Kombination von Enzymuntereinheiten der Isoenzyme entstehen. Die Hybridenzyme können zur Identifizierung von Hybridzellen dienen sowie Informationen über Enzyme liefern, die in nicht varianter Form vorliegen (s. Abb. 48).

5.6.1. Strategie bei der Kartierung menschlicher Chromosomen

Grundsätzlich werden z. Z. für die Kartierung menschlicher Chromosomen zwei Techniken verwendet. Die erste erfordert die Anwendung selektiver Bedingungen (d. h. Nager-Mutantenzellen mit unterschiedlichen Mutationsspektren und die entsprechenden Selektivmedien), unter denen nur die Hybridzellen überleben können, die neben den Nager-Chromosomen ein spezifisches menschliches Chromosom enthalten, das die Information für die Synthese des limitierenden Genproduktes trägt. Insbesondere findet diese Technik bei der Komplementation Nährstoffauxotropher Mutanten von Chinesischen Hamsterzellen durch Fusion mit menschlichen Fibroblasten Verwendung (39) (s. Abb. 49).

Die zweite, intensiver genutzte Technik, erfordert nur zur Selektion der Hybridzellen, nicht aber zur Kartierung selektive Bedingungen. Sie basiert in der Regel auf der Fusion von genetisch markierten Nagerzellen (meist

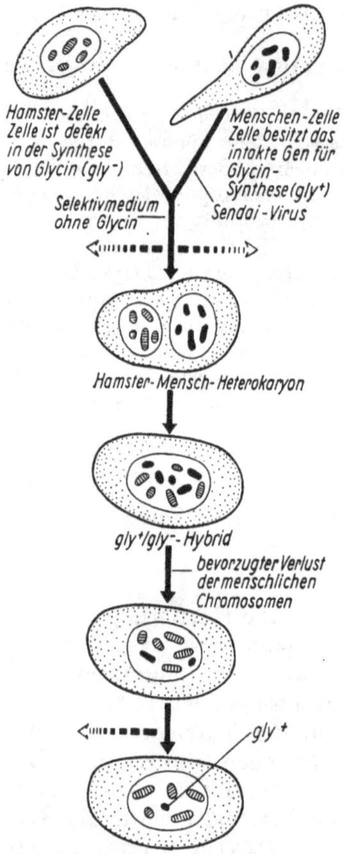

Abb. 49. Kartierung menschlicher Chromosomen mit Nährstoff-auxotrophen Mutantenzellen des Chinesischen Hamsters.

Hybridzellen überleben und vermehren sich im Selektivmedium, wenn das menschliche Chromosom mit dem intakten gly$^+$-Gen in der Zelle verbleibt. Dabei kann ermittelt werden, welches menschliche Chromosom diese Information trägt.

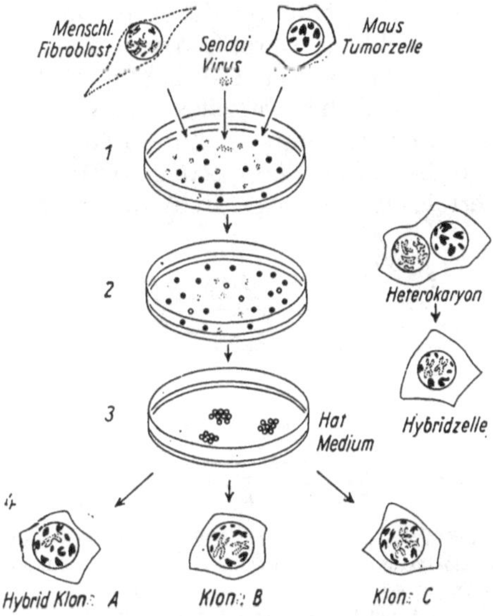

Abb. 50. Kartierung menschlicher Chromosomen mit Mensch-Maus-Hybridzellen.

Menschliche Fibroblasten und Mauszellen, die jeweils defizient für die Enzyme HGPRT oder TK sind, werden in Gegenwart von Sendai-Virus gemischt (1). Einige der Zellen fusionieren (2) und bilden Heterokaryons, aus denen durch Kernverschmelzung Hybridzellen entstehen (graue Kolonien). Nach Inkubation in HAT-Medium werden Mensch-Maus-Hybridzellen selektioniert (3). Die Hybridzellen enthalten in der Regel alle Maus-Chromosomen, aber nur wenige der 46 menschlichen Chromosomen. Da der Verlust der menschlichen Chromosomen zufällig erfolgt, enthalten die Hybridzellen sehr unterschiedliche Anteile menschlicher Chromosomen (4) (nach RUDDLE, 1974) (anstelle von Hat lies HAT)

TK^- und $HGPRT^-$) mit genetisch unmarkierten menschlichen Zellen und anschließender Selektion in HAT-Medium. In diesem Falle erhält man eine Reihe unabhängig entstandener Hybridzellkolonien, oder man führt, wenn man nur wenige Hybridzellen erhalten hat, eine zweite Klonierung durch, die zur Bildung sogenannter Subklone führt. Weil der Verlust der Chromosomen bei den Hybriden zufällig erfolgt, befinden sich in jedem Subklon verschiedene menschliche Chromosomen. Aus der Korrelation zwischen phänotypisch sichtbaren menschlichen Markern und menschlichen Chromosomen in unabhängig isolierten Hybridzellen ergibt sich die Zuordnung spezifischer Gene zu distinkten Chromosomen (Abb. 50). Diese Zuordnung erfolgt mittels sog. „individueller Kar-

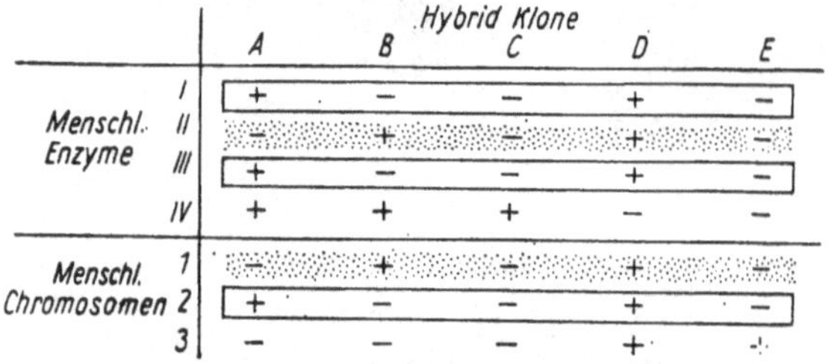

Abb. 51. Syntenische Gene sind gleichzeitig in einem Hybrid-Klon nachweisbar oder segregieren gemeinsam aus, d. h. sie sind auf dem gleichen Chromosom lokalisiert. In dieser schematischen Darstellung sind z. B. die menschlichen Enzyme I und III syntenisch und können dem menschlichen Chromosom Nr. 2 zugeordnet werden

tierungstests". Diese Tests lassen sich in Abhängigkeit von der gewählten Kartierungsstrategie in Form von

a) „Synteny-Tests",
b) „Assignment-Tests" und
c) „Regional Assignment-Tests"

verwenden.

Der „Synteny-Test" ist abhängig von den Wechselbeziehungen bei der Segregation von zwei und mehr phänotypischen menschlichen Markern. Da menschliche Chromosomen gewöhnlich als direkte Einheiten aus den Hybridzellen heraussegregieren, kann angenommen werden, daß menschliche Marker, die zusammen segregieren bzw. gleichzeitig in der Hybridzelle nachweisbar sind, auf dem gleichen Chromosom lokalisiert sind. Wir bezeichnen sie auch als syntenische Gene. Auf Grund zahlreicher Fehlerquellen (Chromosomenbrüche, Chromosomen-Rear-

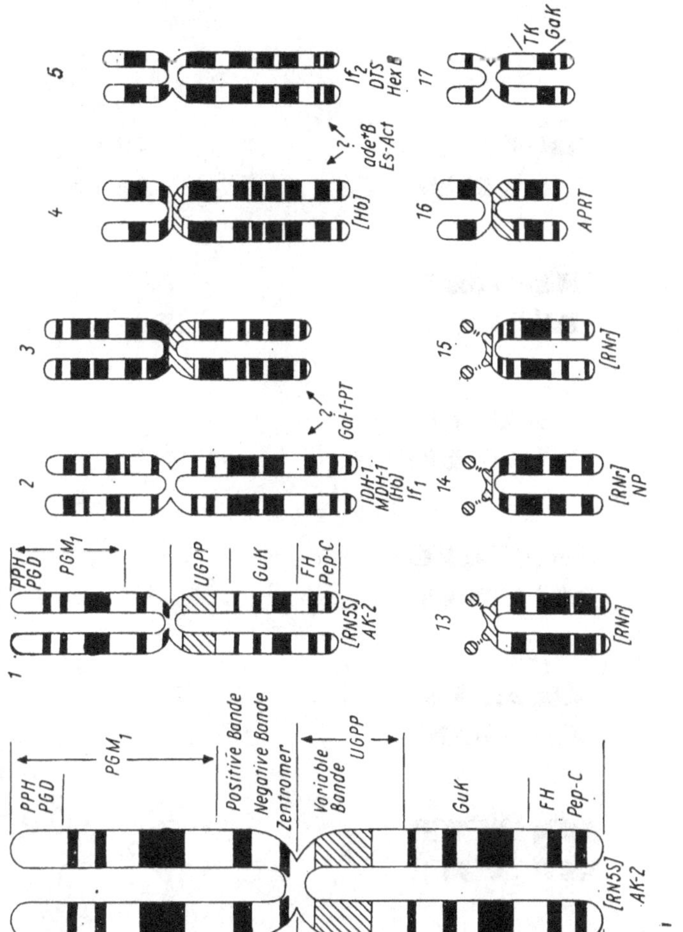
1
2
3
4
5
13
14
15
16
17
PPH
PGD
PGM1
UGPP
GuK
FH
Pep-C
[RN5S]
AK-2
IDH-1
MDH-1
(Hb)
If1
Gal-1-PT
[Hb]
ade+B
Es-Act
If2
DTS
Hex B
[RNr]
NP
APRT
TK
GaK
Positive Bande
Negative Bande
Zentromer
Variable Bande
p (kurzer Arm)
q (langer Arm)

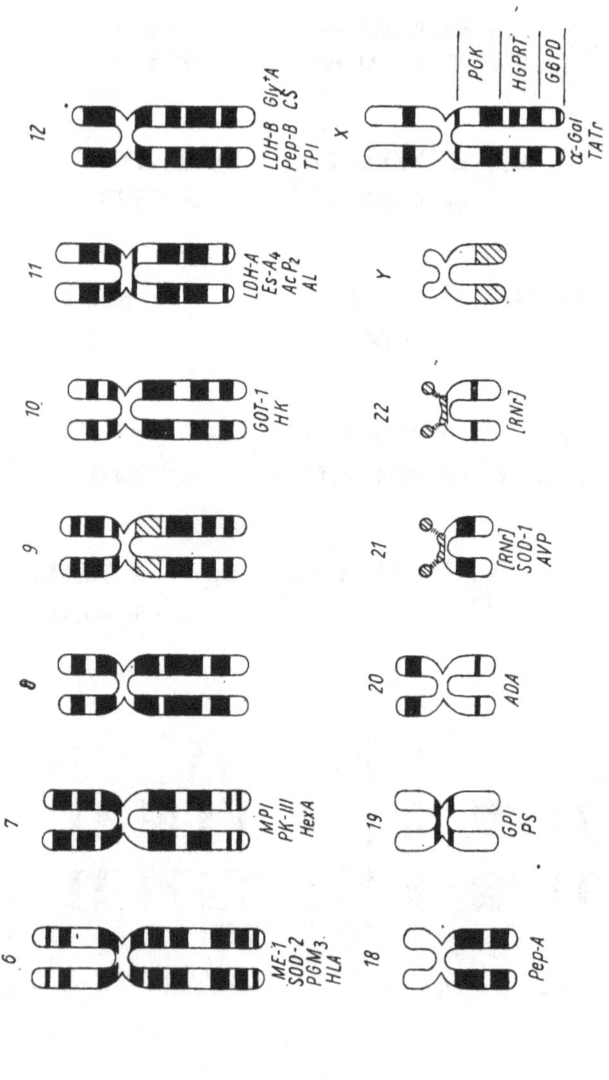
6
ME-1
SOD-2
PGM3
HLA
7
MPI
PK-III
HexA
8
9
10
GOT-1
HK
11
LDH-A
Es-A4
AcP2
AL
12
LDH-B
Pep-B
TPI
Gly+A
CS
18
Pep-A
19
GPI
PS
20
ADA
21
[RNr]
SOD-1
AVP
22
[RNr]
Y
X
PGK
HGPRT
G6PD
α-Gal
TATr

Abb. 52. Kartierung menschlicher Gene auf den 24 verschiedenen menschlichen Chromosomen.

Chromosom Nr. 1 wurde zur Illustration der Standard-Nomenklatur sowie der Banding-Muster vergrößert dargestellt. Die dunklen Chromosomen-Abschnitte sind die durch Fluoreszenzfarbstoffe wie Quinakrin angefärbten positiven Banden, als weiße Regionen wurden die durch diese Farbstoffe nicht gefärbten Chromosomen-Abschnitte (negative Banden) dargestellt. Die schraffierten Abschnitte kennzeichnen variable Banden, die in verschiedenen Individuen unterschiedlich gefärbt werden.

Die Nomenklatur der Gene erfolgt an Hand der Initiale der Enzyme oder anderer Produkte für die sie kodieren: Zum Beispiel HGPRT für Hypoxanthin-Guanin-Phosphoribosyl-Transferase; RNr für ribosomale RNA. Die Gene werden jeweils unter den Chromosomen registriert, denen sie zugeordnet werden. Ist die genaue Lage der Gene auf den betreffenden Chromosomen bekannt, werden die Gene diesen Regionen gegenüber katalogisiert.

Konnte bei der Zuordnung der Gene nicht eindeutig zwischen zwei Chromosomen entschieden werden, wurden die Gen-Symbole mit einem Fragezeichen versehen.

Gene, die nicht durch die Techniken der somatischen Zellhybridisierung kartiert wurden, sind durch Klammern gekennzeichnet (nach RUDDLE, 1974) rangements, fehlende Nachweissysteme für bestimmte Genprodukte u. a.) ist die Aussagekraft dieser Methode häufig stark eingeschränkt (Abb. 51).

In dem am häufigsten für Kartierungsexperimente verwendeten „Assigment-Test“ werden die Wechselbeziehungen zwischen der Segregation von individuellen menschlichen Chromosomen und entsprechendem phänotypischem Verhalten für die Kartierung ausgenutzt. Dieser Test gestattet die Zuordnung individueller Gene und syntenischer Gruppen von Genen zu spezifischen Chromosomen.

Mittels beider Methoden ist es in den letzten Jahren gelungen, weit über 50 Gene den 24 verschiedenen menschlichen Chromosomen zuzuordnen (Abb. 52).

Der Ausfall einer ganzen Anzahl dieser Gene ist für die Etablierung bestimmter Erbkrankheiten verantwortlich. Eine bessere Kenntnis der Kartenpositionen solcher Gene sowie ihre Lagebeziehung zu anderen Genen vergrößert die Chance, z. B. mittels pränataler Diagnose erbgeschädigte Nachkommen evtl. schon im Verlaufe der Schwangerschaft nachzuweisen. Einer der führenden Wissenschaftler auf diesem Gebiet, F. RUDDLE (USA), betonte unlängst, daß nach seiner Meinung schon in den nächsten Jahren für jedes menschliche Chromosom mindestens die Lage eines Gens bestimmt sein wird (40).

Obgleich die bisher beschriebenen Kartierungsmethoden durch zahlreiche Modifikationen immer aussagekräftiger gemacht werden, ist es heute immer noch schwierig, ein Gen nicht nur einem bestimmten Chromosom zuzuordnen, sondern auch seine Lage auf diesem Chromosomen zu bestimmen. Die dafür z. Z. in den „Regional Assigment-Tests“ ausgenutzten Möglichkeiten konzentrieren sich im wesentlichen auf die Verwendung von Chromosomen-Aberrationen wie Translokationen oder Deletionen, die die normalen Lagebeziehungen der Gene zerstören. Aus dem Muster solcher Veränderungen können dann Rückschlüsse auf die Funktionstüchtigkeit und damit auf die Lage bestimmter Gene gezogen werden.

Die methodische Durchführung der regionalen Kartierung richtet sich im wesentlichen nach dem Charakter der aberranten Zellen. So beruht ein erstes Testsystem auf der Verwendung primärer menschlicher Zellinien, die spezifische Translokationen oder Deletionen tragen. Solche Chromosomen-Rearrangements treten in Zellpopulationen relativ häufig auf. Aus den betroffenen Zellen entstehen Tochterzellen mit verändertem Karyotyp und häufig auch verändertem Phänotyp. Im Rahmen eines internationalen Programms werden aberrante menschliche Zellen in einer zentralen Kollektion erfaßt und dort katalogisiert und charakterisiert (41). Eine solche menschliche Linie mit einer spezifischen Translokation diente Ricciuti als Hilfsmittel für die Feinkartierung der menschlichen X-chromosomalen Gene für die Enzyme HGPRT, G6PD sowie Phosphoglycerat-Kinease (PGK) (42). Die entsprechende Translokation ist dadurch charakterisiert, daß der lange Arm des X-Chromosoms auf ein scheinbar intaktes Chromosom Nr. 14 übertragen worden ist (s. Abb. 53). Dadurch entstehen 2 Translokationsprodukte: ein kleines Chromosom mit dem Zentromer und dem kurzen Arm des X-Chromosoms sowie ein größeres Produkt, das den überwiegenden Teil des Chromosoms Nr. 14 und den langen Arm des X-Chromosoms enthält. Beide Chromosomen sind in der Zelle sehr leicht voneinander und von anderen Chromosomen zu unterscheiden. Ricciuti hybridisierte menschliche Zellen, die diese Translokation enthielten, mit HGPRT-defizienten Mauszellen. Die Hybridzellen wurden in HAT-Medium selektioniert und auf das Vorhandensein verschiedener menschlicher Enzyme untersucht. Alle 3 X-chromosomal kodierten Enzyme HGPRT, G6PD und PGK sowie zusätzlich das auf dem Chromosom Nr. 14 kartierte Gen für das Enzym Nukleosidphosphorylase (NP) waren in sämtlichen Hybriden nachweisbar. Diese Enzyme waren nun in der Weise miteinander korreliert, daß das Aussegregieren der X-chromosomalen Marker immer begleitet war mit dem Erlöschen der NP-Aktivität. Aus diesem Segregations-

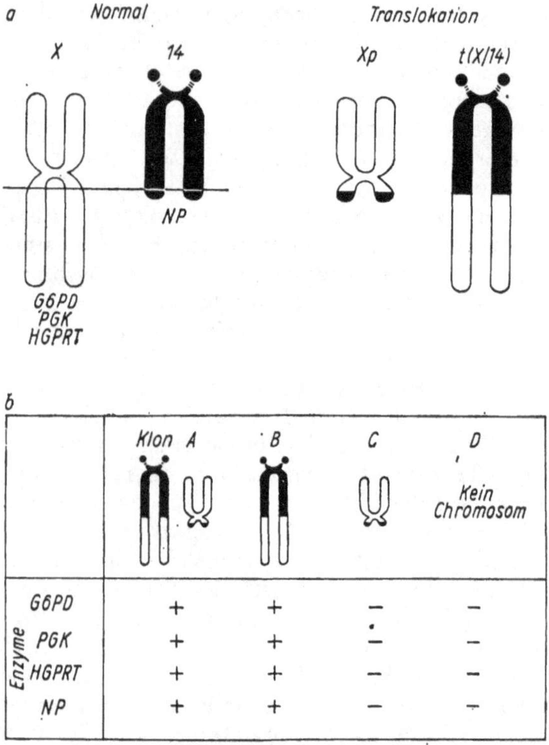

Enzyme	Klon A	B	C	D
G6PD	+	+	−	−
PGK	+	+	−	−
HGPRT	+	+	−	−
NP	+	+	−	−

Abb. 53. Kartierung menschlicher Chromosomen durch Verwendung von Translokationen.
Die Gene für die Enzyme HGPRT, PGK und G6PD sind X-chromosomale Gene; das Gen für das Enzym NP wurde auf dem Chromosom Nr. 14 kartiert. Die Translokation ist dadurch charakterisiert, daß der lange Arm des X-Chromosoms ausgetauscht ist mit der Spitze des Chromosoms Nr. 14 (a). Menschliche Zellen, die diese Translokation enthalten, wurden mit HGPRT$^-$-Mauszellen fusioniert und die Hybridzellen in HAT-Medium selektioniert. Eine karyologische Prüfung verschiedener Hybridklone (b) zeigt, daß alle drei X-chromosomalen Gene auf dem langen Arm des X-Chromosoms lokalisiert sein müssen (nach Ruddle, 1974)

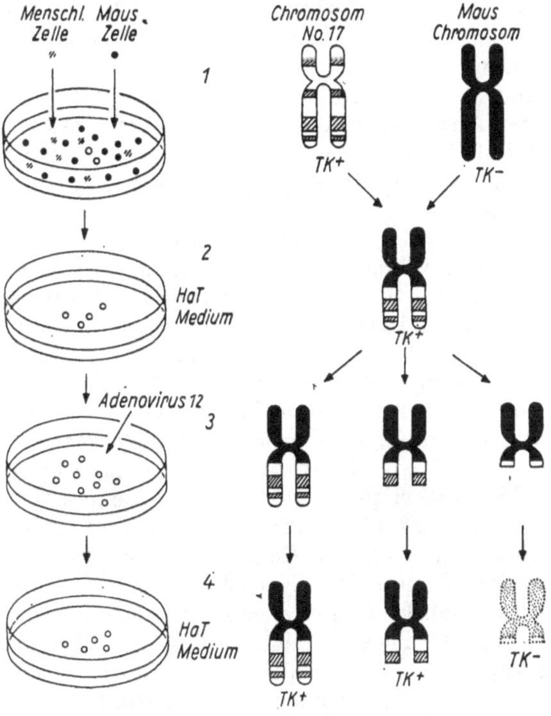

Abb. 54. Feinkartierung des menschlichen TK-Gens auf dem Chromosom Nr. 17 durch induzierte Chromosomen-Brüche.
Nach Fusion von menschlichen Zellen mit TK⁻-Mauszellen (1) wurden die Hybridzellen in HAT-Medium selektioniert. Eine Hybridlinie, in der eine Translokation des langen Armes des menschlichen Chromosoms Nr. 17 zu einem Maus-Chromosom gefunden wurde, war in HAT-Medium lebensfähig, ein Hinweis dafür, daß das TK-Gen in dieser Region lokalisiert ist (2). Durch Infektion der Hybridzellen mit Adenovirus 12 wurden Brüche an unterschiedlichen Punkten des Translokations-Chromosoms induziert und die Hybride mit unterschiedlichen Translokationsprodukten in nicht-selektivem Medium inkubiert (3). Wenn die Hybridzellen in HAT-Medium getestet wurden, konnte durch Vergleich der Bruchpunkte die Lage des TK-Gens ermittelt werden (4) (nach RUDDLE, 1974) (anstelle von HaT lies HAT)

muster läßt sich auf die Lokalisierung der 3 X-chromosomalen Gene schließen: sie befinden sich auf dem langen Arm des X-Chromosoms.

Die regionale Zuordnung von Genen zu spezifischen Chromosomen-Abschnitten kann auch mittels Translokationen und Deletionen erreicht werden, die im Verlaufe der Kultivierung von Hybridzellen spontan entstehen oder durch Einwirkung von geeigneten chemischen Substanzen, energiereicher Strahlung oder durch Infektion der Zellen mit verschiedenen Viren experimentell induziert werden können (43). In Abb. 54 ist die Kartierung des Gens für das Enzym Thymidinkinase (TK) mittels dieser Technik graphisch dargestellt. Bei der Testung verschiedener Maus (TK^-)/Mensch (TK^+) -Hybridzellen wurde u. a. eine Linie isoliert, die eine spontane Translokation zwischen einem Maus-Chromosom und dem langen Arm des menschlichen Chromosom Nr. 17 aufwies und die Menschen-spezifische TK synthetisierte. Daraufhin wurde geschlossen, daß sich das menschliche Gen für TK auf dem langen Arm des Chromosoms Nr. 17 befindet. Zur Feinkartierung des TK-Gens wurde nun eine Eigenschaft des Adenovirus 12 ausgenutzt, nach Infektion menschlicher Fibroblasten bevorzugt Brüche innerhalb einer bestimmten Region des Chromosoms Nr. 17 („uncoiler-Region") auszulösen. Hybridzellen, in denen die oben charakterisierte Maus/Mensch-Translokation das einzig nachweisbare menschliche Chromosomen-Fragment war, wurden daraufhin mit unterschiedlich hohen Konzentrationen von Adenoviren des Typs 12 infiziert und unter HAT-Selektionsbedingungen auf das Vorhandensein der TK-Aktivität geprüft. Eine detaillierte Analyse von Hybridzellen, die unterschiedliche Deletionen im langen Arm des Chromosoms Nr. 17 aufweisen, erlaubte die Zuordnung des TK-Gens auf einen streng definierten Abschnitt des langen Arms des menschlichen Chromosoms Nr. 17.

Obgleich diese grundlegenden Methoden der Chromosomenkartierung relativ einfach und logisch erscheinen, haben erst eine Reihe von verfeinerten Techniken zu einer effektiveren und präziseren Aussage beigetragen. So ist es in der Praxis nicht einfach, genügend Hybridzellen zu isolieren, die nur ein menschliches Chromosom enthalten. Mit Hilfe eines sog. „Clone panel"-Musters ist es möglich, diese Schwierigkeiten zu umgehen, ohne den Aussagewert einer „1-Chromosomen"-Hybridzelle herabzusetzen.

		Menschl. Chromosomen							
		1	2	3	4	5	6	7	8
Hybrid Klone	A	+	+	+	+	−	−	−	−
	B	+	+	−	−	+	+	−	−
	C	+	−	+	−	+	−	+	−

Abb. 55. „Clone-Panel"-Muster der Chromosomenkartierung.
Ein „Panel" von 3 Hybrid-Klonen, von denen jeder einen einheitlichen Satz von 8 Chromosomen enthält, wird auf die Anwesenheit oder Abwesenheit eines bestimmten Genprodukts getestet. Das daraus entstehende Muster kann für jedes der 8 Chromosomen spezifiziert werden. Wenn z. B. ein Enzym nur in dem Hybrid-Klon C nachweisbar ist, kann das entsprechende Gen dem Chromosom Nr. 7 zugeordnet werden (nach RUDDLE, 1974)

Am einfachsten kann diese Technik an Hand der Abb. 55 illustriert werden. In diesem Schema sind 3 Hybridklone dargestellt, von denen jeder 4 unterschiedliche Chromosomen der zur Demonstration herausgegriffenen Chromosomen 1—8 enthält. Jeder der 3 Hybridklone ist durch eine einheitliche binäre Kombination für das Vorhandensein oder Fehlen jedes der 8 Chromosomen charakterisiert: so ist z. B. Chromosom Nr. 7 in den 3 Hybriden mit der Sequenz —; —; +; vertreten. Diese und alle übrigen Sequenzen für die Chromosomen 1—8 bezeichnet man jeweils als ein „panel". Wird nun z. B. das Panel des Chromosoms Nr. 7 auf das Vorhandensein des Enzyms X untersucht und der Test fällt positiv aus, so muß das entsprechende Gen auf dem Chromosom Nr. 7 lokalisiert sein. Bei einem „clone panel"-Test von 5 Hybridklonen mit einer Kombinationswahrscheinlichkeit von 2^5 können theoretisch alle menschlichen Chromosomen erfaßt werden. Das Panel-Konzept kann in verschiedener Weise erweitert werden, z. B. auf die potentielle Erfassung von Genen durch Selektion von Hybridzellen, die über eine unterschiedliche Anordnung von Regionen eines spezifischen Chromosoms verfügen.

Eine vielversprechende neue Technik der Chromosomenkartierung verspricht die Übertragung isolierter Metaphasechromosomen in entsprechende Empfängerzellen zu werden (vgl. Kapitel 6.3.4.). Die Ergebnisse von WILLECKE und RUDDLE (44) zeigen, daß bei der Übertragung von isolierten menschlichen Metaphase-Chromosomen (Hela-Zellen) in Maus-A9-Empfängerzellen unter HAT-Selektionsbedingungen nicht mehr als 1% des menschlichen Genoms ($\sim 5 \times 10^7$ Basenpaare) übertragen wird.

Auch die in situ-Hybridisierung von spezifischen Chromosomen mit radioaktiv markierten spezifischen RNA-Transkripten oder cDNAs hat sich für die Feinanalyse von Chromosomen als überaus wertvoll erwiesen. So wurden z. B. die Kodierungs-Regionen für die 18 S und 28 S ribosomalen RNAs auf den kurzen Armen der menschlichen Chromosomen 13, 14, 15, 21 und 22 nachgewiesen (45), während 5 S ribosomale RNA-Transkripte spezifisch an einer distalen Region des langen Arms von Chromosom Nr. 1 binden (46) und Globin-Zistrons auf den Chromosomen Nr. 2 und Nr. 4 gefunden wurden (47).

Die überwiegende Zahl der bisher kartierten Gene gehört zu den sog. „konstitutiven" Genen, die im Verlaufe des gesamten Lebenszyklus einer Zelle aktiv sind und bestimmte Enzyme oder andere Proteine ständig neu kodieren. Dazu zählen wir die meisten der hier besprochenen Gene. Andererseits gibt es aber auch Gene, die nur dann von der Zelle aktiviert werden, wenn diese auf einen spezifischen äußeren Reiz antwortet. Auch letztere Gene können in geringer Modifikation mit den geläufigen Kartierungs-Techniken kartiert werden.

So sind z. B. die menschlichen Chromosomen Nr. 2

und Nr. 5 für die Bildung des menschlichen Interferons notwendig. Es ist nicht bekannt, ob die auf diesen Chromosomen lokalisierten Gene das Interferon wirklich kodieren, ob Wechselwirkungen zwischen ihnen bestehen oder ob eventuell noch andere Gene für die Wirkung des Interferons notwendig sind (evtl. Chromosom Nr. 21). Weiterhin scheint der Diphtherietoxin-Rezeptor-Ort wahrscheinlich von einem Gen kodiert zu werden, daß sich auf dem Chromosom Nr. 5 befindet, der Poliomyelitis-Rezeptor-Ort von einem Gen, das auf Chromosom Nr. 19 kartiert worden ist.

Auch bei der Kartierung einer bedeutenden Anzahl sog. „schweigender Gene", d. h. Gene, die bei Kreuzungen keine Spaltung zeigen, und die deshalb früher für die genetische Analyse unerreichbar waren, eröffnet die Zellhybridisierung neue Möglichkeiten. In diesen Fällen kann die Kartierung der Gene, die die Struktur der Proteine bestimmen, nur durch die Ähnlichkeit der einander entsprechenden Strukturen, d. h. hybridisierten Arten, begrenzt werden. Die Überwindung solcher Hindernisse ist möglich durch die Wahl eines Fusionspartners, bei dem die Struktur dieses Enzyms eine andere ist (48).

Trotz der beeindruckenden Erfolge, die ohne Zweifel bei der Kartierung menschlicher Chromosomen erreicht wurden, sind der breiteren Anwendung dieser Techniken zur Zeit noch Grenzen gesetzt.

Neben Schwierigkeiten, die z. B. durch unkontrollierte Translokationen und andere Chromosomen-Rearrangements sowie bei zufälligen Vereinigungen unpassender Marken („unlinked marker") entstehen und eine präzise Aussage erschweren, liegt augenblicklich ein Hauptmangel in der ungenügenden Reserve geeigneter (Nager-) Zell-Mutanten sowie in der ziemlich einseitigen Verwendung der Selektion nach LITTLEFIELD, die möglicherweise selbst einen Einfluß auf das Segregationsverhalten von Chromosomen haben könnte. Möglichkeiten zur Verbesserung der Chromosomen-Kartierungstechnik liegen vor allem in der Verfeinerung der Chromosomen-Banding-Techniken und der Suche nach neuen Substanzen, die eine noch bessere Chromosomen-Differenzierung ermöglichen. So wurde z. B. gefunden, daß der Benzimidazol-Fluoreszenz-Farbstoff „Hoechst 33258" zu einer intensiven Färbung

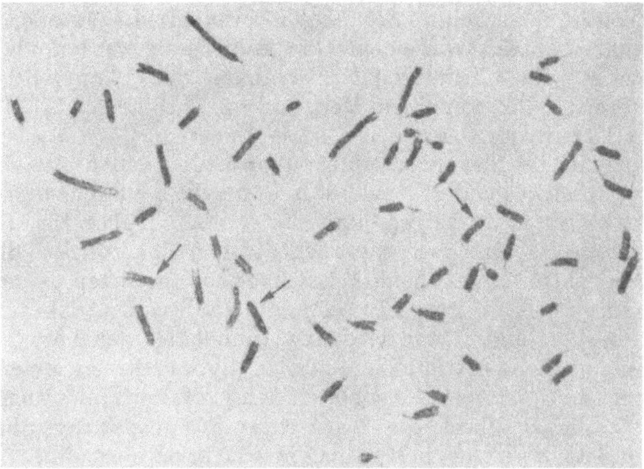

Abb. 56. Karyotyp einer Rag-Maus-Zelle, die 14 Stunden lang mit „33258 Hoechst" behandelt wurde. Die Pfeile markieren Chromosomen, die keine Erweiterung der perizentrischen Region aufweisen. (nach KIM und GRZESCHIK, 1974).

des konstitutiven Chromatins sowie zur Erweiterung des perizentrischen Areals der meisten Maus-Metaphase-Chromosomen führt, während menschliche Chromosomen von dem Farbstoff unbeeinflußt blieben (49) (s. Abb. 56).

Verschiedene Modifikationen bei der Anwendung dieses Farbstoffes (dessen Wirkung durch Bromdesoxyuridin (BUdR) ausgelöscht wird und z. B. nach Chromosomen-replikation in Anwesenheit von BUdR und anschließender Färbung mit „Hoechst 33258" zu einer differenzierten Färbung der Schwestern-Chromatiden führt) haben die

Unterscheidung zwischen Nager- und Menschen-Chromosomen in letzter Zeit wesentlich erleichtert.

Eine andere Möglichkeit zur Unterscheidung menschlicher und Nager-Chromosomen bietet die Giemsa-Färbetechnik, wenn die Chromosomen vor der Färbung bei einem pH-Wert von 11 behandelt wurden (G 11-Banding) (50). Diese Behandlung verleiht den menschlichen und den Nager-Chromosomen eine klar unterschiedliche Anfärbung entlang ihrer gesamten Länge. Die exakte Identifikation einzelner (menschlicher) Chromosomen kann dann mittels einer der verschiedenen Banding-Prozeduren durchgeführt werden (vgl. Kapitel 1).

5.7. Chromosomenkartierung bei Primaten und anderen Säugern

Über Karyotyp-Untersuchungen an Primaten mittels verschiedener Banding-Techniken liegen zahlreiche Untersuchungen vor. Wie es scheint, gibt es eine ausgeprägte Homologie zwischen den Chromosomen des Menschen und denen höherer Primaten (6). Unterstützt wird diese Annahme durch einen Befund, daß z. B. nach Trisomie des Chromosoms 21 bei Schimpansen ganz ähnliche anatomische, neurologische und Verhaltens-Abnormitäten beobachtet wurden wie bei einer vergleichbaren Erbkrankheit des Menschen (Down's-Syndrom) (51). Mittels geeigneter Nager/Primaten-Hybridzellen (mit einem scheinbar unilateralem Verlust der Primaten-Chromosomen) sowie durch in-situ-Hybridisierungsexperimente (vgl. Kap. 5.6.1.) konnten diese Homologie-Beziehungen beträchtlich erweitert werden. So konnten z. B. nach der Selektion von Maus/Afrikanische Grüne Meerkatzen (AGMK)-Hybridzellen die AGMK-Gene für Thymidinkinase und Galaktokinase auf einem Chromosom lokalisiert werden, das dem menschlichen Chromosom Nr. 17 stark ähnelt. Auch der (oder einer der) SV 40-Virus-Integrationsort scheint sich auf einem dem menschlichen

Chromosom Nr. 7 ähnlichen AGMK-Chromosom zu befinden (52). In-situ-Hybridisierungs-Experimente haben gezeigt, daß die r-RNA-Gene beim Schimpansen auf 5 Paare akozentrischer Chromosomen verteilt sind (beim Menschen sind das die Chromosomen Nr. 13, 14, 15, 21 und 22), wobei das scheinbar mit dem entsprechenden menschlichen Chromosom vergleichbare Chromosom Nr. 15 keine r-RNA-Gene zu enthalten scheint, während das Schimpansen-Chromosom Nr. 18 solche Sequenzen enthält (53).

Neben den ersten Chromosomen-Karten für höhere Primaten liegen solche mittlerweile auch für die Maus, eines der wichtigsten Versuchstiere, vor (6).

Wie wir eingangs bereits feststellten, eröffnet die Methode der Hybridisierung somatischer tierischer Zellen die Möglichkeit zur Chromosomen-Kartierung bei beliebigen Tierarten. Dazu ist es jedoch notwendig, solche Partner zu finden, deren Hybride durch die selektive Eliminierung der Chromosomen der zu kartierenden Spezies charakterisiert werden. Nach Shapiro (54) hat letzteres „nicht nur akademisches Interesse, sondern auch praktisches, wenn die Rede von landwirtschaftlichen Tieren ist. Im Resultat solcher Forschungen wird die Kenntnis der Genetik landwirtschaftlicher Tiere schnell fortschreiten, und das wird sich zweifellos fruchtbar auf die Effektivität der selektiven Arbeit auswirken. Insbesondere weisen wir auf die sich hier eröffnenden Möglichkeiten bei der Untersuchung der Rolle einzelner Chromosomen landwirtschaftlicher Tiere hin."

5.8. Weitere Anwendungsgebiete der Hybridisierung tierischer somatischer Zellen

Die Hybridisierung tierischer (menschlicher) somatischer Zellen hat bei der Kartierung menschlicher Chromosomen ihr z. Z. wohl bedeutendstes und wichtigstes Anwendungsgebiet gefunden. Es ist aber nur eines unter vielen und solche grundlegenden und komplexen biologischen Frage-

Tabelle 12
Einige Anwendungsgebiete der Hybridisierung tierischer somatischer Zellen

Aufklärung grundlegender zellulärer Mechanismen
Zelldifferenzierung
Analyse früher embryonaler Entwicklungsprozesse
Charakterisierung von Zellmutanten
Aufklärung von Erbdefekten
Beiträge zur Aufklärung der malignen Entartung von Zellen
Tumorimmunologie
Regulation der DNA- und RNA-Synthese
Regulation der Genexpression
Gentransfer
Enzymologie
Membranforschung
Virus-Rescue
Virusvermehrung
Virus-Wirtszell-Beziehungen
Chromosomen-Kartierung

stellungen wie z. B. die Regulation der Genexpression, Zelldifferenzierung sowie Probleme der malignen Entartung von Zellen sind durch Zell-Hybridisierung detaillierteren Untersuchungen zugänglich gemacht worden. In Tabelle 12 sind einige der wichtigsten Anwendungsgebiete der Hybridisierung somatischer Zellen zusammengefaßt, von denen wir im folgenden einige Bereiche herausgreifen wollen, die uns wegen ihrer grundlegenden Bedeutung für die molekularbiologische sowie medizinisch-biologische Forschung besonders wichtig erscheinen.

5.8.1. *Die Anwendung der Hybridisierung somatischer Zellen bei der Aufklärung der Regulation der Genexpression*

Eine der wichtigsten Möglichkeiten der Anwendung der Hybridisierung somatischer Zellen der Säuger ist ihre Ausnutzung für die Aufklärung der Wirkungsweise der Gene sowie der Mechanismen der Genregulation.

Im Verlaufe ihrer Differenzierung unterliegen bestimmte Zellen (-Verbände) mehr oder weniger ausgeprägten Veränderungen ihres zellulären Synthesemusters. Dieser Prozeß äußert sich einerseits in einer Reduktion verschiedener Syntheseleistungen (so läßt sich z. B. in den Kernen der stark differenzierten Hühner-Erythrozyten keine RNA- und DNA-Synthese nachweisen) und andererseits in erhöhten Syntheseraten oder Neusynthesen spezifischer Proteine.

Die Fortschritte der in-vitro-Kultivierung tierischer und menschlicher Zellen haben es ermöglicht, unter gewissen Bedingungen auch voll differenzierte Zellen über längere Zeiträume zu kultivieren, ohne daß sie ihre charakteristische Zellfunktion (bzw. das entsprechende Zellprodukt) verlieren. Besondes anschaulich verdeutlichen das Experimente von Königsberg (55) an Ratten- und Hühnchen-Muskelzellen, von Coon (56) an Hühnchen-Knorpelzellen und von Cahn u. Cahn (57) an Hühnchen-Retina-Pigmentzellen. Diese Zellen synthetisieren unter geeigneten Bedingungen auch in vitro ihre für in-vivo-Verhältnisse charakteristischen Zellprodukte: Aktin und Myosin, Chondroitin-Sulfat bzw. Melanin.

Damit sind die experimentellen Grundlagen für die Verwendung differenzierter Zellen in Zellhybridisierungs-Experimenten gegeben.

Wie bereits mehrfach betont worden ist, sind die Genome beider Elternzellen in den Hybridzellen funktionsfähig. Die Analyse der phänotypischen Unterschiede zwischen Hybrid- und Elternzellen wird aber häufig durch eine oft unbestimmte Gen-Dosis kompliziert, da die Karyotypen der am häufigsten benutzten Zellen aneuploid und relativ unstabil sind. In diesen Fällen ist es schwierig, zu unterscheiden, ob der hybride Phänotyp die Summe der elterlichen Beiträge repräsentiert oder ob er aus unbekannten Wechselwirkungen zwischen den Elterngenomen resultiert.

Um diese Schwierigkeiten zumindest einzuengen, muß die Erforschung der Gesetzmäßigkeiten der Wirkungsweise der Gene immer mit einer exakten Chromosomenanalyse verbunden werden. Es bleibt den experimentellen Bedingungen und gewunschten Fragestellungen überlassen, ob mit Heterokaryons (die wegen fehlender Kernverschmelzung und Chromosomensegregation zwar einen stabilen Chromosomensatz beider Eltern, aber nur eine begrenzte Lebensfähigkeit haben) oder Synkaryons gearbeitet wird.

Wegweisend für die Einbeziehung der Zellfusion für die Aufklärung der Prozesse der Zelldifferenzierung waren die Experimente der Wissenschaftler-Gruppe um H. Harris in Oxford (England). Die Wissenschaftler gingen davon aus, relativ undifferenzierte Zellen (in der Regel sind das Fibroblasten) mit hoch spezialisierten Zellen zu fusionieren und in den Fusionsprodukten die Modulation bestimmter Gene, d. h. die Besonderheiten des Auftretens einzelner Gene und deren Regulation in den differenzierten Zellen zu verfolgen. Ausgangspunkt ihrer Experimente waren Heterokaryons zwischen relativ undifferenzierten Maus-Fibroblasten und hoch differenzierten Hühnchen-Erythrozyten, von denen letztere die Fähigkeit zur DNA- und/oder RNA-Synthese verloren hatten. In allen Heterokaryons induzierten die Nukleinsäure-Synthese aktiven Partner die „ruhenden" Synthesen der hoch differenzierten Zellen. Aus Versuchen mit Heterokaryons von Röntgen-bestrahlten Maus-A9-Zellen (die Röntgenbestrahlung wurde angewendet, um die Funktionsfähigkeit des Maus-Zellkerns zu zerstören) und Hühnchen-Erythrozyten schlossen Harris et al. (58) sowie Deak et al. (59), daß das Auftreten von Hühnchen-spezifischen Genfunktionen zeitlich korreliert ist mit dem Auftreten von Nukleoli in Heterokaryons und daß wahrscheinlich die Nukleoli eine zentrale Rolle beim Transport der informativen RNA in das Zytoplasma spielen. Während die Induktion der DNA und/oder RNA-Synthese in differenzierten Zellen durch Nukleinsäure-aktive Zellen ein eindeutiger, reproduzierbarer Befund ist, stellten sich Untersuchungen über die Expression weiterer phänotypischer Merkmale in differenzierten Zellen als wesentlich komplexer und komplizierter heraus. Abgesehen davon, daß die Situation dadurch kompliziert wird, daß verschiedene Funktionen differenzierter Zellen z. T. nicht mehr nachgewiesen werden können, wenn sie z. B. mit den Antimetaboliten der gebräuchlichen Selektionssysteme oder allein schon mit undifferenzierten Zellen in Kontakt gebracht werden sowie unter Berücksichtigung der eingangs erwähnten, z. T. unklaren Gen-Dosis-Beziehungen, können wir im Prinzip folgendes „Expressions-Muster" für eine spezifische elterliche Genfunktion in den Hybridzellen aufstellen:

— Kodominanz

In den Fusionsprodukten wird die gleiche spezifische Aktivität wie in den Elternzellen gefunden.

Neben verschiedenen enzymatischen Aktivitäten wurde dieses Verhalten auch für bestimmte Antigene beider Elternzellen in den Hybridzellen nachgewiesen. Allerdings ist die scheinbar „kodominante" Ausprägung dieser Antigene besonders stark von zellulären Faktoren beeinflußbar.

— indermediäre spezifische Aktivität

Nach der Fusion verschiedener Maus-Zellen mit hohen bzw. niedrigen Syntheseraten an Kollagen und/oder Hyaloronsäure wurden unter den isolierten Hybridzellen solche gefunden, die im Vergleich zu den Elternzellen mittlere Mengen beider Substanzen produzierten (60). Ähnliche Ergebnisse sind auch von Hybridzellen beschrieben worden, die nach der Fusion von Mauszellen mit hoher bzw. geringer Folatreduktase-Aktivität isoliert wurden (61).

— Verlust der spezifischen Aktivität

Hybridzellen aus der Fusion zwischen pigmentierten, melanomischen Hamsterzellen und unpigmentierten Mauszellen sind in der Regel nicht pigmentiert (62, 63). Dieser Verlust resultiert wahrscheinlich aus der Repression der Enzyme DOPA-oxidase und möglicherweise Tyrosinase infolge eines zytoplasmatischen Suppressors der Melaninsynthese, der durch die nicht pigmentierte Zelle eingeführt wird, und nicht infolge einer Hemmung der Enzym-Aktivität und -Stabilität.

Die Hypophysenzellen der Ratte produzieren ein Wachstumshormon, während die Zellen des Fusionspartners, in diesem Falle der Maus, diese Eigenschaft nicht besitzen. Die Hybride enthalten das Wachstumshormon nicht (64). Die Leberzellen der Maus sind in der Lage, Glykogen zu speichern, während es Maus-Fibroblasten nicht vermögen. In den Hybrid-Zellen wird kein Glykogen nachgewiesen (65).

— Induktion einer spezifischen Aktivität

Ein sehr anschauliches Beispiel liefert die Induktion der Interferon-Bildung in Maus × Syrische Hamster-Hybridzellen (66). Während die verwendeten Mauszellen hohe, die Hamsterzellen dagegen nur sehr geringe Mengen an Interferon produzieren, wurde in den Hybridzellen nicht nur ein hohes Maus-Interferon-Niveau festgestellt, sondern auch eine gegenüber den Elternzellen zehnfach erhöhte Hamster-Interferon-Aktivität nachgewiesen.

Von besonderem Interesse ist, daß die identische oder veränderte Ausprägung von Enzymen und anderen Markern der differenzierten Zelle in Hybridzellen sowohl nach verschiedenen separaten Fusionsereignissen als auch innerhalb einer Hybridklon-Population gefunden werden kann. In erster Linie sind dafür neben der experimentell beeinflußbaren Wechselwirkung zwischen den Elternzellen vor allen Dingen chromosomale Inbalancen verantwortlich. So ist es auch schwierig, eindeutig von positiven oder negativen Kontrollen der Genexpression wie etwa in der Bakteriengenetik zu sprechen. Der Versuch einer solchen Zuordnung soll hier an Hand einiger Beispiele demonstriert werden. So wird in wenigstens 2 Fällen das Vorliegen einer negativen Kontrolle der Genexpression vermutet, wobei das Wiedererscheinen einer bestimmten Genfunktion mit dem Verlust spezifischer Chromosomen in der Hybridzelle korreliert ist. Gewöhnlich betrachtet man solche Fälle als Beispiele einer negativen Regulation der Genexpression, bei der die Ablesung bestimmter Strukturgene der differenzierten Zelle in der Hybridzelle durch einen Repressor unterdrückt wird, dessen Synthese von einem Regulatorgen gesteuert wird und das von der nicht differenzierten Zelle in die Hybridzelle hineingebracht wird. Natürlich sind solche Folgerungen über die Anwesenheit eines Regulatorgens am überzeugendsten, wo es gelang, sie auf einem bestimmten Chromosom zu lokalisieren. Werden Maus-Adenokarzinom-Zellen, die zur Synthese einer spezifischen Esterase (ES-2) befähigt sind, mit anderen Maus- oder Menschenzellen fusioniert, die diese Fähigkeit nicht besitzen, kann die Esterase in den Hybridzellen nicht mehr nachgewiesen werden. Deren Synthese wird aber neu induziert, wenn aus der Hybridzelle ein bestimmtes Chromosom aussegregiert. Im vorliegenden Fall ist das wahrscheinlich das menschliche Chromosom Nr. 10 (67). Daher ist die Schlußfolgerung berechtigt, daß im menschlichen Chromosom Nr. 10 ein Gen lokalisiert ist, das die Synthese der ES-2 unterdrückt.

Auch die Fusion von Ratten-Hepatom-Zellen, bei denen das Enzym Tyrosin-amino-Transferase (TAT) unter bestimmten Bedingungen induzierbar ist, mit Menschen-Fibroblasten, die keine induzierbare TAT haben, liefert Hybridzellen, in denen nur geringe Mengen des Enzyms Tyrosin-amino-Transferase induzierbar sind. Die Enzymsynthese wird aber neu induziert, wenn 30—40% der Hybrid-Chromosomen, aber darunter immer das menschliche X-Chromosom, eliminiert worden sind (68). Anhand mehrerer Befunde ist auch auf das Vorliegen einer positiven Kontrolle der Genexpression geschlossen worden, wobei die Expression einer Genfunktion der einen Spezies korreliert ist mit dem Vorhandensein eines bestimmten Chromosoms der anderen Spezies. So wiesen Carlson u. Mitarb. (69) nach der Fusion von Hühnchen-Erythrozyten mit embryonalen Ratten-Myotubulus-Zellen in den Hybridzellen Hühnchen-spezifisches Myosin nach. Peterson u. Weiss (70) demonstrierten die Aktivierung von Maus-Fibroblasten-Genen zur Synthese von Maus-spezifischem Albumin und Kao u. Puck (39) entdeckten eine Korrelation in der Synthese einer Chinesischen Hamsterzell-spezifischen Esterase und der Anwesenheit eines menschlichen Chromosoms der B-Gruppe in Chinesischen Hamster × Mensch-Hybridzellen.

Bei der Hybridisierung somatischer Zellen werden sogar noch weniger übersichtliche Verhältnisse beobachtet. Diese Kompliziertheit entsteht, wenn die Hybride ein ungewöhnliches Verhältnis von Chromosomensätzen der Ausgangseltern enthalten.

In Hybridzellen, bei denen die Gen-Dosis der Eltern variiert wurde, wird die Kontrolle der Genexpression als eine Balance von Faktoren, die auf 2 oder mehreren Chromosomen lokalisiert sind, interpretiert. Die Abhängigkeit der Genexpression von der Zahl der Chromosomen jeder Spezies läßt sich am Beispiel der Regulation der r-RNA-Synthese in verschiedenen interspezifischen Hybriden nachweisen. So wurde in mehreren Hybridzellen eine disproportional größere Menge an r-RNA der Spezies nachgewiesen, die eine höhere Ausgangsploidie aufwies (71). Interessant, aber bisher ungeklärt, ist der Befund, daß in Heterokaryons, die nach der Fusion von Mensch × Mauszellen isoliert wurden, sowohl menschliche-, als auch Maus-spezifische rRNA nachgewiesen werden konnte, in den entsprechenden Hybridzellen in der Regel aber nur Maus-r-RNA gefunden wurde (72). Auch von der der Analyse neuronaler Phänotypen in Neuroblastom-Hybriden (73) und der Charakterisierung der für die Pigmentierung mancher Zellen verantwortlichen Gene sind weitere Einzelheiten über das Verhältnis der Gen-Dosis der Eltern zu der Expression bestimmter Gene zu erwarten.

Wie wir bereits erwähnten, fehlen nach der Fusion von Melanomzellen des Syrischen Hamsters mit nicht pigmentierten Zellen der Maus in den Hybridzellen die für die Pigmentierung verantwortlichen Enzyme. Wenn aber andererseits vom Syrischen Hamster 2 Chromosomensätze in der Hybridzelle enthalten sind, von der Maus aber nur einer, sind ca. 50% der Hybridzellen pigmentiert (74).

Gliomazellen der Ratte synthetisieren das Enzym

Glyzerophosphatdehydrogenase, das durch Hydrokortison induziert werden kann. In den Fibroblasten der Maus ist die Menge des Enzyms sehr gering und nicht induzierbar. In Hybridzellen, die ein Verhältnis der elterlichen Chromosomensätze von 1:1 aufweisen, kann keine induzierbare Glyzerophosphatdehydrogenase nachgewiesen werden. Enthält die Hybridzelle aber 2 Chromosomensätze der Ratte und nur einen der Maus, ist das Enzym wie in den Rattenzellen durch Hydrokortison induzierbar (75).

Mit diesen wenigen Beispielen ist die Aufzählung der Untersuchungen über die Regulation der Genexpression, die durch Hybridisierung von somatischen tierischen Zellen gewonnen wurden, bei weitem noch nicht erschöpft. Sie zeigen aber die Potenzen und Perspektiven, die diese Methode für eine der wichtigsten Forschungsdisziplinen der molekularen Biologie hat.

5.8.2. Die pränatale Diagnose

Die pränatale Diagnose schafft schon heute hoffnungsvolle Voraussetzungen für die vorgeburtliche Erkennung von verschiedenen Erbdefekten. Trotz aller Fortschritte liegt einer der Hauptmängel dieser Methode noch immer in der relativ kleinen Zahl der erfaßbaren genetischen Marken. Die pränatale Erfassung von genetischen Defekten ist z. Z. begrenzt auf die Erkennung chromosomaler Abnormitäten sowie auf den Nachweis einiger Enzyme aus Fibroblasten, den einzigen Zellen, die sich relativ leicht aus Amnion-Flüssigkeit gewinnen lassen.

Aus den Ergebnissen der Anwendung der Hybridisierung somatischer Zellen für die Kartierung von Chromosomen sowie für die Modulation der Genexpression erwachsen neue Möglichkeiten für die Erfassung von Genen durch die pränatale Diagnose. Die erste dieser potentiellen Möglichkeiten basiert auf Befunden von Darlington u. Bernhard (76) über die Regulation der Albumin-Syn-

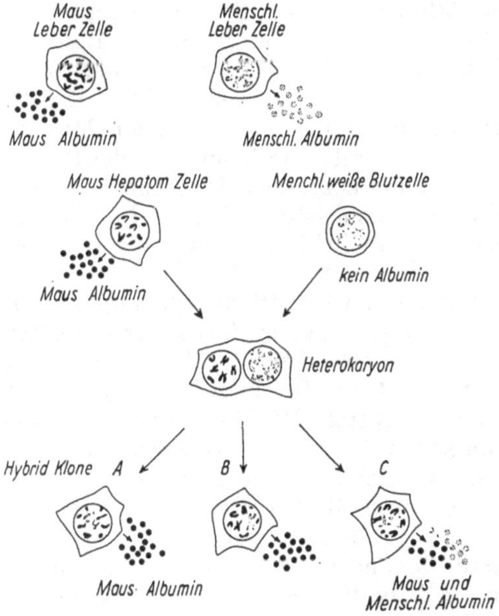

Abb. 57. Aktivierung reprimierter Gene in Hybridzellen

Sowohl in Leberzellen oder Hepatomzellen der Maus als auch in menschlichen Leberzellen werden Albumin-kodierende Gene exprimiert. Andererseits fehlt die Albumin-Synthese in menschlichen Leukozyten. Nach Fusion von Maus-Hepatom-Zellen mit menschlichen Leukozyten kann in allen Hybridzellen Maus-spezifisches Albumin nachgewiesen werden. Einige der Hybride enthalten neben Maus-spezifischem Albumin auch menschliches Albumin. Beide Proteine können mittels immunochemischer Methoden unterschieden werden (nach Darlington und Bernhard, 1974)

these in Maus-Mensch-Hybridzellen sowie auf den in Kapitel 5.8.1. beschriebenen Beobachtungen über die Aktivierung reprimierter Genfunktionen in Hybridzellen (75). Darlington u. Bernhard wiesen nach, daß Hybridzellen aus Maus-Hepatomzellen und menschlichen Leukozyten sowohl Maus- als auch Menschen-spezifisches Albumin synthetisierten, obwohl in den menschlichen

Leukozyten das Albumin-Gen normalerweise reprimiert ist (Abb. 57). Diese Aktivierung bestimmter Zellfunktionen in Hybridzellen ist die Grundlage einer ersten Modifikation der pränatalen Diagnose, der direkten Ermittlung durch Aktivierung (DDA-direct detection by activation). Durch diese Modifikation können solche Phänotypen erfaßt werden, die normalerweise nicht in amniotischen Zellen nachgewiesen werden können, durch geeignete Bedingungen mittels Zellfusion dort aber aktiviert werden.

Eine zweite Modifikation betrifft die Phänotypen, die normalerweise nicht auf zellulärer Ebene erfaßt werden oder für die noch keine geeigneten biochemischen Tests zur Verfügung stehen. Diese Bestimmung erfolgt durch indirekte Ermittlung mittels Positionsbestimmung der betreffenden Marker auf den Chromosomen (IDL — indirect detection by linkage). Die Methode erfordert, daß sich der zu ermittelnde Marker (D-(defective) Marker) in enger Nachbarschaft eines sogenannten Indikator-Markers (I-Marker) befindet. Dabei sind exakte Informationen über die Lage-Beziehungen zwischen den D- und I-Genen notwendig, um das Risiko der Übertragung des D-Gens auf den Foetus zu kalkulieren. Inzwischen sind derartige Positions-Kombinationen für eine Reihe von Markern beschrieben worden. So existiert z. B. eine enge Nachbarschaft zwischen dem Haemophilie A-Lokus (G-Gen) und dem G6PD-Gen (I-Gen) (77).

Es bleibt abzuwarten, ob diese weitreichenden Konsequenzen der Zellhybridisierung der pränatalen Diagnose einen breiteren Anwendungsbereich ermöglichen.

5.8.3. *Die Analyse embryonaler Entwicklungsprozesse*

Die Fusionstechnik ist in den letzten Jahren nicht nur auf die Fusion somatischer Zellen beschränkt geblieben, sondern auch erfolgreich bei der Fusion von Eizellen untereinander (63), von Eizellen mit somatischen Zellen

(78) sowie von Spermazellen mit somatischen Zellen (79) angewendet worden. Mittels dieser Techniken ist es z. B. möglich, in entkernte Eizellen oder 1—2-Zell-Embryos von Mäusen Kerne aus somatischen Zellen einzuführen und die Fusionsprodukte weiterzuvermehren (78). Diese Experimente eröffnen einen völlig neuen Weg zur Untersuchung früher embryonaler Entwicklungsprozesse und bieten eine potentielle Möglichkeit zur Züchtung neuer Haustierrassen oder zur Klonierung von Hochleistungstieren.

5.8.4. Die Anwendung der Hybridisierung somatischer Zellen für das Studium der malignen Entartung von Zellen[1])

Von allen Zellen, die für die ersten Fusions-Experimente benutzt wurden, war mindestens eine malignen Urpsrungs, oder mittels eines onkogenen Virus transformiert worden. Zu dieser Zeit war das vielfach ein rein technisches Problem, weil im allgemeinen maligne Zellen miteinander besser fusionieren als in Kombination mit nicht malignen Zellen oder als nicht maligne Zellen untereinander. So wurde schon sehr früh in der Geschichte der Hybridisation somatischer Zellen dem Merkmal „maligne" besondere Aufmerksamkeit geschenkt. Von wenigen Ausnahmen abgesehen, ließ sich durch Inokulation der Hybridzellen in geeignete Versuchstiere immer wieder nachweisen, daß die hoch malignen Eigenschaften einer Elternzelle auch in den Hybridzellen ausgebildet werden. Die meisten der damals getesteten Hybridzellen waren spontan entstanden und karyologisch gut charakterisiert. Eine karyologische

[1]) Malignität wird hier verstanden als die Fähigkeit von Zellen zu unbegrenztem und ungerichtetem Wachstum, das einhergeht mit dem teilweisen oder oft unvollständigem Verlust der normalen histologischen Struktur, den physiologischen Eigenschaften und der Organisation sowie der Invasion der Zellen in das umgebene Gewebe. Ihr Nachweis resultiert in den vorliegenden Beispielen aus der Kapazität geringer Zell-Inokulationen in neugeborenen, bestrahlten und immunologisch definierten Versuchstieren, Tumore zu erzeugen

Testung der aus den Hybridzellen hervorgegangenen Tumore wurden aber kaum vorgenommen. Alles in allem führten diese Experimente zu dem Schluß, daß die malignen Eigenschaften einer Elternzelle sich „dominant“ in der Hybridzelle ausprägen. Erst im Jahre 1969 wurde diese Anschauung ernstlich in Frage gestellt. H. Harris, G. Klein u. Mitarb. testeten eine große Anzahl von Hybridzellen, die sie nach der Fusion dreier unterschiedlicher, hoch maligner Mäuse-Aszites Tumore mit schwach malignen Maus-Fibroblasten der permanenten A 9 (L) Linie isoliert hatten, durch Inokulation in Mäuse geeigneten Genotyps auf ihre malignen Eigenschaften (80). Es stellte sich heraus, daß die Malignität der Hybridzellen etwa der der Maus A9-Zellen entsprach, mit anderen Worten ausgedrückt, daß die hohe Malignität der Maus-Aszites-Zellen in den Hybridzellen reprimiert wird. Eine karyologische Analyse dreier, nach Inokulation der Hybridzellen isolierter Tumore erbrachte den Nachweis für eine starke Reduktion der Chromosomenzahl in den Hybriden (ca. 80 anstelle von 128 Chromosomen), wobei insbesondere die Zahl der zweiarmigen A9-Chromosomen stark verringert war (von 24 auf etwa 4). Ein ähnlicher Chromosomenverlust ist auch nach verlängerter in-vitro-Kultivierung der Hybridzellen beobachtet worden, betraf jedoch niemals bevorzugt die zweiarmigen Maus A9-Chromosomen und führte auch nicht zu einer erhöhten Malignität der gesamten Population. Diese Untersuchungen legen die Vermutung nahe, daß die Suppression der Malignität von Maus-Aszites-Zellen durch spezifische Maus-A9-Chromosomen gesteuert wird und daß offenbar in den inokulierten Versuchstieren Hybrid-Segregantenzellen selektioniert werden, die diese spezifischen Chromosomen verloren haben, wodurch sie die malignen Eigenschaften der Maus-Aszites-Zellen zurückgewinnen. Spätere Experimente zeigten, daß auch verschiedene andere Fibroblasten der Maus-L-Linie das maligne Verhalten hoch maligner Mauszellen stark herabsetzen können (81). Auch Hybridzellen zwischen hoch malignen und nicht malignen Zellen sind karyologisch schwer zugänglich. Einerseits unterliegen solche Hybride schon kurze Zeit nach ihrer Entstehung einer intensiven Chromosomen-Segregation, die die Hybrid-Karyotypen schon vor der Inokulation in ein Versuchstier extrem variabel macht und andererseits haben relativ stabile Hybriden eine extrem hohe Zahl an Chromosomen, was die Beurteilung der Ergebnisse zusätzlich erschwert.

Trotz dieser Schwierigkeiten erhielten HARRIS u. Mitarb. (6) nach der Fusion von hoch malignen mit diploiden, nicht malignen, fötalen Mauszellen erste Hinweise für die Beteiligung spezifischer Chromosomen an der Regulation der malignen Eigenschaften. Die diploiden Zellen reprimieren in den Hybridzellen die Ausprägung des malignen Phänotyps, dessen Reexpression mit dem Verlust spezifischer Chromosomen aus dem diploiden Genom korreliert zu sein scheint. Insbesondere die Chromosomen Nr. 4 und Nr. 7 fallen in diese Kategorie. Aus Kartierungsexperimenten ist bekannt, daß das Chromosom Nr. 4 den sogenannten Fv-1-Marker trägt, der in Mauszellen die Replikation bestimmter Formen von Mäuseleukämie-Viren des Gross-Typs korreliert. Chromosom Nr. 7 enthält den Akv-1-Marker, der ein Integrationsort für bestimmte Tumorviren zu sein scheint (vgl. Kap. 5.7.).

Ähnliche Versuche von SACHS u. Mitarb. an Syrischen Hamster-Zellhybriden (82), von KOZAK und RUDDLE (6) an Hybriden, die durch Fusion von permanenten Zellen des Chinesischen Hamsters mit diploiden Maus-Peritoneal-Makrophagen (die die Maus-Chromosomen segregieren) sowie von MINNA u. COON (83), die diploide neurale Zellen aus Mausföten fusionierten, zeigten keine eindeutige Korrelation für den Verlust oder das Vorliegen der Chromosomen Nr. 4 und Nr. 7 oder anderer Chromosomen, und den malignen Eigenschaften der entsprechenden Hybridzellen. Diese Karyotyp-Analysen weisen trotz ihrer Widersprüchlichkeit ziemlich eindeutig auf eine genetische Kontrolle von Faktoren hin, die an der Ausprägung maligner Eigenschaften der Zelle beteiligt sind. Diese Daten sprechen auch gegen einen spezifischen Faktor, der diese Prozesse beeinflußt. Vielmehr scheint die genetische Kontrolle der malignen Eigenschaften von einem Ensemble multipler Faktoren beeinflußt zu werden.

Man darf gespannt sein auf neue Ergebnisse auf diesem Gebiet, weil solche Experimente nicht zuletzt von eminenter Wichtigkeit sind für ein besseres Verständnis der genetischen Kontrolle neoplastischer Zellveränderungen. Vielleicht sind in dieser Richtung Fortschritte auch von der mittlerweile gelungenen in-vivo-Hybridisierung von Tumor- und Normalzellen zu erwarten (84).

5.8.5. *Die Anwendung der Hybridisierung somatischer Zellen in der Tumorimmunologie*

Im Jahre 1969 berichteten Watkins u. Chen (85) über ein elegantes Experiment zur aktiven Immunisierung von Mäusen gegen hoch maligne Ehrlich-Aszites-Tumorzellen (EAT) durch Injektion der Tiere mit Hybridzellen, die nach der Fusion von EAT-Zellen mit Polyoma-Virus transformierten Hamsterzellen isoliert worden waren. Da die Hybridzellen die Oberflächenantigene beider Eltern tragen, wird durch die Hamster-spezifischen Antigene das Wachstum der Hybride in den Tieren verhindert, während die Tiere andererseits Immunität gegen die zugeführten EAT-Transplantationsantigene erlangen. Waren vor der Immunisierung nur 10 EAT-Zellen notwendig, um 50% der Versuchstiere zu töten, so waren dafür nach Injektion von 10^6 Hybridzellen 10^5 EAT-Zellen notwendig. Einige der Tiere erlangten vollständige Resistenz gegenüber EAT-Zellen.

Ähnliche Versuche werden von Deutschmann u. Mitarb. berichtet (86), denen es gelang, durch Injektion von Hybridzellen, die sie nach Fusion von SV 40-Virus-transformierten Zellen des Syrischen Hamsters mit Zellen der Afrikanischen Grünen Meerkatze (AGMK) isoliert hatten, in Syrische Hamster, diese Tiere gegen die SV 40-transformierten Zellen zu schützen. Zumindest von Watkins und Chen wurde mitgeteilt, daß keine freien Viruspartikel nachgewiesen werden konnten (vgl. Abschn. 5.8.6.). Die Hybridzellen aus einer Tumorzelle, die der gleichen Spezies wie das zu immunisierende Tier angehört und einer Zelle einer anderen Spezies können damit vergleichsweise als „attenuierte" Tumore betrachtet werden.

Vielleicht findet dieser Weg der Immunisierung gegen maligne Zellen zukünftig noch breitere Anwendung.

5.8.6. Virusinduktion durch Zellfusion (Virus-„Rescue")

In der virologischen Forschung und ganz besonders in der Tumorvirologie ist die Zellfusion zu einem unentbehrlichen Hilfsmittel geworden. So können in Virustransformierten- oder latent mit einem Virus infizierten Zellen, in denen sich das betreffende Virus nicht vermehren kann, durch Fusion mit Zellen, die die Vermehrung des Virus begünstigen, solche Viren induziert und teilweise in den Heterokaryons vermehrt werden. Sowohl DNA- als auch RNA (Tumor) -Viren sind mittels Zellfusion induzierbar. Neben der Möglichkeit zur Charakterisierung induzierbarer Viren hat diese Methode schon wesentlich zum besseren Verständnis der Wechselbeziehungen zwischen Wirtszelle und Virus beigetragen (87, 88).

Über den Mechanismus der Virus-Rescue ist z. Z. noch relativ wenig bekannt. Wahrscheinlich spielen dabei sowohl intranukleare, als auch intrazytoplasmatische Faktoren, deren Natur unbekannt ist, eine Rolle. Grundlage dieser Prozesse scheint eine Veränderung der Wechselbeziehungen zwischen transformierendem Virus und dem Zellgenom zu sein, die unabhängig ist von dem Fusionsereignis (89).

5.9. *Ausblick*

Der Anwendungsbereich der Hybridisierung tierischer somatischer Zellen umfaßt schon heute die Zellbiologie in ihrer ganzen Breite und hat in den letzten Jahren wesentlich zum besseren Verständnis vieler zellbiologischer Fragestellungen beigetragen. Es gibt zahlreiche Hinweise dafür, daß sich dieser Einfluß, vor allem auch bei der Arbeit mit in vitro kultivierten Pflanzenzellen, in Zukunft noch verstärken wird. In welchem Maße das geschieht, wird wiederum nicht unwesentlich von der raschen Entwicklung anderer zellbiologischer Disziplinen abhängen (z. B. Verfügbarkeit von Zellinien mit stabilen biochemischen und zytogenetischen Markern, Selektionssysteme, Chromosomen-Differenzierung).

Schon seit den Anfängen der tierischen somatischen Zellgenetik hat sich die scheinbar unüberbrückbare Kluft zwischen parasexuellen und sexuellen Vorgängen als entscheidende Begrenzung dieser Forschung erwiesen. Obwohl bei Pflanzen die Umwandlung von in vitro gezüchteten somatischen Zellhybrid-Populationen in Samen produzierende normale Pflanzen gelungen ist (90), blieben vergleichbare Erfolge in tierischen Systemen aus. Erst in jüngster Zeit scheinen Beatrice Mintz u. Mitarb. einen Weg gefunden zu haben, der diese Barriere, auch in tierischen Zellen überwinden könnte (91) (s. Abb. 58). In diesem System wurden mehrfach in Aszites-Form passagierte embryonale Maus-Teratokarzinom-Zellen in die Blastozystenhöhlen von isolierten Maus-Embryos injiziert. Anschließend implantierte man die Embryos in speziell dafür vorbereitete Uteri weiblicher Mäuse. Unter den neugeborenen Mäusen wurden nun auch solche gefunden, die sogenannte Mosaike bilden (allophänische Mäuse). Die Mosaike, die durch verschiedene Isoenzyme eines Markers hervorgerufen werden, sind die Summe der genetischen Beiträge, sowohl der normalen Blastomeren-Zellen, als auch der Teratokarzinom-Zellen. Der genetische Einfluß der Teratokarzinom-Zellen ist nicht nur auf die Entwicklung eines allophänischen Individuums beschränkt, sondern kann auch bei der Bildung der funktionellen Gameten dieser Tiere beteiligt sein.

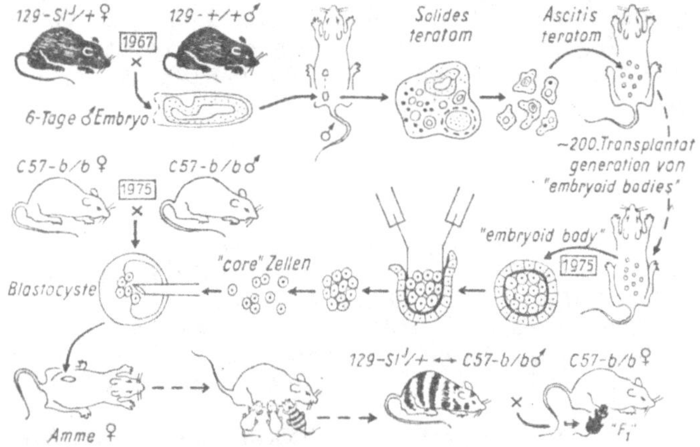

Abb. 58. Der genetische Einfluß von Teratokarzinom-Zellen auf die Entwicklung allophänischer Mäuse.

Das Diagramm gibt, beginnend links oben, einen Überblick über die achtjährige Geschichte des Experiments. Im Jahre 1967 wurde von einem 6 Tage alten männlichen Embryo von „Agouti-black“ Mäuse-Eltern, Stamm 129, ein sog. OTT 6050-Teratom induziert. Der Primärtumor wurde zerkleinert und intraperitoneal transplantiert, woraus ein Aszitestumor, bestehend aus „embryoiden Körperchen“ mit Dottersack-„Schalen“ und Teratokarzinom-„Kerne“ entstanden. Nach ca. 200 Transplantationsgenerationen in syngenischen Mäusen wurden die „Rinden“ der embryoiden Körperchen entfernt und die malignen „Kern“-Zellen in Blastozyten von „Nicht-Agouti-brown“-Eltern, Stamm C 57,b/b, injiziert. Die behandelten Blastozysten wurden in den Uterus einer „pseudoschwangeren“ Pflegemutter (die mit einem vasektomierten Männchen gepaart worden war) übertragen. Nach einer echten Schwangerschaft wurden lebende, normale Mäuse geboren. Einige der Neugeborenen zeigten Mosaike in der Fellfarbe (gestreift) und/oder interne zelluläre Muster des 129-Tumor-Stammes. Ein Mosaik-Männchen wurde nach erfolgter Reife mit einem C 57-b/b Weibchen gepaart. Die Analyse der Nachkommen läßt darauf schließen, daß das Mosaik-Männchen auch normale Spermien des „Teratokarzinom-Zelltyps“ produziert (nach Mintz und Illmensee, 1975)

Mit diesem System steht erstmals eine Technik zur Verfügung, die es gestattet, einen genetischen Marker von der Zellkultur über einen Organismus zurück zur Zellkultur zu verfolgen. Zur Zeit ist noch unbekannt, ob dieses System auch auf andere Zellen und Tierarten übertragen werden kann. Auf jeden Fall eröffnen sich damit völlig neue Möglichkeiten für genetische und epigenetische Analysen, die wegweisend sind für die Perspektiven in der zellgenetischen Forschung.

Literatur

1. Barski, G. et al. (1960), C. R. Acad. Sci. (Paris) 251, 1825
2. Ephrussi, B. et al. (1967), in „Cytogenetics of cells in culture“ (Ed. by M. I. C. Harris) Acad. press
3. Littlefield, S. W. (1964), Science 145, 709
4. Davidson, R. L., and B. Ephrussi (1965), Nature 205, 1170
5. Creagan, R. P. et al. (1975), Proc. Natl. Acad. Sci. (U.S.) 72, 2237
6. Ruddle, F. H., and R. P. Creagan (1975), Ann. Rev. Genetics 9, 407
7. Okada, Y. (1962), Exptl. Cell Res. 26, 98
8. Giles, R. E., and F. H. Ruddle (1973), in vitro 9, 103
9. Papahadjopoulos, D. et al. (1974), Biochim. Biophys. Acta 352, 10
10. Marin, G. (1969), Exptl. Cell. Res. 57, 29
11. Kao, F. T. et al. (1969), Proc. Natl. Acad. Sci. (U.S.) 64, 1284
12. Weiss, M. C., and N. Chaplain (1971), Proc. Natl. Acad. Sci. (U.S.) 68, 3026
13. Nadler, H. L. et al. (1970), Proc. Natl. Acad. Sci. (U.S.) 67, 976
14. Ephrussi, B. (1964), The Wistar Symp. Monograph 1 (Ed. by V. Defendi) Wistar Institute press, Philadelphia, p. 99
15. Silagi, S. (1967), Cancer Res. 27, 1953
16. Ruddle, F. H. et al. (1970), Exptl. Cell Res. 60, 139
17. Siniscalco, M. et al. (1959), Proc. Natl. Acad. Sci. (U.S.) 62, 793
18. De Weerd-Kastelein, E. A. et al. (1972), Nature N. B. 238, 80

19. KRAEMER, K. K. et al. (1975), Proc. Natl. Acad. Sci. (U.S.) 72, 59
20. CHU, E. H. Y. et al. (1969), Genetics 62, 359
21. KAO, F. T. et al. (1969), Science 164, 312
22. HARRIS, H., and J. WATKINS (1965), Nature 205, 640
23. EPHRUSSI, B., and M. C. WEISS (1965), Proc. Natl. Acad. Sci. (U.S.) 53, 1040
24. ZEPP, H. D. et al. (1971), Nature N. B. 229, 119
25. SCHWARTZ, A. G. et al. (1971), Nature N. B. 230, 5
26. TEPLITZ, R. L. et al. (1968), Exptl. Cell. Res. 52, 379
27. SCALETTA, L. et al. (1967), Genetics 57, 807
28. MARIN, G. et al. (1972), Exptl. Cell. Res. 70, 253
29. KOYAMA, H. et al. (1970), Exptl. Cell. Res. 62, 455
30. HANDMAKER, S. D. (1971), Nature 233, 416
31. WEISS, M. C., and H. GREEN (1967), Proc. Natl. Acad. Sci. (U.S.) 58, 1104
32. JOHNSON, R. T., and P. N. RAO (1970), Nature 225, 159
33. PONTECORVO, G. (1971), Nature 230, 367
34. BERNS, M. W. (1974), Science 186, 700
35. NORUM, R. A. et al. (1974), Nature 251, 72
36. CROCE, C. M. et al. (1973), Exptl. Cell. Res. 82, 457
37. EPHRUSSI, B. (1972), Hybridization of somatic cells. Princeton University press
38. McKUSICK, V. A. (1971), Scient. American 224, 104
39. KAO, F. T., and T. T. PUCK (1970), Nature 228, 329
40. RUDDLE, F. H. et al. (1974), Scient. American 231, 36
41. GREEN, A. E. (1974), Hum. Gen. Mut. Cell. Rep. 42, 212
42. RICCIUTI, F. C., and F. H. RUDDLE (1973), Genetics 74, 661
43. BURGERHOUT, W. G. et al. (1973), Humangenetik 20, 159
44. WILLECKE, K., and F. H. RUDDLE (1975), Proc. Natl. Acad. Sci. (U.S.) 72, 1792
45. HENDERSON, A. S. et al. (1973), Nature 245, 95
46. STEFFENSEN, D. M. et al. (1974), Nature 252, 741
47. PRICE, P. M., and K. HIRSCHHORN (1975), zitiert in 6
48. GRZESCHIK, K. H. (1973), Humangenetik 20, 211
49. KIM. M. A. et al. (1974), Exptl. Cell. Res. 88, 406
50. BOBROW, M., and J. CROSS (1974), Nature 251, 77
51. McCLURE, H. M. et al. (1969), Science 165, 1010
52. CROCE, C. M. et al. (1974), Proc. Natl. Acad. Sci. (U.S.) 71, 4116
53. HENDERSON, A. et al. (1974), Chromosoma 46, 435
54. SHAPIRO, N. I. (1975), Genetika 11, 159 (russ.)

55. Königsberg, I. R. (1963), Science 140, 1273
56. Coon, H. G. (1970), J. Cell. Sci. 7, 1
57. Cahn, R. D., and M. B. Cahn (1966), Proc. Natl. Acad. Sci. (U.S.) 55, 106
58. Harris, H. (1970), Cell fusion. Clarendon press Oxford
59. Deak, I. et al. (1972), J. Cell. Sci. 11, 379
60. Green, H. et al. (1966), Proc. Natl. Acad. Sci. (U.S.) 55, 41
61. Littlefield, S. W. (1969), Proc. Natl. Acad. Sci. (U.S.) 62, 88
62. Davidson, R. L. (1969) in: „Heterospecific genome interaction", The Wistar institute press, Philadelphia p. 97
63, Davidson, R. I. (1974), Ann. Rev. Genet. 8, 195
64. Sonnenschein, C. et al. (1968), Genetics 60, 227
65. Rintoul, D. et al., (1972), Genetics 71, 52
66. Carver, D. H. et al. (1968), Science 160, 558
67. Klebe, R. J. et al. (1970), Proc. Natl. Acad. Sci (U.S.) 66, 1220
68. Weiss, M. C. et al. (1971), Proc. Natl. Acad. Sci. (U.S.) 68, 3026
69. Carlson, S. A. et al. (1971), Exptl. Cell. Res. 56. 243
70. Peterson, J. A., and M. C. Weiss (1972), Proc. Natl. Acad. Sci. (U.S.) 69, 571
71. Eliceri, G. L. (1972), J. Cell Biol. 53, 177
72. Handmaker, S. D. (1973), Ann Rev. Microbiol. 27, 189
73. Mc. Morris, F. H., and F. H. Ruddle (1974), Developm. Biol. 39, 226
74. Davidson, R. L. et al. (1972), Proc. Natl. Acad. Sci. (U.S.) 69, 951
75. Davidson, R. L., and P. Benda (1970), Proc. Natl. Acad. Sci. (U.S.) 67, 1870
76. Darlington, G. S. et al. (1974), Science 185, 859
77. Renwick, S. H. (1971), Ann. Rev. Genetics 5, 81
78. Graham, C. F. (1969), in „Heterospecific genome interaction" — The Wistar Institute press, Philadelphia, p. 19
79. Brackett, B. G. et al. (1971), Proc. Natl. Acad. Sci. (U.S.) 68, 353
80. Harris, H., et al. (1969), Nature 223, 363
81. Klein, G. et al. (1971), J. Cell Sci. 8, 659
82. Yamomoto, T. et al. (1973), Nature N. B. 243, 247
83. Minna, S. and H. G. Coon (1974), Nature 252, 401
84. Goldenberg, D. M. et al. (1974), Nature 250, 649
85. Watkins, J. F., and L. Chen (1969), Nature 223, 1018

86. DEUTSCHMANN, G. I. et al., zitiert bei Ref. 54
87. KOPROWSKI, H. (1971), Federat. Proc. 30, 914
88. SVOBODA, S. et al. (1975), Cold Spring Harbor Symp. Quant. Biol. 39, 1077
89. WATKINS, J. F. (1975), Cold Spring Harbor Symp. Quant. Biol. 39, 355
90. CARLSON, P. S. (1973), in: „Genetic mechanism of development" Ed. by F. H. Ruddle, Academic press
91. MINTZ, B., and K. ILLMENSEE (1975), Proc. Natl. Acad. Sci. (U.S.) 72, 3585
92. WITKOWSKI, R., und O. PROKOP (1974), Genetik erblicher Syndrome und Mißbildungen, Akademie-Verlag Berlin
93. MEERA-KHAN, P. (1971), Arch. Biochim. Biophys. 145, 470
94. IKEUCHI, T. et al. (1972), J. Cell. Biol. 52, 97

6. Gentransfer bei tierischen somatischen Zellen

6.1. Allgemeine Bedeutung des Gentransfers

In der belebten Welt ist die zelluläre Aufnahme von informativen Makromolekülen, inklusive DNA, extrem selten. Vor allem die Zellen, die aus der Teilung somatischer Zellen hervorgehen, behalten ihr genetisches Programm in strikter Reservation für sich selbst und ihre Nachkommen. Der Zell-zu-Zell-Transfer biologischer Informationen vollzieht sich bei höheren Organismen gleichsam an den Polenden des biologischen Spektrums: das eine Ende umschließt im wesentlichen alle sexuellen Prozesse (Keimzellen), während das andere Ende durch die Invasion viraler Nukleinsäure in die Zelle charakterisiert wird. Abgesehen von diesen Ereignissen ist die lebende Zelle gewöhnlich eine feste Barriere, sowohl für den Austritt, als auch für das Eindringen von Molekülen in der Größe von Nukleinsäuren oder deren informativen Fragmenten. Während bei höheren Organismen die sexuellen Prozesse häufig den einzigen Weg für deren Reproduktion darstellen scheint ein Zell-zu-Zell-Transfer von Nukleinsäuren bei Bakterien ein zwar seltener, nichtsdestoweniger jedoch gängiger Prozeß zu sein. Er scheint, wie wir im folgenden sehen werden, auf verschiedenen Wegen möglich zu sein.

Unsere Erörterungen über den Transfer genetischer Informationen bei höheren Organismen werden sich zum größten Teil auf Untersuchungen an in vitro kultivierten tierischen somatischen Zellen beschränken. Der Gentransfer bei tierischen somatischen Zellen, d. h. sowohl die Übertragung homologer oder heterologer DNA[1]) zum

---

[1]) Wir verwenden diese Termini nur in Bezug auf die systematische Stellung der

Zwecke des Ersatzes entsprechender defekter Gene als auch von Genen, die normalerweise in der Empfängerzelle nicht vorhanden oder nicht aktiv sind, bildet z. Z. eine der Schwerpunktaufgaben der Molekularbiologie. Von diesen Forschungen erhofft man sich nicht nur wertvolle Aufschlüsse darüber, ob und wie „fremde" DNA in einer Empfängerzelle realisiert wird, sondern sie sind der Ausgangspunkt für eine angewandte Molekular- und Zellgenetik, die Methoden der zielgerichteten Manipulation der Genome höherer und niederer Organismen vorsieht, und die oft mit der Bezeichnung „genetic ingeneering" versehen werden (1).

6.2. *Bedingungen für die Übertragung genetischer Informationen bei tierischen somatischen Zellen*

Die Übertragung und Realisierung „fremder" genetischer Information in entsprechenden Empfängerzellen erweist sich als ein Ensemble komplexer Prozesse, über deren Teilschritte z. T. noch sehr wenig bekannt ist. Unter diesem Aspekt sind auch die im folgenden genannten Bedingungen für den Gentransfer zu verstehen, die, ausgehend von unseren gegenwärtigen Vorstellungen, sich in Zukunft noch als ungleich komplizierter erweisen könnten (Abb. 59):

a) Aufnahme exogener DNA aus der Umgebung und Transport dieser DNA durch die physikalischen Barrieren der Zelle, die Zellwand und/oder die Zellmembran. Bei Bakterien erfolgt dieser Transfer in der Regel im Verlaufe der Transduktion bzw. Transformation[1]) (Abschn. 6.3.2.).

DNA-Spenderorganismen und nicht auf der Basis einer DNA-Sequenz-Homologie.

[1]) Mit genetischer Transformation bezeichnen wir einen Prozeß, in dessen Verlauf genetische Information mittels isolierter DNA von einem Donor auf eine Spenderzelle übertragen und dort realisiert wird.

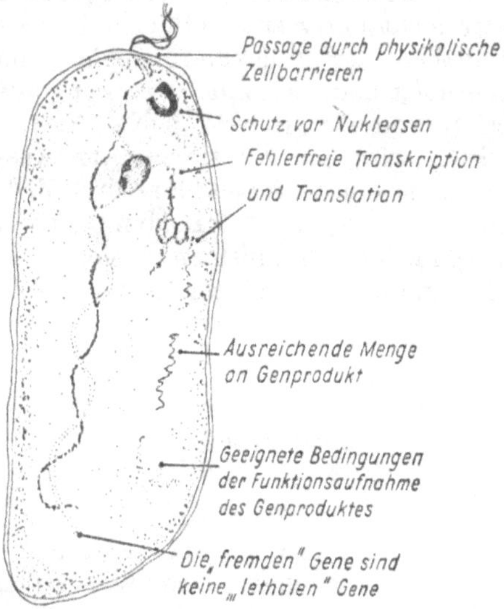

Abb. 59. Minimalbedingungen für die Expression „fremder" Gene in einer Empfängerzelle (Erläuterungen im Text)

Die DNA-Aufnahme bei der bakteriellen Transformation ist vom physiologischen Zustand der Empfänger-Bakterien abhängig und an ein sogen. „Kompetenz"-Stadium gebunden. Bakterien, die kein „Kompetenz"-Stadium durchlaufen, können experimentell durch Entfernen der Zellwand (Sphäroplasten) sowie durch Behandlung mit geeigneten Chemikalien (z. B. Ca-Verbindungen) zur DNA-Aufnahme angeregt werden (2). Auch in vitro kultivierte tierische Zellen vermögen DNA, vermutlich infolge Pinozytose, aufzunehmen (3). Für die DNA-Aufnahme in tierische und auch pflanzliche Zellen scheint kein „Kompetenz"-Stadium notwendig zu sein, da z. B. bestimmte tierische Zellen mit isolierter, nackter DNA von onkogenen Viren infiziert und u. U. maligne transformiert werden können. Verschiedene Polykationen wie DEAE-Dextran, Polylysin oder Polyornithin sowie das Antibiotikum Amphoterizin B erhöhen das Aufnahmevermögen der Zellen für die isolierte DNA. Auch die Inkorporation von DNA in Phospholipid-Vesikel (Liposomen), die von der Zelle ohne cytotoxische Nebeneffekte aufgenommen werden, dient diesem Zwecke.

b) Zumindest der Teil der aufgenommenen DNA, der die gewünschte informative Region enthält, muß bei der Aufnahme und dem anschließenden Transport zum Zellkern ungeschädigt bleiben. Dazu ist der Schutz der DNA, vor allem gegen zelluläre DNAsen und (bei Bakterien) spezifische Restriktionsendonukleasen, erforderlich.

c) Transport der DNA zu einer Zellregion, die für die Funktionsaufnahme der DNA notwendig ist (Zellkern, Mitochondrien u. a.).

d) Stabilisierung der DNA in dieser Region. In der Regel geschieht das durch Paarung der Wirtszell-DNA mit der Donor-DNA über homologe DNA-Sequenzen, wobei die Spender-DNA im Idealfall in die chromosomale (oder extrachromosomale) DNA stabil einrekombiniert und im Rhythmus der Wirtszell-DNA vermehrt wird.

e) Korrekte Transkription und Translation der Spender-DNA in der Empfängerzelle. Trotz umfangreicher Untersuchungen über die Transkription und Translation homologer bzw. heterologer DNA in Pro- und Eukaryoten-Systemen bleibt vor allem die Frage nach der korrekten Transkription eukaryotischer DNA in Bakterien bzw. prokaryotischer DNA in Eukaryoten sowie die Frage nach der korrekten Translation der entsprechenden mRNAs größtenteils noch unbeantwortet. Da insbesondere über die Spezifität der zahlreichen für die Transkription und Translation von Eukaryoten- bzw. Prokaryoten-DNA erforderlichen Faktoren, Signale und z. T. auch Enzyme, speziell über solche, die für die Erkennung und die Kontrolle der Informationsübersetzung erforderlich sind, noch zahlreiche Unklarheiten bestehen, scheinen

z. Z. diese Teilschritte des Gentransfers am problematischsten zu sein.

f) Das in der Empfängerzelle synthetisierte gewünschte Genprodukt muß unter den gegebenen zellulären Bedingungen stabil sein, die in der Wirtszelle vorhandenen Substrate akzeptieren und nicht zuletzt in ausreichender Menge zur Verfügung stehen.

6.3. Techniken für den Gentransfer

In den vergangenen Jahren wurden mehrere Techniken beschrieben, mit deren Hilfe homologe und heterologe DNA in Eukaryotenzellen eingeführt werden kann. Diese Techniken wurden z. T. aus der Mikrobengenetik übernommen, sie entstanden aber auch spezifisch aus der Arbeit mit tierischen und pflanzlichen Zellen.

Im folgenden sollen die uns am wesentlichsten erscheinenden Techniken vorgestellt werden.

6.3.1. Kerntransplantation

Diese erstmals 1952 von BRIGGS und KING erfolgreich angewendete und später von GURDON weiterentwickelte Technik der Kerntransplantation hat sich für viele Bereiche der Molekular- und Zellbiologie, insbesondere für Fragen der Zelldifferenzierung, als überaus nützlich erwiesen (4). Die Methode geht davon aus, Eizellen des Südafrikanischen Krallenfrosches *Xenopus laevis*, die relativ groß und verhältnismäßig resistent sind gegenüber mikrochirurgischen Techniken, zu entkernen. Das geschieht in der Regel durch Herauspipettieren mittels Mikropipetten (Tafel 10) oder, schonender, durch UV-Bestrahlung des Zellkerns, wodurch es zur Inaktivierung des in situ in der Zelle verbleibenden Kernes kommt. In das Zytoplasma der entkernten Eizelle wird nun der gleichfalls durch Mikropipetten aus einer somatischen Zelle iso-

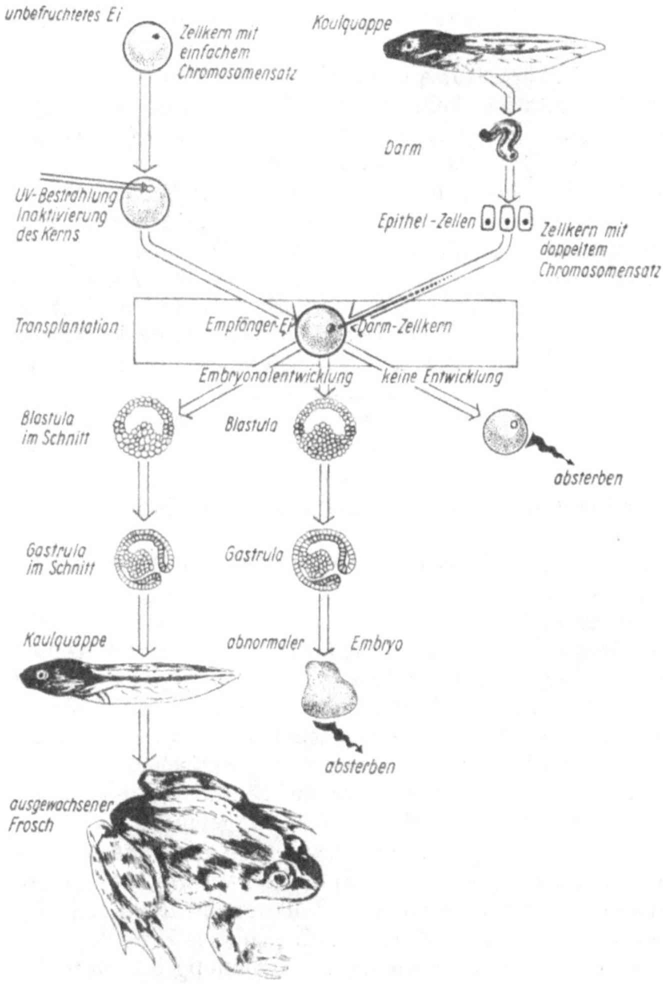

Abb. 60. Prinzip der Zellkern-Transplantation (nach GURDON)

Transplantiert man Zellkerne aus Körperzellen in entkernte, unbefruchtete Eizellen, so können sich daraus Individuen entwickeln, die genetisch dem Kernspender völlig gleichen (Klonierung). In der Zukunft könnten sich daraus große Möglichkeiten ergeben, wenn es z. B. gelingt, hochleistungsfähige Nutztierrassen über viele Generationen hinweg unverändert zu erhalten.

lierte Zellkern transplantiert. Insbesondere sind für die Transplantation Zellkerne aus Epithelzellen der Darmschleimhaut geeignet. In der Eizelle wird die DNA-Synthese des transplantierten Zellkernes neu induziert; er durchläuft in Synchronie mit der sich furchenden Eizelle alle Stadien der Kernteilung, wobei eine völlig ungestörte Embryonalentwicklung ablaufen kann, was u. U. zur Entstehung eines normalen Frosches führt (vgl. Abb. 60). Diese ungestörte Entwicklung eines Frosches aus dem transplantierten Kern setzt eine spezifische Wechselwirkung des Kernes mit dem Zytoplasma der Eizelle voraus. So bleibt z. B. der Zellkern aus einer Darmzelle in der Eizelle teilungsunfähig, obwohl seine DNA-Synthese induziert werden kann. Auch Zellkerne, die aus den Zellen anderer Tierarten isoliert und in die Froscheier transplantiert wurden, durchlaufen in der Regel keine normale Embryonalentwicklung.

Trotz dieser Einschränkungen, die andererseits wiederum interessante molekularbiologische Fragestellungen aufwerfen, bietet die Methode der Kerntransplantation die Möglichkeit zur Züchtung absolut identischer Kopien eines Organismus (Klonierung). Die Klonierung bei Säugetieren könnte in einer heute noch nicht exakt absehbaren Zeit von hohem wirtschaftlichen Interesse sein. So ist auch bei in vitro gezüchteten somatischen tierischen Zellen sowie bei Blastozysten die Einführung homologer und heterologer Zellkerne bereits gelungen. Maus-L-Zellen z. B. können unter Verwendung geeigneter Chemikalien (u. a. Zytochalasin B) entkernt werden, ohne daß dabei die zytoplasmatische Zellkomponente geschädigt wird. Die isolierten Kerne werden mittels Zentrifugation gesammelt und entkernten, zur Erhöhung der Kernaufnahme entsprechend vorbehandelten menschlichen Hela-Zellen (u. a. wird die Kernaufnahme durch Sendai-Viren oder Amphoterizin B stimuliert) zugegeben. Wurden die isolierten Maus-Zellkerne vor der Präparation radioaktiv markiert, so waren sie nach der Transplantation leicht in den menschlichen Hela-Zellen nachweisbar (5).

Auch unter Zellfusionsbedingungen gelingt es, Zellkerne ohne nachweisbare Mengen an zytoplasmatischem Material der Spenderzelle, in somatische tierische Zellen zu transplantieren. Allerdings ist der Anwendungsbereich dieser Methode sehr stark eingeengt und beruht fast ausschließlich auf der Verwendung *kernhaltiger* Erythrozyten als Kernspender (vgl. Kap. 5.).

6.3.2. Transformation[1])

Seit AVERY's „klassischen" Transformationsexperimenten an Pneumokokken im Jahre 1944 (6) hat es nicht an Versuchen gefehlt, ähnliche Untersuchungen auch an Säugerzellen durchzuführen.

Wie wir einleitend bereits erwähnt haben, scheint die Aufnahme von DNA im Verlaufe der bakteriellen Transformation an ein sogen. „Kompetenz"-Stadium gebunden zu sein. Die exakten Bedingungen, die zum „Kompetenz"-Stadium führen, sind noch nicht endgültig geklärt. Es scheint jedoch so zu sein, daß verschiedene makromolekulare Faktoren dafür notwendig sind (2). Auch muß die doppelsträngige Spender-DNA mindestens ein Molekulargewicht von $>10^6$ D haben und in das Bakterienchromosom einrekombiniert werden, um die ausgewählte Empfängerzelle stabil transformieren zu können (Abb. 61).

Säugerzellen nehmen sowohl homologe als auch heterologe DNA auf. Offenbar ist dafür kein besonderes „Kompetenz"-Stadium der Zelle notwendig. Die DNA-Aufnahme durch die Zellen wird durch verschiedene Polykationen (z. B. DEAE-Dextran) wesentlich stimuliert (2). Interessanterweise scheint homologe DNA nicht so stark von zellulären Nukleasen zerstört zu werden wie heterologe DNA. So ist die DNA einer menschlichen Lymphoblastoid-Zellinie noch 20 Stunden nach ihrer Aufnahme in menschliche Hautfibroblasten bemerkenswert stabil,

[1]) vgl. Fußnote S. 229

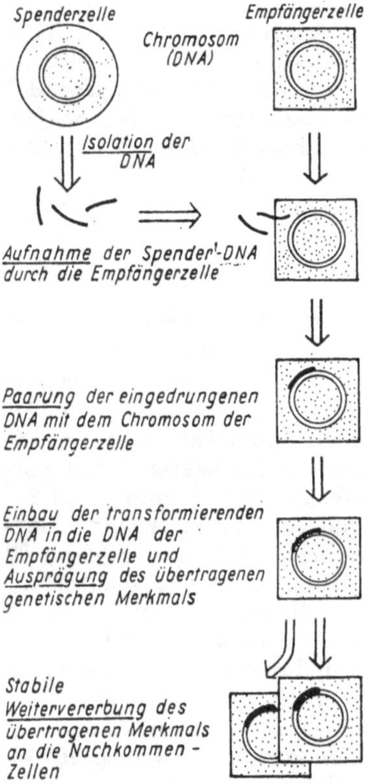

Abb. 61. Ablauf des Prozesses der genetischen Transformation (stark schematisiert)

während die DNA das Bakteriophagen T 7 in den gleichen Zellen stark degradiert wird (7). Worauf diese Fähigkeit der menschlichen Hautfibroblasten beruht, zwischen zwei DNA-Sorten zu unterscheiden, ist bisher unbekannt, da die von verschiedenen Bakterien- und extrachromosomalen DNAs kodierten Restriktions-Modifikations-Systeme in

Säugerzellen noch nicht eindeutig nachgewiesen werden konnten.

Aus zahlreichen Experimenten kann geschlossen werden, daß die Transformation von Säugerzellen im Prinzip möglich ist. Allerdings sind diese Versuche in einigen Fällen nur sehr schwer reproduzierbar, so daß ihnen häufig begründete Zweifel entgegengestellt werden.

Szybalska und Szybalski [8] berichteten schon 1962, daß menschliche Zellen, die wegen Fehlens der Inosin-5'-Monophosphatpyrophosphorylase zur Verwertung von Hypoxanthin unfähig und dadurch gleichzeitig für 8-Hypoxanthin resistent waren, z. T. 8-Azahypoxanthin sensibel und zur Verwertung von Hypoxanthin fähig wurden, wenn sie mit DNA aus Normalzellen behandelt worden waren. Auch 8-Azaguanin-sensible Maus-Lymphomazellen können durch Behandlung mit DNA aus 8-Azaguanin-resistenten Maus-Lymphomazellen z. T. Resistenz gegenüber 8-Azaguanin erlangen.

Im Jahre 1969 beschrieb Ottolenghi-Nightingale Transformationsexperimente, die weit über die Versuche an in vitro kultivierten tierischen Zellen hinausreichten. Sie entnahm einigen Embryonen von Albinomäusen Zellen und behandelte die explantierten Zellen in vitro mit DNA, die sie aus Zellen normaler, dunkel gefärbter Mäuse isoliert hatte. Anschließend wurden die DNA-behandelten Zellen in die Haut junger Albinomäuse reimplantiert. An der Injektionsstelle war nach einigen Wochen bei mehreren Versuchstieren eine dunkle Pigmentierung nachweisbar, die bei Kontrolltieren nicht beobachtet werden konnte. Daraus läßt sich schlußfolgern, daß die den Albinomäuse-Embryonen entnommenen Zellen durch die Behandlung mit DNA aus normalen Mäusen die Fähigkeit zur Melanin-Synthese erblich stabil wiedergewonnen haben (90).

Ähnliche in-vivo-Transformationsversuche sind von Fox u. Mitarb. an der Fruchtfliege *Drosophila* durchgeführt worden (10). Werden frisch befruchtete *Drosophila*-Eier, die für Moleküle in der Größenordnung der DNA durchlässig sind, mit der DNA anderer *Drosophila*-Stämme behandelt, so können an den sich entwickelnden Fliegen phänotypische Merkmale beobachtet werden, die eindeutig Marken auf der transformierenden DNA zuzuordnen sind. Allerdings entstehen dabei unter den Fliegen immer nur Mosaike, d. h., unter den nach DNA-Behandlung beobachteten Nachkommen gibt es keine, die körperlich vollständig transformiert worden sind. Der Schluß liegt nahe, daß die transformierende DNA, trotzdem sie repliziert und mit hoher Effizienz an beide Tochterzellen weitergegeben wird, nicht stabil in das Empfänger-Chromosom eingebaut wird. Nach Kreuzungsexperimenten zwischen verschiedenen transformierten Fliegen wurde festgestellt, daß sich die zur Untersuchung benutzten Marken der transformierenden DNA auf der gleichen Stelle einer *Drosophila*-Chromosomenkarte befinden wie die entsprechenden Allele des Rezeptorstammes. Offenbar lagert sich die transformierende DNA den homologen Regionen des Chromosoms an, wird synchron mit diesem repliziert und auch transkribiert. Welcher molekulare Mechanismus dieser spezifischen Wechselwirkung zugrunde liegt, ist bisher unbekannt. Fox hat für transformierende DNA-Fragmente, die derartig mit dem Wirtszell-Chromosom assoziiert sind, die Bezeichnung Exosom vorgeschlagen.

Auch Prokaryoten-DNA kann von Säugerzellen aufgenommen und scheinbar stabil in das Genom der Rezipientenzellen eingebaut werden. So berichten Carval und Malaise (11) über eine stabile Integration von *Escherichia coli*-DNA in das Genom von Maus NCTC-Zellen. Die DNA-Integration setzt in diesem Falle doppelsträngige *E. coli* DNA und zelluläre DNA-Synthese voraus. Die bisher nur indirekten Beweise für die stabile Integration der transformierenden DNA resultieren zum größten Teil aus Dichtegradientenzentrifugationsuntersuchungen in Caesiumchlorid oder aus Nukleinsäure-Hybridisierungs-Experimenten.

In weit größerer Anzahl als bei tierischen Zellen liegen diese indirekten Beweise für die stabile Integration heterologer DNA — in den meisten Fällen der DNA von *E. coli* oder einiger Bakteriophagen — in pflanzliche Zellen vor (13). Allerdings sollten alle derartigen Transformationsversuche solange mit berechtigtem Skeptizismus betrachtet werden, bis es gelingt, alle experimentell induzierten Artefakte auszuschließen sowie den phänotypisch sichtbaren Nachweis der Transformation zu erbringen. Trotz vieler Hinweise auf das Vorliegen einer echten Transformation bei Eukaryoten-Zellen fehlt in letzter Konsequenz bisher allen Experimenten die eindeutige Charakterisierung des „transformierten Phänotyps" auf der Ebene des primären Genprodukts.

6.3.3. Gentransfer durch Zellfusion

Wie wir in Kapitel 5 dargelegt haben, gelingt es unter bestimmten experimentellen Voraussetzungen, tierische somatische Zellen in vitro zu fusionieren. In der Regel führt die Fusion zweier oder mehrerer Zellen zu mehrkernigen Heterokaryons, aus denen durch Kernverschmelzung echte Hybridzellen entstehen. Die Hybridzellen enthalten neben den zytoplasmatischen Komponenten beider oder mehrerer Elternzellen auch unterschiedlich große Anteile des genetischen Materials der Eltern. Bei geeigneter Wahl der Fusionspartner kann der zytoplasmatische Anteil einer Elternzelle auf ein Minimum reduziert und das Genom dieser oder der Partnerzelle zielgerichtet und erschöpfend eliminiert werden. Dadurch sind die Voraussetzungen zur Substitution genetischer Defekte in einer ausgewählten Empfängerzelle gegeben, ohne daß der Versuchsablauf durch einen „dominierenden" Anteil der Donorzelle gestört wird.

Im Jahre 1971 wurden von Harris u. Mitarb. (13) wegweisende Experimente für den Gentransfer durch Fusion somatischer Zellen unternommen (Abb. 62). Zur Fusion benutzten sie HGPRT-defiziente Maus A9-Zellen (vgl. Kap. 5) und kernhaltige Hühnchen-Erythrozyten. Sowie die Kerne der Maus-A9-Zellen in den entstandenen Heterokaryons die mitotische Teilung durchlaufen, unterliegen die Hühnchen-Erythrozyten-Kerne einer intensiven Chromosomen-Pulverisierung. Nach Abschluß der Mitose sind die Hühnchenchromosomen nicht mehr nachweisbar. HARRIS u. Mitarb. hofften, unter

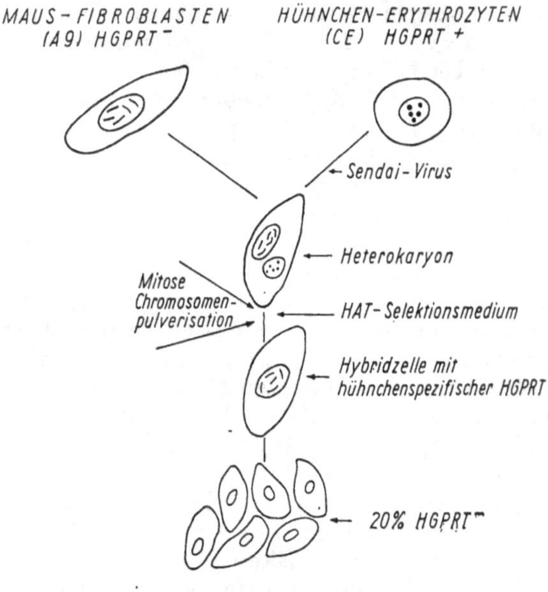

Abb. 62. Prinzip der Korrektur einer genetisch markierten Zellinie durch Zellfusion (Erläuterungen im Text)

den durch Chromosomen-Pulverisierung entstandenen Hühnchen-Chromosomen-Bruchstücken auch solche zu finden, die das Strukturgen für das Enzym HGPRT enthalten. Bei dem Vorliegen solcher Bruchstücke war die Chance gegeben, daß sie im Verlaufe der postmitotischen Rekonstitution der Maus-Chromosomen in das entsprechende, den defektiven HGPRT-Marker tragende Chromosom eingebaut werden. Tatsächlich wurden nach

Inkubation der Hybridzellen in HAT-Medium (vgl. Kap. 5) HGPRT-positive Zellen isoliert (2 von 10^5 Zellen), wobei das in den Zellen nachgewiesene HGPRT-Enzym als eindeutig Hühnchen-spezifisch charakterisiert werden konnte. In den $HGPRT^+$-Zellen war kein Hühnchen-spezifisches Chromosom nachweisbar. Die HGPRT-Substitution erwies sich mit einer Reversionsrate von ca. 20% als relativ unstabil (im Vergleich dazu beträgt die Reversionsrate von Maus-A9-Zellen $<10^6$). Wahrscheinlich ist die das HGPRT-Gen enthaltende Hühnchen-DNA nur lose in das Genom der Mauszelle integriert oder als Exosom an ein Maus-Chromosom assoziiert.

Die Untersuchungen von Klinger u. Mitarb. (14) bestätigten die Ergebnisse der Harris-Gruppe. Auch sie fanden nach der Fusion von Maus-A9-Zellen mit Hühnchen-Erythrozyten unter den Hybridzellen solche, die Hühnchen-spezifische HGPRT synthetisierten. Überraschenderweise war in einigen der Hybridzellen die Hühnchen-spezifische HGPRT-Synthese Aminopterin-abhängig. Fehlte Aminopterin im Wachstumsmedium, so war die Enzym-Synthese merklich verringert. Infolge einer sehr rasch ablaufenden und reversiblen Modulation der HGPRT-Aktivität vermögen die betreffenden Hybridzellen sowohl in HAT-Medium als auch in 8-Azaguanin-haltigem Wachstumsmedium gleich gut zu wachsen. Mit anderen Worten ausgedrückt, das zugeführte Hühnchen-spezifische HGPRT-Gen erfährt in der Hybridzelle eine Änderung in der Regulation seiner Aktivität: durch selektive Inkorporation in das Maus-Genom wird die normalerweise konstitutive Ausprägung des Hühnchen-HGPRT-Gens in eine induzierbare Form konvertiert. Die Aufklärung des molekularen Mechanismus dieses geänderten modulatorischen Verhaltens könnte neue Hinweise für die Regulation der Genaktivität in Eukaryotenzellen erlauben.

Bakay u. Mitarb. (15) berichteten, daß die Fusion von Hühnchen-Fibroblasten mit Maus-1R-Zellen, einem anderen HGPRT-defizientem Derivat der Maus-L-Linie, gleichfalls in einem höheren Ertrag an HAT-resistenten ($HGPRT^{+}$-) Hybridzellen resultiert. Das in den Hybridzellen synthetisierte Enzym erwies sich jedoch, im Gegensatz zu den Befunden von HARRIS und KLINGER, als eindeutig Maus-spezifisch. Die Hybridzellen enthielten keine

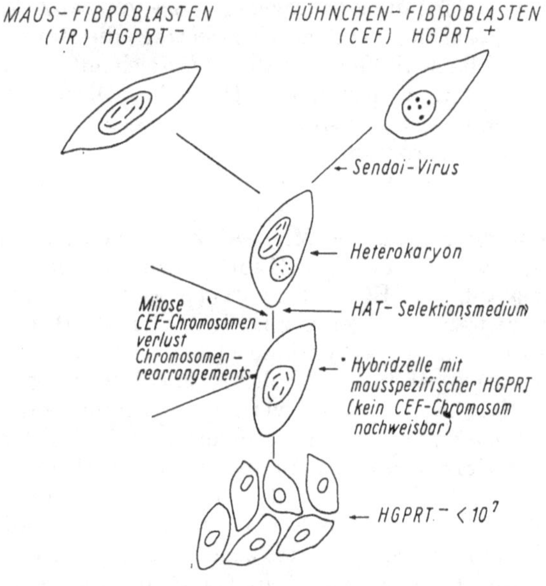

Abb. 63. Isolation von Hybridzellen mit Maus-spezifischer HGPRT nach Fusion von Maus 1R-$HGPRT^{-}$-Zellen mit Hühnchen-Fibroblasten ($HGPRT^{+}$) (Erläuterungen im Text)

nachweisbaren Hühnchen-Chromosomen (oder Fragmente) und ihre Reversionsrate zu HGPRT-defizienten Zellen war $<10^7$ (Abb. 63). Da kein eindeutiger Nachweis für einen erfolgreichen Transfer von Hühnchen-spezifischen genetischen Material in die Mauszellen erbracht werden kann, ist natürlich die Möglichkeit, daß die HGPRT-positiven Zellen lediglich Revertanten der

Maus-1R-Zellen darstellen, nicht völlig auszuschließen. Andererseits scheinen analoge Befunde von Croce u. Mitarb. (16), die nach Fusion von HGPRT-defizienten Ratten-Hepatomzellen mit menschlichen Fibroblasten eine Reexpression von Ratten-spezifischer HGPRT nachwiesen, und von Boyd u. Harris (17) gegen eine solche Annahme zu sprechen. Letztere wiesen nach, daß nach Fusion von Maus 3T3TK⁻-Zellen mit Hühnchen-Erythrozyten Hybridzellen gebildet werden, die Maus-spezifische Thymidinkinase synthetisieren. Sie interpretieren ihre Beobachtungen vorzugsweise dahingehend, daß die Maus- (und auch die Ratten-) Zellen HGPRT-Regulator-Mutanten darstellen und die bei den Fusionen verwendeten Hühnchen- (Mensch-) Zellen das (die) entsprechende(n) Regulator-Gen(e) zur HGPRT-Synthese bereitstellen. Bis heute gibt es allerdings noch keinen Beweis für HGPRT-Regulator-Mutanten in Maus- bzw. Rattenzellen. Außerdem scheint auch der Fusionsprozeß selbst eine höhere Reversions-Frequenz, zumindest in HGPRT-defizienten Mauszellen, zu verursachen. Shin u. Mitarb. (18) beobachteten, daß unter Zellfusionsbedingungen, in Gegenwart von Sendai-Virus, normalerweise nicht revertierende Azaguanin-resistente Mutantenstämme von Mauszellen nach DNA-Applikation revertieren, unabhängig davon, ob sie mit homologer oder heterologer DNA behandelt wurden und unabhängig davon, ob die Spender-DNA von HGPRT⁺- oder HGPRT⁻-Zellen stammte. In jedem Fall produzieren die Revertanten eine HGPRT, die hinsichtlich Temperaturstabilität und elektrophoretischem Verhalten dem Wildtypempfängerenzym entsprach.

Auf jeden Fall müssen diese Hinweise auf eine mögliche Reaktivierung eines Gens der Empfängerzelle im Verlaufe des Gentransfers, insbesondere wenn dieser auf dem HGPRT-Marker aufbaut, sorgfältig berücksichtigt werden.

Inzwischen sind auch erste Experimente einer in-vivo-Anwendung der Zellfusionstechnik zur einstweilen erst zeitweiligen Korrektur genetischer Defekte in Säugern beschrieben worden (19, 20).

Makrophagen aus der Milz von Mäusen, denen die hämolytische und biologische Aktivität des Komplements infolge fehlender Synthese der C-5-Komponente des Komplements fehlt, wurden mit Maus- bzw. Hühnchenzellen, die die genetische Information zur Synthese der C-5-Komplement-Komponente zwar enthalten, sie aber normalerweise nicht produzieren, fusioniert. In den isolierten Hybridzellen wurde die Synthese der C-5-Komponente nachgewiesen. Eine Reinjektion dieser Hybridzellen in die kranken Mäuse führte zur Wiederherstellung der hämolytischen und biologischen Aktivität des Mäuse-Komplements. Die entsprechende De novo-Synthese des biologisch aktiven Komplements war bis zu 21 Tagen nach Injektion der Hybridzellen in die Mäuse nachweisbar. Nach dieser Zeit wurden in den Mäusen gewöhnlich Antikörper gegen das neue Protein gebildet. Levy u. Mitarb. (20) betrachten diese Experimente als einen Prototyp für eine aussichtsreiche Therapie vieler Erbkrankheiten insbesondere in solchen Fällen, wo nur ein teilweiser Ausfall der Aktivität eines Enzyms zu verzeichnen ist.

6.3.4. Gentransfer durch Behandlung der Empfängerzellen mit isolierten Chromosomen

Eine aussichtsreiche Methode des Gentransfers zwischen tierischen somatischen Zellen erscheint die Behandlung ausgewählter Empfängerzell-Mutanten mit isolierten Methaphase-Chromosomen eines geeigneten Genspenders zu sein. Für diese Einschätzung sprechen mehrere Faktoren. So ist wahrscheinlich die chromosomale DNA infolge ihrer kompakten Struktur und engen Assoziation mit chromosomalen Proteinen und -RNA besser vor der Degradation durch zelluläre Nukleasen in der Empfängerzelle geschützt als isolierte DNA. Auch die zahlreichen offenen Probleme einer stabilen Integration der Donor-DNA in das Genom der Empfängerzelle lassen sich mit der Übertragung intakter Chromosomen wesentlich reduzieren. Die Bedingungen für die Replikation und Informations-Realisierung der transferierten Chromosomen sollten sich von den aus Zellfusionsexperimenten gewonnenen Befunden ableiten lassen und sich nicht wesentlich von diesen unterscheiden.

Es gibt zahlreiche Beweise dafür, daß isolierte Metaphase-Chromosomen in vitro von tierischen somatischen Zellen aufgenommen (21), scheinbar ungeschädigt in den Zellkern der Empfängerzelle transportiert (22) und dort repliziert werden (23).

McBride und Ozer (24) gelang es 1973 erstmalig durch Behandlung von HGPRT-defizienten A9-Mauszellen mit V79-Chinesischen Hamster-Fibroblasten- bzw. menschlichen Hela-Zell-Chromosomen mit einer Rate von ca. 10^{-7} $HGPRT^{+}$-Revertanten zu erzeugen, die in 2—3 Fällen Spenderzell-HGPRT-Aktivität ausprägten. Außerdem konnten die HGPRT-defiziente V 79-Zellen mittels Chromosomen aus $HGPRT^{+}$-V 79-Zellen mit etwa der gleichen Frequenz revertieren, wobei in Fraktionierungs-Experimenten die HGPRT-Spenderaktivität mit der kleinsten Chromosomenfraktion assoziiert zu sein schien (obwohl das X-Chromosom, das Markerchromosom für die HGPRT, nicht zu dieser Fraktion gehören dürfte, so daß das Ergebnis als Folge von Chromosomenarrangements gedeutet wird). Es gelang McBride und Ozer nicht, die Transferfrequenz von 10^{-6} bis 10^{-7} zu erhöhen.

Sehr interessante Schlußfolgerungen lassen sich aus vergleichbaren Intra-Spezies- (Chinesische Hamster Wg3-h, HGPRT-defiziente Zellen infiziert mit isolierten $HGPRT^{+}$-Chinesischen Hamsterzell-Chromosomen) und Inter-Spezies- (Chinesische Hamster Wg3-h, HGPRT-defiziente, Zellen infiziert mit isolierten Chromosomen aus menschlichen $HGPRT^{+}$-Zellen) Transfersystemen ableiten (25). Diese Systeme unterscheiden sich zumindest in zweifacher Hinsicht:

a) nach Intra-Spezies-Transfer wird eine höhere Frequenz an HGPRT⁺-Zellen beobachtet, und

b) die HGPRT-Aktivität in Wg3-h-Zellen ist nach Infektion mit menschlichen Chromosomen signifikant geringer als nach Infektion mit Chinesischen-Hamsterzell-Chromosomen.

Diese Unterschiede zwischen den Intra- und Inter-Spezies-Transfersystemen verdeutlichen, daß die Induktion der HGPRT- in den Wg3-h-Zellen spezifisch determiniert wird von dem Zelltyp, aus denen die Chromosomen isoliert werden. Durch radioaktive Markierung der Spenderchromosomen konnte nachgewiesen werden, daß in mindestens 10 von 100000 untersuchten Mitosen ein markiertes Spenderchromosom vorhanden ist. Neben vollständig markierten Chromosomen wurden auch solche gefunden, die nur in einem Chromatid markiert waren, ein Hinweis dafür, daß die transferierten Chromosomen in der Empfängerzelle repliziert werden (Tafel 11).

Die physikochemische und immunologische Charakterisierung der HGPRT-Aktivität in Wg3-h-Zellen, die mit menschlichen Chromosomen behandelt worden waren, lieferte Beweise für das Vorhandensein von Menschen-spezifischer HGPRT in den Hamsterzellen. Diese Befunde sprechen für eine selektive Inkorporation des menschlichen HGPRT-Markers in das Hamsterzellgenom (vgl. Kap. 6.3.3.). Allerdings können andere X-chromosomalen menschlichen Gene, wie z. B. G6PD und PGK (vgl. Kap. 5) in den Hamsterzellen nicht nachgewiesen werden. Daraus folgt, daß möglicherweise nur ein Fragment dieses Chromosoms in die Rezipientenzelle transferiert und/oder dort abgelesen wird. Andererseits weist vieles darauf hin (vgl. 16—18), daß die HGPRT-Aktivität in somatischen Zellen auf besondere, bisher noch unverstandene Weise reguliert wird.

Trotz dieser Einschränkungen wird der Wert dieser Methode für einen Gentransfer nicht geschmälert. Ihre Bedeutung wird sich in dem Maße erhöhen, wie es gelingt, isolierte Chromosomenpopulationen besser zu fraktionieren. In dieser Richtung deuten sich beträchtliche Fortschritte an (26).

Die Anwendung des Chromosomen-Transfers für eine Therapie von genetischen Defekten in vivo wird vor allem dadurch stark beeinträchtigt, daß neben dem interessierenden Gen zu viele andere Gene übertragen werden. Es werden praktisch experimentelle Aneuploidien erzeugt, deren Nachteile vermutlich überwiegen dürften.

6.3.5. *Viren als Überträger genetischer Information*

In der Mikrobengenetik spielen Bakteriophagen bei der Übertragung genetischer Information zwischen Bakterien eine bedeutende Rolle. Eine ähnliche Bedeutung scheinen auch einige tierische Viren bei der Informationsübertragung zwischen tierischen Zellen zu haben.

Hinsichtlich der Funktion der Viren beim Informationstransfer muß unterschieden werden zwischen

- der Fähigkeit bestimmter Viren, spezifische Gene der Wirtszelle zu dereprimieren oder Virus-spezifische Gene dem Wirtszellmetabolismus verfügbar zu machen (Konversion) und/oder
- als „Schlepper" von Wirtszell-DNA-Fragmenten zwischen tierischen Zellen zu dienen (Transduktion).

Eine detaillierte Analyse dieser äußerst vielschichtigen Problematik hat vor allem die methodologische Basis des Gentransferprogrammes außerordentlich verbreitert.

6.3.5.1. *Konversion*

Bei einigen Bakterien/Bakteriophagen-Systemen treten unter dem Einfluß des in das Bakterien-Chromosom integrierten Proyphagen in den lysogenen Bakterien neue Eigenschaften auf, die sich nicht ohne weiteres von den typischen Erbmerkmalen unterscheiden lassen. Die Ausprägung solcher neuer Eigenschaften in den Virus-infizierten Zellen unter dem Einfluß des genetischen Materials des Virus oder Teilen desselben wird als Konversion bezeichnet. Die durch Konversion induzierten neuen Eigenschaften der Wirtszelle sind gebunden an die ständige Gegenwart der viralen Nukleinsäure, was z. B. durch deren Integration in das Wirtszellgenom oder Plasmid-artige Vermehrung in den Wirtszellen realisiert werden kann. Eine der bekanntesten Konversionen ist die Fähigkeit von lysogenen Corynebakterien zur Bildung des Diphtherie-Toxins. Die Toxinsynthese ist keine genetisch kontrollierte Eigenschaft des *Corynebakteriums diphtheriae*, sondern erfolgt unter dem Einfluß eines Genes tox des Bakteriophagen β. Nicht lysogene Bakterien, deren Prophage ohne Lyse der Bakterien aus diesen entfernt wurde, verlieren die Fähigkeit zur Synthese des Toxins.

Auch verschiedene (onkogene) DNA-Viren sind zur Konversion befähigt. Von ROGERS wurde 1966 berichtet, daß im Serum von Laborarbeitern, die mit einem Kaninchen-Pappilom-Virus, dem Shope-Papillom-Virus, gearbeitet hatten, eine Virus-spezifische Arginase nachgewiesen wurde. Der Test war selbst dann noch positiv, wenn der Kontakt mit dem Virus mehrere Jahre zurücklag (27). Wahrscheinlich sind Viruskopien oder Teile derselben in die Genome bestimmter Zellen des Körpers eingebaut worden. Interessanterweise wurde 1970 von TERHEGGEN ein angeborener Stoffwechseldefekt, die sog. Hyperargininämie beschrieben, die auf einem genetisch bedingten Arginasemangel beruht (28, 29). Werden nun in vitro kultivierte Fibroblasten eines der Patienten mit Shope-Papillom-Virus infiziert, so kann in den infizierten Fibroblasten Virus-spezifische Arginase nachgeweisen werden. Inzwischen sind auch Versuche zur Konversion von Hyperargininämie-Patienten mittels Einspritzung von Shope-Papillom-Virus-Suspensionen durchgeführt worden, die aber aus bisher unbekannten Gründen alle negativ verliefen.

Neben dem Shope-Pappillom-Virus vermögen auch

andere tierische Viren in von ihnen infizierten Zellen die Synthese spezifischer Enzyme zu induzieren. So ist z. B. in Vaccine-Virus-, Herpes-simplex-Virus-(HSV-Serotypen 1 und 2), einigen Geflügel Herpes-Virus-, Adeno-Virus-, Polyoma-Virus-, sowie SV 40-Virus-infizierten Zellen eine erhöhte Thymidin-Kinase (TK)-Aktivität nachgewiesen worden (30). Genetische, biochemische und immunologische Untersuchungen haben gezeigt, daß die Vaccine-Virus sowie HSV-induzierten Thymidin-Kinasen Virus-spezifische Isoenzyme sind, die von entsprechenden viralen Genen kodiert werden (31). Diese Virus-spezifischen Thymidin-Kinasen werden nach Vaccine- bzw. HSV-Infektion auch in Thymidin-Kinase defizienten Mutantenzellen gebildet. Eine Analyse ergab, daß nach nicht lytischer Infektion von TK^--Maus- oder Menschzellen mit UV-bestrahlten HSV von ca. 1000 Mutantenzellen im Durchschnitt eine Zelle zu einem TK^+-Phänotyp transformiert wurde. Der TK^+-Phänotyp wurde über einen 8monatigen Versuchszeitraum stabil an die Nachkommenzellen weitervererbt (32). Wahrscheinlich wird ein (oder mehrere) Virusgenom, oder Teile von diesem, in ähnlicher Weise wie andere onkogene Viren, in das Zellgenom integriert bzw. als Episom in den Zellen erhalten, so daß diese voll funktionsfähig bleiben.

Die TK-Aktivität in den TK-Revertantenzellen wird nicht synchron mit der zellulären DNA-Synthese induziert und ihre Regulation ist noch unverstanden (33). In diesem Zusammenhang ist interessant, daß TK-defiziente Mäusezellen, denen das TK-Gen durch HSV-Infektion eingeführt wurde, mit zunehmender Kultivierung in nicht selektivem Medium das Spender-TK-Gen nicht mehr ausprägen, obwohl sie es nachweislich nicht verlieren (34). Möglicherweise spielen hier solche noch unbekannten Regelprobleme eine Rolle.

Im Gegensatz zu Vaccine-Virus oder HSV stimulieren andere onkogene DNA-Viren wie Polyoma- oder SV 40-Virus zwar die TK-Aktivität in TK-positiven Maus-, Hamster-, oder Menschenzellen, nicht aber in TK-defizienten Mutantenzellen. Die Virus-induzierten Enzyme unterscheiden sich nicht signifikant von den Thymidin-Kinasen in nicht infizierten Zellen und es wird allgemein angenommen, daß die Stimulation der TK in Polyoma-, SV 40- oder Adeno-Virus infizierten TK-positiven Zellen über eine Derepression zellulärer (foetaler) Gene verläuft (35).

Für eine genetische Therapie höherer Organismen, einschließlich des Menschen, scheint die Konversion recht problematisch zu sein. Abgesehen davon, daß die Palette der Virus-vermittelten Informationen bisher nicht erfaßt oder gar überblickt werden kann, scheint das Risiko, Konversionen durch onkogene Viren zu induzieren, speziell beim Menschen zu hoch zu sein. So sind z. B. mehrere Vertreter der Herpes-Virus-Gruppe für zahlreiche niedere Tiere sowie einige Primaten onkogen und stehen im Verdacht, auch beim Menschen bösartige Geschwülste zu erzeugen (36).

6.3.5.2. Transduktion

Eine seit langem diskutierte und in den letzten Jahren vielfach als Methode der Wahl bezeichnete Möglichkeit zum Transfer genetischer Information ist die sog. Transduktion. Mit der Transduktion begegnen wir, abgesehen von der Konversion, erstmals einer Technik, bei der die Übertragung des genetischen Materials nicht direkt zwischen Spender- und Rezipientenzelle erfolgt, sondern eine dritte Komponente, ein Virus, erfordert. Obgleich diese neue Komponente scheinbar die Komplexität des Systems zu erhöhen scheint, erweist sie sich in vielfacher Hinsicht als ein Vorteil. Dieser Vorteil liegt u. a. in einer höheren Selektionsmöglichkeit der zu übertragenden Gene, einem besseren Schutz dieser DNA-Fragmente vor zellulären Nukleasen sowie eine höhere Chance der Inkorporation der Spender DNA-Fragmente in das Genom der Empfängerzelle.

6.3.5.2.1. Allgemeine Transduktion

Die allgemeine Transduktion ist ein erstmals 1952 in der Mikrobengenetik beschriebenes Phänomen, das auf einer ungerichteten Übertragung von Bakterien-DNA in entsprechende Empfänger-Bakterien mittels Bakteriophagen beruht. Offenbar werden im Verlaufe des Reifungsprozesses der Bakteriophagen (und zwar sowohl nach lytischer Infektion, als auch nach der Induktion lysogener Bakterien) gelegentlich anstelle der Virus-DNA bakterielle DNA-Fragmente in intakte Proteinhüllen der Viren eingebaut. Aller Wahrscheinlichkeit nach enthalten die meisten allgemein transduzierenden Partikel ausschließlich bakterielle DNA (37) (Abb. 64).

Allgemein transduzierende Bakteriophagen wurden für die somatische Zellgenetik vor allem deshalb interessant, weil schon vor Jahren gezeigt werden konnte, daß auch von (zumindest) DNA-haltigen Tumorviren vergleichbare transduzierende Partikel gebildet werden. Das trifft vor allem auf zwei Vertreter der Papovaviridae, das Polyoma- bzw. SV 40-Virus zu. Diese relativ kleinen DNA-Viren (MG ca 3.5×10^6 D) induzieren nach Inokulation in Versuchstiere (Mäuse bzw. Hamster) in diesen Tumore. Sie können relativ problemlos in in vitro kultivierten Maus- bzw. Affenzellen vermehrt werden. Unter bestimmten Voraussetzungen (Art und Zustand der zur Vermehrung benutzten Zellen; Infektionsmultiplizität der Viren u. a.) enthalten bis zu 20% der neu gebildeten Viruspartikel Wirtszell-DNA-Fragmente von unterschiedlicher Größe. Im Extremfall, bei den sog. Pseudovirions, kommt es zur vollständigen Substitution der Virus DNA durch Wirtszell-DNA-Fragmente geeigneter Größe. Damit ähneln die Pseudovirions in ihrem Aufbau den allgemein transduzierenden Phagenpartikeln. Pseudovirions enthalten keine einheitliche Wirtszell-DNA-Fraktion, sondern willkürliche Abschnitte nicht replizierter bzw. neu replizierter DNA der Wirtszelle (38, 39). Das Molekulargewicht der in den Pseudovirions enthaltenen Wirtszell-DNA-Fragmente entspricht mit ca. 3.5×10^6 D dem der Polyoma- bzw. SV 40-DNA und enthält damit die Infor-

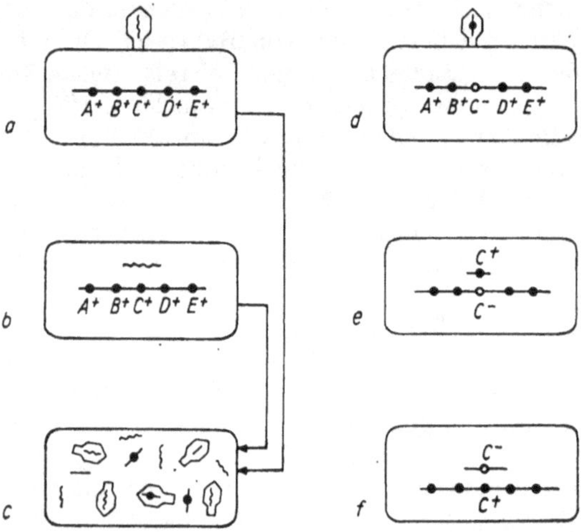

Abb. 64. Mechanismus der stabilen Transduktion. Nach lytischer Infektion einer sensiblen Zelle mit einem temperierten Phagen (a) oder nach Induktion einer lysogenen Zelle (b), entstehen neben normalen Phagennachkommen in wenigen Fällen transduzierende Partikel, bei denen anstelle der Phagen-DNA ein Fragment des Bakterienchromosoms in die Phagenhülle eingebaut wurde (c). Wird mit solch einem Partikel eine Zelle infiziert, die ein mutiertes Allel des entsprechenden Gens besitzt (d), so lagert sich das injizierte Chromosomenfragment an die homologe Chromosomenregion an (e) und kann durch genetischen Austausch in das Bakteriengenom einrekombiniert werden (f). Es resultiert eine in dem betreffenden Gen stabil transduzierte Zelle (nach GEISSLER, 1962)

mation für ca. 3—4 Gene. Pseudovirions adsorbieren an Zellen, die für Polyoma- bzw. SV 40 Viren permissiv sind (Mäuse- bzw. Affenzellen) sowie u. a. auch an Menschenzellen und werden in diese Zellen eingeschleust (40, 41). Die in der Zelle von der Virus-Proteinhülle befreiten DNA-

Fragmente gelangen in hochmolekularer Form zum Zellkern. 24 Stunden nach der Infektion von Mauszellen bzw. Menschen-Zellen mit radioaktiv markierten Polyoma-Pseudovirions wurden 24% der totalen zellulären Radioaktivität in der Kernfraktion der Mauszellen und 7% der Radioaktivität in der Kernfraktion der menschlichen Zellen gefunden (42). Eine echte allgemeine Transduktion bei Bakterien setzt einen stabilen Einbau der Spender-DNA in das Empfängergenom voraus. Eine zur Zeit offene Frage ist, ob auch die durch Pseudovirions in die Säugerzelle transportierte Spender-DNA stabil in das Empfängergenom integriert wird. Tatsächlich fanden zunächst Kashmir und Aposhian (43), daß ca. 11% der Radioaktivität von radioaktiv markierter Spender-DNA in der Wirtszell-DNA nachweisbar sind. Das ließe auf einen rekombinativen Einbau dieser DNA in das Empfängergenom schließen, wenn nicht gleichzeitig der Nachweis geführt worden wäre, daß die Radioaktivität in der Empfänger-DNA auf den Abbau der Spender-DNA zu DNA-Präkursoren und die Wiederverwertung der Abbauprodukte für die Synthese der Wirtszell-DNA zurückzuführen ist. Es gibt z. Z. keinen Beweis dafür, daß pseudorivale DNA als intakte Einheit in das Wirtszell-Genom einrekombiniert wird. Möglicherweise liegt darin auch die Ursache dafür, daß Versuche, die Gene für die Enzyme HGPRT und TK zu transduzieren, trotz hoch auflösender Systeme bisher fehlgeschlagen sind. Darüber hinaus bliebe für einen erfolgreichen Gentransfer, selbst wenn der Einbau der pseudoviralen DNA in das Wirtszellgenom gelänge, noch das Problem der fehlenden Spezifität dieser DNA offen, die nach dem Zufallsprinzip in die Virushülle eingebaut wird und z. Z. nicht angereichert werden kann (44). Als Ausweg böte sich die Konstruktion künstlicher Pseudovirions an — durch In-vitro-Morphogenese mit angereicherter Spender-DNA und Virushüllproteinen —, ein Lösungsweg, der heute technisch noch nicht gangbar ist.

6.3.5.2.2. Spezialtransduktion

Ein ebenfalls in der Mikrobengenetik weitverbreitetes und vielfältig genutztes Phänomen ist die Spezialtransduktion durch temperierte Bakteriophagen. Spezialtransduzierende Partikel entstehen in der Regel nach der Induktion lysogener Bakterien, wobei nur solche bakterielle DNA transduziert wird, die dem Phagen-Integrationsort eng benachbart ist. Spezial transduzierende Partikel können selektiv angereichert werden. Dadurch ist es

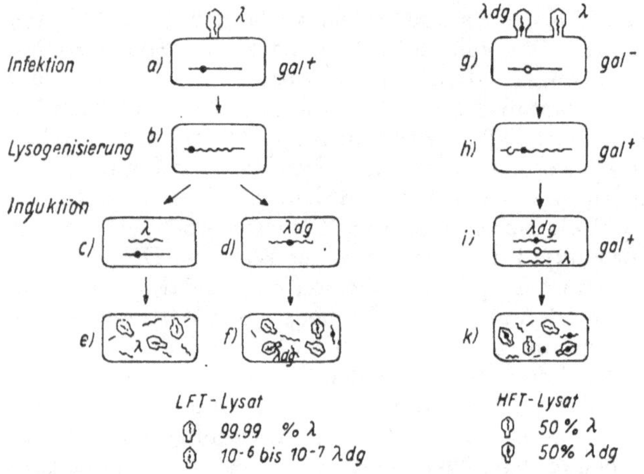

Abb. 65. Spezialtransduktion der gal-Region. Entstehung von LFT- und HFT-Lysaten. Mit λ-Phagen infizierte *Escherichia coli*-Zellen (a) werden (zu einem bestimmten Prozentsatz) lysogen (b). Nach Induktion produzieren die lysogenen Zellen λ-Phagen (c, e) oder gelegentlich auch λdg-Phagen (d, f). Das freiwerdende Gemisch aus sehr vielen λ- und wenigen λdg-Phagen bezeichnet man als LFT-Lysat. Werden gal⁻-Zellen mit λdg- und Hilfsphagen infiziert (g), so befinden sich unter den lysogenisierten Zellen neben gal⁻-Zellen partiell diploide Zellen, deren Genom neben dem gal⁻-Allel das transduzierte gal⁺-Allel besitzt (h). Nach Induktion dieser Zellen entsteht ein HFT-Lysat, das etwa zu gleichen Anteilen λ- und λdg-Phagen enthält (i, k) (nach GÜNTHER 1969, verändert)

möglich, spezifisch und gerichtet Gene aus Spender- in ausgewählte Empfänger-Bakterien zu übertragen. So werden u. a. die Gene des Galaktose-Operons durch den Bakteriophagen λ und die Tryptophan-Gen-Region von *E. coli* durch den Bakteriophagen ⌀ 80 transduziert (Abb. 65). Mit geeigneten Translokationen kann das Transduktions-Spektrum dieser und anderer Bakteriophagen noch beträchtlich erweitert werden.

Im Jahre 1971 erregte eine Veröffentlichung von MERRIL u. Mitarb. beträchtliches Aufsehen (45). Dieser Gruppe war es gelungen, mit Hilfe des transduzierenden Bakteriophagen λ ein Bakteriengen in menschliche Fibroblasten einzuschleusen, in denen das Gen ganz offenbar seine Funktionsfähigkeit nicht einbüßte.

Ganz so überraschend, wie es zunächst erschien, waren die Befunde MERRILS trotz aller noch bestehenden Unklarheiten, speziell über die exakte Translation des Bakteriengens in der menschlichen Fibroblastenzelle doch nicht. So wissen wir:

- Die Universalität des genetischen Kodes garantiert die Verschlüsselung der genetischen Information sowohl bei Bakterien als auch bei Säugern nach den gleichen Prinzipien.
- Es gibt mehrere Hinweise dafür, daß prokaryotische Gene in zellfreien Säugerzellsystemen korrekt translatiert werden: So werden u. a. von polyzistronischen mRNAs der Bakteriophagen R 17 und *Q β* in verschiedenen zellfreien Säugersystemen Proteine synthetisiert, die den jeweiligen Hüll- bzw. Synthetaseproteinen entsprechen [46, 47] und in einem zellfreien Hefesystem von T 3-Bakteriophagen DNA mindestens das T 3-S-adenosylmethionin-spaltende Enzym gebildet [48].
  Diese Befunde werden durch ähnliche Untersuchungen, insbesondere an pflanzlichen Systemen wesentlich gestützt.

Wir wollen uns im folgenden ausführlicher dem Experiment von MERRIL u. Mitarb. zuwenden (vgl. auch Abb. 66). Im einzelnen gingen die Autoren folgendermaßen vor:

Als Empfängerzellen dienten in vitro kultivierte menschliche Fibroblasten, die ursprünglich einem Galaktosämie-

Patienten entnommen worden waren. Galaktosämie ist eine autosomal rezessive Erbkrankheit, die auf einem genetisch bedingten Ausfall des Enzyms Galaktose-1-Phosphat-Uridyl-Transferase (GPU-Transferase) beruht. Die Aufgabe, die sich MERRIL u. Mitarb. stellten, bestand darin, durch Zugabe eines entsprechenden Genabschnittes

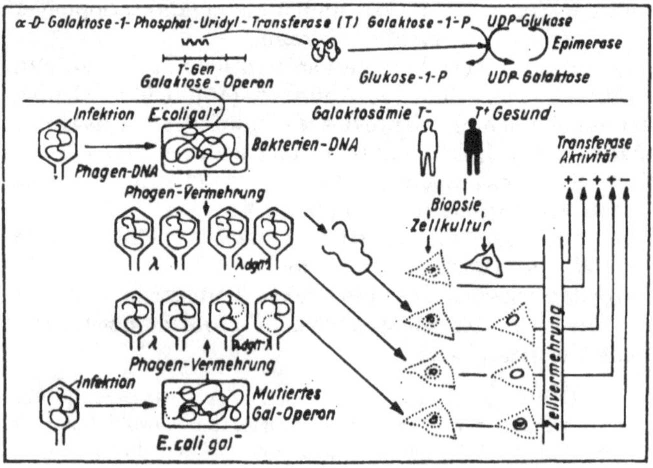

Abb. 66. Prinzip des „Merril-Experiments" (stark schematisiert)

aus *E. coli*-Bakterien diesen Defekt zu kompensieren. Das Galaktose-Operon (gal-Operon) von *E. coli* besteht aus 3 Strukturgenen, die für die Enzyme Galaktokinase, Epimerase und GPU-Transferase kodieren. Dieses Operon wurde in eine Mutante des transduzierenden Bakteriophagen λ eingebaut [λ pgal ($K^+T^+E^+$)] und zur Infektion der menschlichen galaktosämischen Fibroblasten benutzt, wobei die Infektionsmultiplizität $>10^5$ transduzierende Bakteriophagen pro Zelle betrug. Zur Kontrolle wurden die Fibroblasten mit einer λ-Mutante infiziert, die ein gal-Operon mit defekten GPU-Transferase-Gen enthielt [λ pgal ($K^+T^-E^+$)]. Etwa 4 Tage nach der Infektion mit

[λ pgal ($K^+T^+E^+$)] transduzierenden Bakteriophagen konnte in den Fibroblasten GPU-Transferase-Aktivität nachgewiesen werden, die etwa 4,5—21% der Aktivität von Normalzellen entsprach. Darüber hinaus konnten ca. 0,2% der neugebildeten zellulären RNA mit λ pgal-DNA hybridisiert werden. Sowohl RNA als auch GPU-Transferase-Aktivität waren noch 41 Tage nach Infektion in gleicher Intensität nachweisbar. Ob die Spender-DNA in die DNA der Fibroblasten eingebaut wird, ist zur Zeit noch unbekannt. In allen Kontrollexperimenten mit [λ pgal ($K^+T^-E^+$)] waren weder GPU-Transferase-Aktivität noch λ-spezifische RNA-Sequenzen (< 0,005%) nachweisbar. Interessanterweise werden mit λ pgal-DNA höhere GPU-Transferase-Aktivitäten erreicht als mit λ pgal-Virions. Möglicherweise beruht dieser Effekt auf einer besseren Aufnahme der DNA durch die Zellen und/oder einer besseren Verfügbarkeit der DNA für Transkriptions- bzw. Translationsprozesse.

Merril u. Mitarb. weiteten ihre Experimente auf mehrere galaktosämische Zellinien aus und fanden die ersten Versuche bestätigt. Bei 28 Experimenten, die durchgeführt wurden, lagen in 69% aller Versuche die GPU-Transferase-Aktivitäten zwischen 0,1 und 31% der Aktivität von Normalzellen (49).

Längere Zeit gab es ernsthafte Zweifel an der Gültigkeit der Befunde Merrils ,die vor allem aus der ungenügenden Charakterisierung des Enzyms und der schlechten Reproduzierbarkeit der Experimente resultierten. Erst 1975 wurde von Horst u. Mitarb. erstmals außerhalb Merrils Laboratorium ein ähnliches Experiment beschrieben (50). Als Rezipienten-Zellen dienten menschliche Fibroblasten, die einem Patienten mit generalisierter Gangliosidose (GM_I-Gangliosidose Typ I), einer Erbkrankheit mit schwerer Defizienz des Enzyms β-Galaktosidase. Die Fibroblasten wurden mit dem transduzierenden Bakteriophagen λ plac oder mit λ plac-DNA infiziert. Die Plaque-bildenden, lac-transduzierenden λ-Bakteriophagen enthalten ein komplettes *E. coli* Z-Gen, das für die bakterielle

β-Galaktosidase kodiert. Das Ziel der Untersuchungen war, festzustellen,

- ob nach Transduktion in den Fibroblasten aktive β-Galaktosidase gebildet wird und
- ob dieses Enzym *E. coli* spezifisch ist.

Zur Kontrolle wurden die Zellen mit λ w8-Wildtypphagen infiziert.

In ca. 15% der Experimente war sowohl nach Infektion mit λ plac-Virions als auch mit λ plac-DNA eine signifikant höhere β-Galaktosidase-Aktivität in den Fibroblasten nachweisbar.

In Übereinstimmung mit den Ergebnissen von MERRIL war die Aktivitätserhöhung am größten, wenn die Zellen mit λ plac-DNA infiziert worden waren. Die Infektion der Mutantenzellen mit λ w8-Wildtypphagen und gereinigtem *E. coli*-β-Galaktosidase-Enzym blieb ohne Einfluß auf die zelluläre β-Galaktosidase-Aktivität.

Durch immunologische und physikochemische Charakterisierung konnte das in den Fibroblasten induzierte Enzym eindeutig als *E. coli* spezifische β-Galaktosidase ausgewiesen werden. Damit war der Beweis erbracht für die korrekte Transkription und Translation des bakteriellen Gens in der Eukaryotenzelle. Allerdings war dieser Nachweis schon vorher an verschiedenen pflanzlichen Systemen erarbeitet worden, wo die Infektion von pflanzlichen Zellen mit transduzierenden Bakteriophagen wie λ pgal, λ plac und $\varnothing$ 80 lac gelungen war und z. B. das bakterielle Z-Gen-Produkt β-Galaktosidase in den Pflanzenzellen identifiziert werden konnte (51–53).

Nach einem Vorschlag von DOY (51) sollten Gentransfer-Prozesse, bei denen Donor- und Rezipientenzelle evolutionär weit entfernte Spezies sind und bei denen der Mechanismus der Informations-Realisierung noch nicht eindeutig geklärt ist, als Transgenose bezeichnet werden.

Die Übertragung genetischen Materials durch transduzierende Bakteriophagen scheint ein vielversprechender Weg für die Aufklärung zellbiologischer und regulatorischer Prozesse in der Eukaryotenzelle zu sein. Damit bieten sich auch Ansatzpunkte für eine Reparatur genetischer Schaden, zumindest bei in vitro kultivierten Zellen. Allerdings stehen solchen Experimenten in Form der relativ aufwendigen Massenproduktion transduzierender Bakteriophagen und der z. Z. noch begrenzten Anzahl verfügbarer transduzierbarer Gene nicht zu übersehende Nachteile entgegen. Deshalb wird seit langem die Möglichkeit erwogen, die Spezialtransduktion auch auf solche tierische Viren auszudehnen, von denen man weiß, daß sie in das genetische Material der Wirtszelle eingebaut werden. Hier entsteht dann allerdings das Problem, daß diese tierischen Viren mit einem entsprechenden Spendergen beladen werden müssen. In dieser Hinsicht ist vor einigen Jahren ein erheblicher Durchbruch erzielt worden, der viele grundlegende molekularbiologische und zellbiologische Fragestellungen — und auch Experimente zum Gentransfer — revolutioniert hat. Einen Einblick in diese Entwicklung wollen wir in den folgenden Abschnitten geben.

6.3.6. In vitro-Konstruktion von DNA-Hybridmolekülen (Rekombinanten-Molekülen)

Zu Beginn der siebziger Jahre standen mehrere Methoden zur Verfügung, um doppelsträngige DNA-Moleküle miteinander zu verknüpfen. Damit war eine weitere Schwierigkeit, die der Entwicklung eines effektiven Systems zur Manipulation von Genen entgegenstand, überwunden. Dem vorangegangen war die Entdeckung eines bakteriellen Enzyms, der Polynukleotid-Ligase von *E. coli*, dessen Funktion in der Reparatur von DNA-Einzelstrang-Brüchen besteht. Die Ligase katalysiert zwischen zwei benachbarten Nukleotiden die Synthese einer Phosphodiesterbindung, wodurch diese kovalent miteinander verknüpft werden (vgl. Abb. 67). Unter gewissen Versuchsbedingungen kann mit Ligase, und zwar mit einem

Enzym, das vom Bakteriophagen T4 kodiert wird, auch eine End-zu-End-Verknüpfung von isolierten, intakten Doppelstrang-DNA-Segmenten durchgeführt werden. Das Zueinanderfinden zweier DNA-Moleküle ist ein Zu-

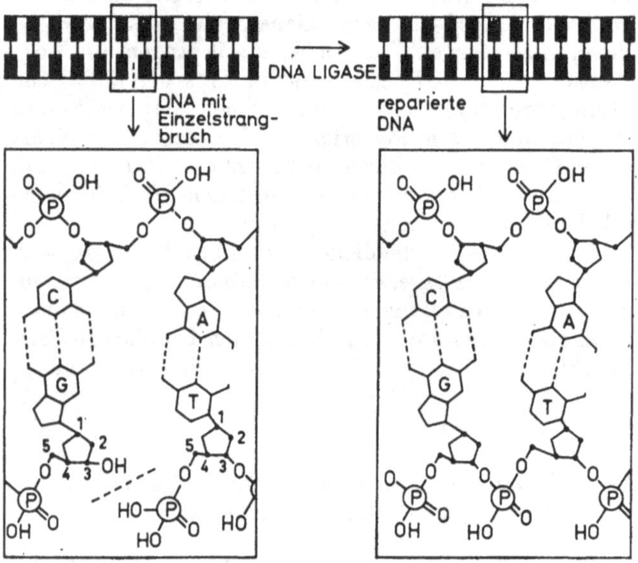

Abb. 67. Reparatur eines DNA-Einzelstrangbruches durch DNA-Ligase (obere Skizze). Ligase katalysiert die Synthese einer Bindung am Ort der Bruchstelle (untere Skizze, gestrichelte Linie), zwischen dem Phosphat eines Nukleotids und dem Zucker des benachbarten Nukleotids.

fallsprozeß, wodurch die Effizienz der Reaktion stark gemindert wird. Eine qualitativ und quantitativ ergiebige Verknüpfung benötigt demzufolge einen Mechanismus, der die Enden zweier DNA-Moleküle zusammenhält, um die Ligase-Reaktion zu ermöglichen.

6.3.6.1. Verknüpfung von DNA-Molekülen durch komplementare Nukleotid-Blöcke

Einer der sinnreichsten Lösungswege zur Verknüpfung zweier DNA-Moleküle bestand darin, an die 3'-Einzelstrangenden eines DNA-Doppelstrang-Moleküls (die man mittels eines vom Bakteriophagen λ kodierten Enzyms, der Exonuklease III, herstellen kann) eine Serie identischer Nukleotide anzuknüpfen. Diese Verknüpfung kann mittels eines weiteren Enzyms, der terminalen Transferase, ausgeführt werden. Wenn nun an 2 unterschiedliche DNA-Fraktionen, die miteinander verknüpft werden sollen, jeweils einander komplementäre Nukleotidblöcke polymerisiert werden (z. B. polyd[A] an die eine DNA-Population und polyd[T] an die zweite DNA), so ist eine DNA-Basenpaarung über Wasserstoffbrücken in der Region einander komplementären Nukleotid-Blöcke gewährleistet. Die nach der Paarung der beiden DNA-Moleküle im Doppelstrang verbleibenden „Lücken" werden mit DNA-Polymerase I aufgefüllt und durch Ligase miteinander verknüpft. Die Gesamtreaktion ist in Abb. 68 dargestellt. Generell können damit DNA-Moleküle verschiedener Herkunft, also auch verschiedener Spezies gekoppelt werden (vgl. Abschn. 6. 3.6.2.). Schon kurze Zeit nach der Konzipierung wurde diese Methode von BERG u. Mitarb. dazu benutzt, die DNA eines tierischen Virus (SV 40) mit der eines transduzierenden Bakteriophagen (λ gal) zu verknüpfen (54). Die DNA-Moleküle dieser Viren liegen unter bestimmten experimentellen Bedingungen als kovalent geschlossene Ringe vor, die vor der Verknüpfung in lineare Moleküle mit freien Enden gespalten werden mußten. Dazu wurde mehr oder weniger willkürlich ein Enzym benutzt — die sog. Eco_{R_I}-Endonuklease, eine Restriktionsendonuklease (vgl. Abschn. 6.3.6.2.) — das, wie sich später herausstellen sollte, bei der Spaltung doppelsträngiger DNA „versetzte" Brüche verursacht, so daß Fragmente mit komplementären Einzelstrangenden entstehen, die spontan reassozieren und durch Ligase wieder kovalent geschlossen werden können (55).

Mit der Aufklärung des Mechanismus der Eco_{RI}-Spaltung wurde die Grundlage für eine konzeptionell einfache Methode zur Verknüpfung von DNA-Doppelstrang-Molekülen geschaffen.

Wie wir im folgenden sehen werden, beruht diese Methode letztlich nur auf der Spaltung der DNA durch spezifische Restriktionsendonukleasen.

6.3.6.2. Spaltung von doppelsträngigen DNA-Molekülen durch spezifische Restriktionsendonukleasen und Kopplung der Spaltfragmente

In Anbetracht der außerordentlich großen Bedeutung der Restriktionsendonukleasen für die gesamte molekularbiologische Forschung wollen wir sie an dieser Stelle etwas genauer charakterisieren.

Restriktionsendonukleasen sind Endodeoxyribonukleasen, die spezifische Nukleotidsequenzen in doppelsträngiger DNA erkennen und beide Stränge des DNA-Moleküls spalten. Sie sind weit verbreitet in Mikroorganismen und Gene, die solche Enzyme kodieren, wurden auf viralen- und extrachromosomalen DNAs sowie auf den Chromosomen zahlreicher Bakterien kartiert. Restriktionsendonukleasen sind Teil eines Restriktions-Modifikations-Systems (R-M-System) in der Bakterienzelle (und für deren Existenz in Eukaryotenzellen es bisher noch keine eindeutigen Hinweise gibt.) Das R-M-System besteht aus 2 enzymatischen Komponenten, einer Restriktionsendonuklease und einem Modifikationsenzym, die ähnliche (oder identische) DNA-Sequenzen erkennen und diese spalten oder modifizieren (im allgemeinen durch Methylierung). Durch die Wechselwirkung beider Komponenten wird die zelluläre DNA vor einer Restriktion geschützt, unmodifizierte DNA aber durch die Restriktionsendonukleasen zerstört. Die Entscheidung zwischen Überleben oder Zerstörung der „fremden“ DNA hängt also jeweils von der Spezifität der Donor- und Rezipientenzelle ab. Die R-M-Systeme, von denen mehrere in einer Bakterienzelle vorkommen können, scheinen die Hauptbarrieren gegen den Austausch genetischer Information zwischen nicht verwandten Mikroorganismen zu sein (56).

Wie wir bereits einleitend erwähnt haben, liegt der besondere Wert der Site-spezifischen Restriktionsendonukleasen[1]) (Klasse -II — Restriktionsendonukleasen) für die Kopplung doppelsträngiger DNA-Moleküle darin, daß bestimmte Enzyme native, unmodifizierte DNA

- an spezifischen Nukleotidsequenzen spalten und
- die Spaltprodukte durch identische, selbst komplementäre, kohäsive Enden ausgezeichnet sind.

Tabelle 13

Restriktionsendonukleasen — Klasse II — mit spezifischen Spaltorten

Herkunft	Enzym	Sequenz (5 → 3′)	Zahl der Spaltorte SV 40
Escherichia coli, R_I	Eco R_I	G ↓ AATTC	1
Escherichia coli, R_{II}	Eco R_{II}	↓ CCTGG	16
Haemophilus aegyptius	Hae III	GG ↓ CC	17
Haemophilus influenzae	Hind II	GTPy ↓ PuAC	7
Serotyp *d*	Hind III	A ↓ AGCTT	6
Haemophilus parainfluenzae	Hpa I	GTT ↓ AAC	4
	Hpa II	C ↓ CGG	1
Anabaena variabilis	Ava I	CGPu ↓ PyCG	3
Bacillus amyloliquifaciens	Bam I	G ↓ GATCC	1

In den letzten Jahren wurde eine große Anzahl neuer Site-spezifischer Restriktionsendonukleasen entdeckt, von denen zum großen Teil die Basensequenz ihrer Spaltorte

[1]) Die Vertreter einer weiteren Klasse von Restriktionsenzymen (Klasse I), die doppelsträngige DNA unspezifisch spalten und deshalb für unsere Problematik nicht wichtig sind, sollen an dieser Stelle nicht näher charakterisiert werden.

ermittelt werden konnte (Tabelle 13). Alle bekannten R-Spaltungs-Sites sind 4—6 Basenpaare lang und besitzen zweifache Rotationssymmetrie des Typs:

A B C C′ B′ A′

A′ B′ C′ C B A

Die Spaltpositionen innerhalb der sog. Palindrome sind entweder „gerade“ oder „versetzt“, wie es am Beispiel der Enzyme Eco_{R_I} und $Hind_{II}$ erkennbar wird.

G ↓ AATTC	GTPy ↓ PuAC
CTTA A ↑ G	CAPu ↑ PyTG
„versetzte Spaltung“	„gerade Spaltung“
[Eco_{R_I}]	[$Hind_{II}$]

(Die Spaltpositionen sind durch Pfeile markiert).

Die „versetzte“ Spaltung resultiert in der Bildung selbstkomplementärer, kohäsiver DNA-Enden. Für jedes Enzym entsprechen Zahl und Größe der DNA-Fragmente der Verteilung der palindromen Sequenzen in dieser DNA. So entstehen z. B. nach Spaltung von ringförmiger SV 40 DNA mit Eco_{RI} ein lineares Molekül, mit Hin_{dII} 7 Fragmente mit Ha_{eIII} 17 Fragmente, während die DNA des Bakteriophagen λ durch die gleichen Enzyme in 5, 34 und > 50 Fragmente gespalten wird.

6.3.6.2.1. Anwendung der Restriktionsendonukleasen in der Zellbiologie

Schon kurze Zeit nach ihrer Entdeckung fanden die Site-spezifischen Restriktionsendonukleasen sehr schnell Anwendung in der zellbiologischen Forschung, so z. B. bei der

— Kartierung von Chromosomen, vor allem viraler Genome.

Aus der Spaltung von DNA-Molekülen mit verschiedenen Restriktionsendonukleasen und nach Abstimmung der Reihenfolge der entstehenden Fragmente lassen sich „physikalische" Chromosomenkarten konstruieren. Diese Karten können dann als Referenzen für die Lokalisierung wichtiger chromosomaler Funktionen dienen (Initiations- und Terminationsorte für die DNA-Replikation und Transkription, Bindungsorte für Proteine, Templates für spezifische Transkripte usw.).

— Nukleotid-Sequenz-Analyse von DNA

Durch sukzessive Spaltung mit verschiedenen Restriktionsendonukleasen können DNA-Moleküle über Zwischenprodukte bis zu kleinen, einander überlappenden DNA-Fragmenten verdaut werden, die einer Sequenz-Analyse zugängig sind.

— Aufklärung der Organisation von Eukaryoten DNA sowie der Struktur des Chromatins.

Die DNA von Eukaryoten wird grundsätzlich in sog. einmalige oder „unique" Sequenzen und in sich wiederholende („repeated") Sequenzen unterteilt. Die Restriktionsorte scheinen auf der „unique"-DNA zufällig verteilt zu sein, was natürlich die Aufklärung dieser Sequenzen erschwert. Andererseits enthalten die „repeated"-Sequenzen sich regelmäßig wiederholende Restriktionsorte, so daß die nach Spaltung entstehenden DNA-Fragmente in auflösbare Gruppen unterteilt werden können.

— Isolation von Genen

Grundsätzlich kann so vorgegangen werden, daß ein Genom oder Chromosom durch verschiedene Restriktionsendonukleasen in zahlreiche Fragmente gespalten wird, von denen dann das Gentragende Segment isoliert werden muß. Wenn ein entsprechendes Fragment z. B. einen Proteinbindungsort enthält, kann es als DNA-Protein-Komplex auf Membranfiltern festgehalten werden oder die Fragmente werden durch Hybridisierung mit einem gereinigten, radioaktiv markierten Transkript des Gens auf dessen Anwendenheit geprüft. Auf diese Weise sind z. B. die lac-Regulator-Region und das Gen für eine $tRNA^{try}$ von *E. coli* sowie die Gene für VA-RNA in Adenovirus 2 isoliert worden (57, 58).

Die erfolgversprechendste Technik zur Genisolation scheint die Vermehrung von Eukaryoten DNA-Fragmenten in Bakterien zu sein. Ein solches Klonieren spezifischer

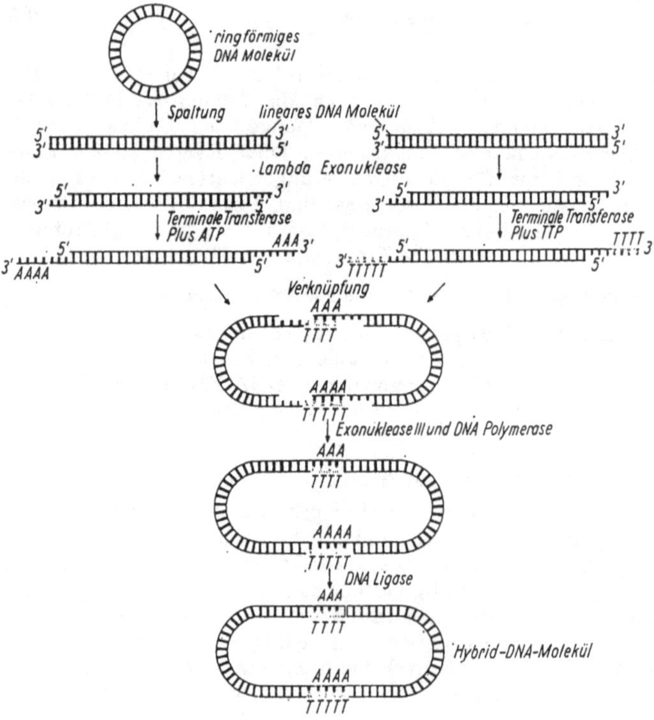

Abb. 68. „Terminale-Transferase“-Reaktion zur Verknüpfung von doppelsträngigen DNA-Molekülen. Besteht einer oder beide Reaktionspartner aus zirkulären DNA-Molekülen, müssen diese vor ihrer Verknüpfung in lineare Moleküle gespalten werden. Diese linearen DNA-Moleküle werden mit λ-Exonuklease behandelt, einem Enzym, das Nukleotide vom 5′-Ende der DNA abbaut. Nach Beendigung der Exonuklease-Verdauung werden mit Hilfe des Enzyms Terminale Transferase spezifische Nukleotide an die freien 3′-Enden der DNA-Stränge anpolymerisiert. Eine der DNA-Spezies wird mit Adenosintriphosphat (ATP), die andere mit Thymidintriphosphat (TTP) behandelt, so daß an erstere DNA polyA-, an die zweite DNA-Spezies aber polyT-Sequenzen angeführt werden. Nach dem Mischen beider DNA-Spezies werden die DNA-Moleküle mit unterschiedlichen Polynukleotid-Enden über die komplementären Nukleotid-Blöcke miteinander verknüpft. Anschließend werden dem Reaktionsgemisch Nukleotide, Exonuklease III und DNA-Polymerase zugegeben, um die „Lücken“ an den Paarungsstellen der DNAs aufzufüllen. Der kovalente Ringschluß zwischen den Molekülen erfolgt durch Ligase.

DNA-Sequenzen setzt die Verknüpfung dieser Sequenzen mit selbstreplizierenden extrachromosomalen DNAs (Plasmide, Bakteriophagen) voraus.

6.3.6.2.2. Konstruktion von DNA-Hybridmolekülen durch Kopplung über kohäsive Enden

Jede „versetzt“ spaltende Restriktionsendonuklease erzeugt nach Spaltung von DNA's, die aus unterschiedlichsten Organismen isoliert wurden, stets die gleichen Enzym-spezifischen kohäsiven Enden (z. B. Eco_{RI}, AATTC-Enden) (Abb. 68). Dadurch können DNA-Fragmente unterschiedlichster Herkunft (z. B. aus Viren, Bakterien oder Säugerzellen) über diese Enden miteinander gepaart und durch Ligase kovalent verknüpft werden. Generell kann diese Methode also in 3 Teilschritte aufgelöst werden:

- Spaltung der DNAs mit spezifischen Restriktionsendonukleasen und Isolation der Fragmente, die auf das Vorhandensein einer spezifischen Nukleotidsequenz geprüft werden können.
- Kopplung des DNAs über kohäsive Enden und kovalente Verknüpfung durch Ligase.
- Anreicherung (Klonierung) der Hybrid-DNA in geeigneten Empfänger-Systemen.

Zur Klonierung von Prokaryoten-, insbesondere aber vom Eukaryoten-DNA hat sich in den letzten Jahren eine Technik bewährt, die wir im Prinzip bereits bei den spezialtransduzierenden Bakteriophagen kennengelernt haben. Als Vehikel für die Klonierung dienen in der Regel ringförmige Plasmid-DNAs (z. B. von *E. coli*), die sich in Wirtsbakterien autonom replizieren können. Besonders geeignet sind kleine extrachromosomale DNAs die von bestimmten Restriktionsendonukleasen (z. B. Eco_{RI}) nur einmal gespalten und dadurch zu linearen Molekülen konvertiert werden und die in ihrer DNA genetische Marker enthalten (z. B. Resistenz-Marken), wodurch die von ihnen infizierten Bakterien leicht selektioniert werden können. Nach der Kopplung der DNAs über kohäsive Enden und Ligase-Ringschluß werden die Hybridmoleküle zur Infektion von besonders vorbehandelten *E. coli* Bakterien benutzt.

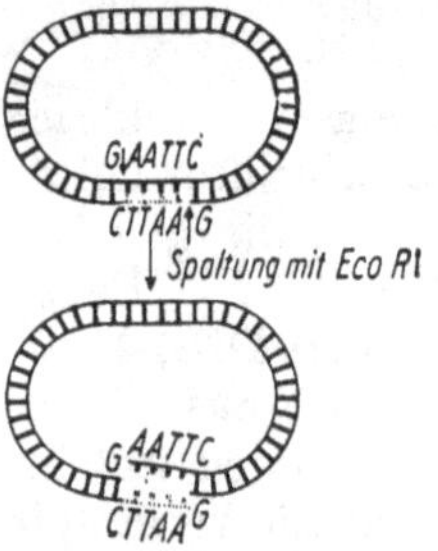

Abb. 69. Spaltung von Doppelstrang-DNA durch Eco_{R_I}-Restriktionsendonuklease.
Das Enzym spaltet doppelsträngige DNA-Moleküle an spezifischen Sites, in denen komplementäre Nukleotide in Rotationssymmetrie angeordnet sind. Dadurch entstehen DNA-Fragmente mit komplementären, überlappenden Einzelstrangenden.

Auch andere bakterielle extrachromosomale DNAs können für die Klonierung von DNA-Fragmenten verwendet werden. Neben bestimmten Mutanten des Bakteriophagen λ (die infolge Deletion eines nicht essentiellen DNA-Segments zwischen den Eco_{R_I}-Sites nur einmal von Eco_{R_I} gespalten werden (59)), kommen dafür vor allem sog. Col-Faktoren in Frage (60). Hybridmoleküle mit Col-Faktoren als Vektor können durch selektive Vermehrung in Chloramphenikol-Gegenwart (dabei wird die bakterielle DNA-Synthese gestoppt) so angereichert werden, daß ihre DNA bis zu 40% der Gesamt-DNA in der Bakterienzelle betragen kann. Bakterienkolonien, die derartige Hybrid-DNA-Moleküle enthalten, werden selektioniert und die Hybrid-DNA von der zellulären DNA abgetrennt. Die gereinigte Hybrid-DNA wird anschließend mit den Restriktionsendonukleasen verdaut, die ursprünglich zur Konstruktion des Hybridmoleküls benutzt wurden. Dadurch können DNA-Vehikel und geklonte DNA voneinander abgespalten werden. Nach der Reinigung der geklonten Fragmente stehen diese in ausreichender Menge in hoch gereinigtem Zustand zur Verfügung (vgl. Abb. 70).

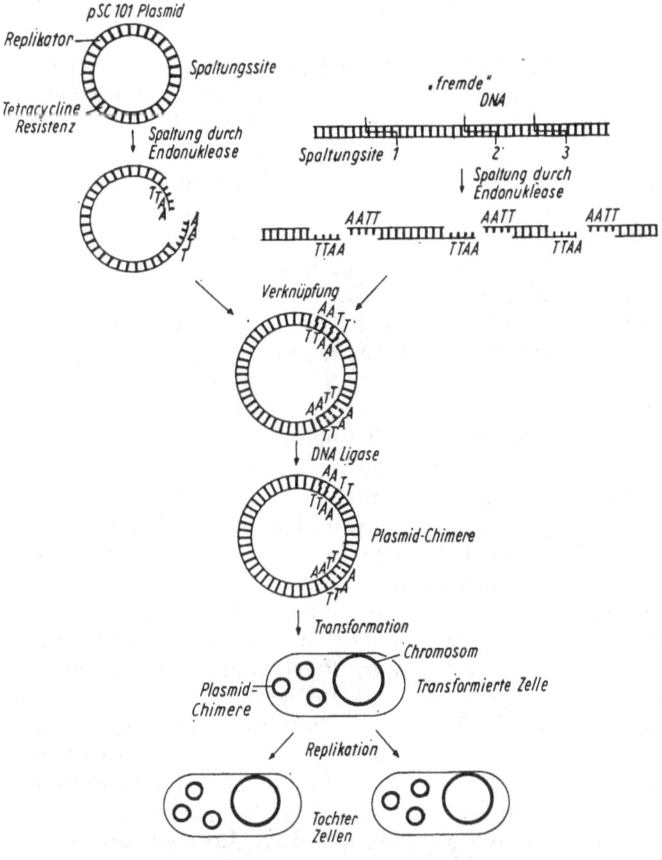

Abb. 70. Klonierung „fremder" DNA in Escherichia coli-Bakterien.
Das Plasmid pSC 101 wird durch Eco_{R_I}-Endonuklease an einem spezifischen Ort gespalten. Der Spaltort beeinflußt nicht die Plasmid-Gene für die Plasmid-Replikation und für die Resistenz zu Tetrazyklin (oben links). Fragmente Eco_{R_I} gespaltener „fremder" DNA (oben rechts) werden über die komplementären Basenpaare mit der Plasmid DNA verknüpft und die entstandenen DNA-Hybrid-Moleküle („Chimären") mittels Ligase kovalent verbunden. Die Hybridmoleküle werden im Verlaufe eines Transformationsprozesses in Escherichia coli-Bakterien eingeführt, in denen sie auf Grund der Replikationsfunktionen des Plasmid-Vektors vermehrt werden.

Neben der Möglichkeit zur Reinigung definierter DNA-Sequenzen bieten solche Hybrid DNA-Moleküle günstige Voraussetzungen zur Lösung solcher bisher nicht eindeutig beantworteter Fragen, ob und wie Eukaryoten-DNA in Bakterienzellen transkribiert und die mRNA korrekt translatiert wird.

In den letzten Jahren ist eine Reihe verschiedenster Hybrid-DNA-Moleküle, bestehend aus einem Plasmid-Vektor und Eukaryoten DNA-Fragmenten beschrieben worden. So gelang es z. B. Eco_{RI} gespaltene DNA des Südafrikanischen Krallenfrosches *Xenopus laevis*, die bevorzugt die Gene für rRNA enthält, mit dem Eco_{RI} gespaltenem Plasmid pSC 101, das ein Tetrazyklinresistenz-Gen trägt, zu koppeln. Diese Hybridmoleküle wurden zur Infektion von *E. coli*-Bakterien verwendet. Die isolierten Tetrazyklin-resistenten Bakterien enthielten zum größten Teil Rekombinanten DNA-Moleküle, deren *Xenopus*-spezifische DNA-Sequenzen in der Bakterienzelle transkribiert wurden. Die präzise Struktur des Transkripts konnte allerdings nicht ermittelt werden (61). Auch Maus-Mitochondrien DNA (mt-DNA) wurde mit pSC 101-Plasmiden gekoppelt und die Transkription bzw. Translation der mt-DNA verfolgt. Es zeigte sich, daß die mt-DNA in der Bakterienzelle transkribiert wird, wobei aber bevorzugt der „leichte“ DNA-Strang als Template für die RNA-Polymerase dient, während normalerweise in der Mauszelle der „schwere“ DNA-Strang bevorzugt abgelesen wird. Wahrscheinlich werden von der *E. coli*-Polymerase Initiationssequenzen der Transkription erkannt, die in der Mauszelle funktionslos sind. In der Bakterienzelle erfolgt auch die Translation der mt-DNA-Transkripte. Dabei stellte sich heraus, daß die in den Bakterienzellen gefundenen mt-Proteine wesentlich kürzer als die entsprechenden, in den Mauszellen nachgewiesenen Genprodukte waren. Die Ursachen dieser Unterschiede im Translationsmuster sind bis heute noch unbekannt (62).

Mit der Isolation von Prokaryoten- und Eukaryoten-

Genen durch Verdauung mit Restriktionsendonukleasen und deren anschließende Klonierung in Bakterienzellen wurde ein entscheidender Schritt vorwärts getan zur Bereitstellung einer genügend großen Anzahl definierter DNA-Bruchstücke, die die Information für zumindest ein Gen enthalten. Es ist zu erwarten, daß in naher Zukunft eine ausreichend große Zahl von Genen zur Verfügung steht, die über kohäsive Enden an die einleitend erwähnten, für eine Transduktion aussichtsreich erscheinenden DNA-Vektoren geknüpft und in Form solcher Rekombinanten-Moleküle eine gerichtete Einfuhr von bestimmten Genen in tierische oder menschliche Empfängerzellen ermöglichen werden.

6.3.6.2.3. Auswirkungen der Arbeit mit Restriktionsendonukleasen für die zellbiologische Forschung

Die Kopplung von funktionellen DNA-Fragmenten an geeignete Vektoren und deren Einführung in Bakterienzellen bietet außerordentlich gute Möglichkeiten zur Analyse der Organisation, Expression sowie Regulation der Expression von Eukaryoten-DNA. Die Kenntnis dieser Vorgänge bietet die Voraussetzung zur Konstruktion von Bakterienzellen, die z. B. Antibiotika oder bestimmte Hormone schneller und billiger produzieren, als das mit den heute üblichen Methoden möglich ist. Darüber hinaus kann mit entsprechenden Rekombinantenmolekülen eine gerichtete Einfuhr von bestimmten Genen in tierische und menschliche Empfängerzellen zum Zweck einer genetischen Substitution defekter Gene wesentlich erleichtert werden.

Schon am Beginn der Experimente war den beteiligten Wissenschaftlern klar geworden, daß DNA-Rekombinanten-Moleküle nicht nur wissenschaftlich außerordentlich wertvolle Objekte sind, sondern unter Umständen eine ebenso große Gefahr darstellen können. Vor allem die Einführung bestimmter Resistenzgene (z. B. gegen alle derzeit verwendeten Antibiotika) sowie intakter, funktioneller Genome von Tumor- und anderen Viren in gebräuchliche Laborstämme von Bakterien, wie z. B. *E. coli*, könnte zur schnellen und unkontrollierten Verbreitung dieser DNAs führen. So wurde, insbesondere von der Forschergruppe um *P.* Berg, schon frühzeitig auf die möglichen Gefahren dieser Experimente aufmerksam gemacht und ein internationales Treffen von Natur- und Gesellschaftswissenschaftlern angeregt, um Richtlinien für zukünftige Arbeiten mit Rekombinanten-Molekülen festzulegen. Dieses Treffen fand im Februar 1975 in Asilomar/Californien statt (63). Mehr als 100 Wissenschaftler aus zahlreichen Ländern erörterten die anstehenden, potentiellen und heute z. T. noch hypothetischen Gefahren, die bei der Arbeit mit DNA-Rekombinanten-Molekülen entstehen können und berieten über Möglichkeiten, diese Gefahren in überschaubaren Grenzen zu halten. Die Ergebnisse werden heute in allen Ländern, die solche Arbeiten durchführen oder planen, heftig diskutiert. Wir sind der Überzeugung, daß durch verantwortungsbewußtes Handeln sowohl wissenschaftlicher als auch staatlicher Einrichtungen die günstigsten Bedingungen für eine optimale Nutzung der Arbeit mit DNA-Rekombinanten-Molekülen geschaffen werden.

6.4. Genisolierung und synthetische Gene

Der Einsatz spezifischer Restriktionsendonukleasen hat die Isolierung von DNAs mit beliebigem Informationsgehalt sowie die Effektivität der Übertragung dieser DNAs mit oder ohne Vektoren in entsprechende Eukaryoten-Zellen wesentlich stimuliert. In den letzten Jahren sind eine Reihe weiterer Verfahren zur Isolation definierter DNA-Abschnitte aus den Genomen von Bakterien und aus höheren Organismen beschrieben worden (64). Während inzwischen bei der Isolation bakterieller Gene beträchtliche Fortschritte erreicht worden sind, werden der Isolation von Eukaryoten-Genen aus den weit komplexeren Genomen von Eukaryoten-Zellen noch entscheidende Grenzen gesetzt. Die gegenwärtig verfügbaren Methoden zur Isolation nativer DNA-Abschnitte aus Eukaryoten-Zellen beschränken sich im wesentlichen auf die Isolation von mehrfach in den Genomen enthaltenen Gen-Kopien („reiterated genes") wie z. B. die Gene für ribosomale RNA, 5 S RNA, t-RNA sowie einige Histon-Gene. Einen Einblick in die augenblicklichen Schwierigkeiten, die einer Isolation von Strukturgenen entgegenstehen, die pro haploidem Genom wahrscheinlich nur in einer oder sehr wenigen Kopien vorliegen, sollen die folgenden Angaben vermitteln. So umfaßt ein Globin-Gen mit einem Molekulargewicht von ca. 300000 D etwa $1{,}7 \times 10^{-5}\%$ der Gesamt-DNA eines menschlichen Genoms. Mit anderen Worten ausgedrückt bedeutet das, daß etwa 1 Gramm Ausgangs-DNA ca. 0,17 Mikrogramm dieses Gens enthalten. Eine erfolgreiche Isolation dieser winzigen DNA-Mengen erfordert nun die Fraktionierung des Genoms in DNA-Abschnitte, die das betreffende Gen enthalten, die Abtrennung des Gens von der Masse der übrigen DNA, hauptsächlichst durch physikalische Methoden auf der Grundlage der unterschiedlichen Nukleotid-Zusammensetzungen der zu trennenden DNAs, Reinigung der isolierten Gene und Testung der Reinheit und Intaktheit des isolierten Gens.

Ein anderer Weg zur Gewinnung von DNA-Sequenzen mit beliebigem Informationsgehalt ist deren De-novo-Totalsynthese. Heute stehen dafür im Prinzip zwei Methoden zur Verfügung, deren Anwendungsbreite ebenfalls begrenzt und der technisch-materielle Aufwand enorm hoch sind. In der Forschungsgruppe von KHORANA, wo man sich seit 1965 mit diesen Problemen beschäftigt, geht man so vor, daß mittels aufwendiger Synthese-Verfahren zunächst einsträngige DNA-Segmente von 10—20 Nukleotiden-Länge hergestellt werden, die dann auf enzymatischem Wege zu doppelsträngigen DNA-Sequenzen größerer Länge vereinigt werden. Mit dieser Methode gelang es KHORANAS Gruppe im Jahre 1970 erstmalig, die vollständige Sequenz eines Gens, der Hefe-Alanin-t-RNA, bestehen aus 77 Nukleotiden, synthetisch herzustellen (65). An der Verwirklichung dieses Projektes haben im Verlaufe von 5 Jahren bis zu seinem Abschluß 13 Wissenschaftler aus 9 Ländern mitgearbeitet (66).

In jedem Falle ist für die synthetische Herstellung von definierten DNA-Abschnitten die Kenntnis der betreffenden Nukleotid-Sequenz dieser DNA oder der entsprechenden m-RNA-Sequenzen Voraussetzung. Die bisher noch recht spärlichen Informationen über die Sequenzbeschaffung von DNAs und z. T. auch RNAs schränken den Wert dieser Technik, ganz abgesehen von dem enormen methodisch-finanziellen Aufwand, zur Zeit noch beträchtlich ein.

Ein zweites Verfahren zur In-vitro-Gensynthese basiert auf der Anwendung einer aus onkogenen RNA-Viren isolierten Polymerase, der „Reverse Transkriptase“ (Revertase). Dieses Enzym vermag RNA als Matrize für die Synthese einer komplementären DNA zu verwenden. Damit ist es im Prinzip möglich, eine beliebige zelluläre m-RNA als Matrize für die Synthese des entsprechenden Gens zu verwenden. Auf diese Weise ist es z. B. mehreren Forschergruppen gelungen, DNA-Sequenzen zu synthetisieren, die tierischen oder menschlichen Globin-Genen entsprechen (z. B. 67). Problematisch für eine praktische Anwendung bleibt bis heute die fehlende komplette Rücktranskription der Messenger in eine doppelsträngige DNA, da das Enzym selbst nur eine einsträngige Kopie des Messengers liefert. Andererseits deuten sich aber in der auch für diese Methode notwendigen Bereitstellung von hochgereinigten m-RNAs entscheidende Fortschritte an.

So ist es in den letzten 5—6 Jahren durch Anwendung spezifischer Antikörper, affinitätschromatographischen Methoden und sensitiven zellfreien Systemen gelungen, etwa 50—70 spezifische Messenger aus tierischen und pflanzlichen Zellen zu isolieren.

Trotz der nachweislich bedeutenden Fortschritte in

der In vitro-Gensynthese scheinen diese Methoden, wie aus obigen Betrachtungen ersichtlich sein dürfte, im Augenblick aber für die Praxis nur begrenzt nutzbar zu sein.

6.5. *Übertragung definierter DNA-Sequenzen in Eukaryotenzellen durch Mikroinjektion*

Analog zu der von GURDON entwickelten Methode zur Transplantation von Zellkernen in entkernte Eizellen des Afrikanischen Krallenfrosches *Xenopus leavis* (vgl. Kap. 6.3.1.) können Mikromengen definierter DNA-Fragmente mittels Mikroglaskapillaren in Eukaryotenzellen injiziert werden (68). Abgesehen von den technischen Anforderungen bietet diese Methode den Vorteil eines hoch effektiven Transfers in einzelne Zellen unter Umgehung aller Prozeduren, die zur Stimulierung der Zelle für eine DNA-Aufnahme notwendig sind. So konnte mittels dieser Methode z. B. durch Mikroinjektion von Virus DNA-Fragmenten, die nach der Spaltung mit spezifischen Restriktionsendonukleasen isoliert wurden, sowie nach Mikroinjektion Virus-spezifischer RNAs erstmalig der Nachweis erbracht werden, daß die Tumorantigene einiger DNA-Tumorviren (SV 40, Polyoma) Virus-kodierte Proteine sind (69, 70).

6.6. *Anwendung der Ergebnisse des Transfers genetischer Information bei Eukaryotenzellen für die medizinische Praxis*

Im Verlaufe dieses Kapitels wurde wiederholt auf die praktischen Anwendungsmöglichkeiten der jeweiligen Gentransfermethoden für die Therapie menschlicher Erbschäden hingewiesen. Zusammenfassend läßt sich daraus unschwer erkennen, daß, abgesehen von den aus heutiger Sicht von vornherein beschränkten Anwendungsmöglichkeiten dieser Methoden auf monofaktoriell kontrollierte, rezessive Erbschäden, unsere Kenntnisse über die bei einem Gentransfer ablaufenden, ungeheuer komplexen Vorgänge noch zu gering sind, um in nächster Zeit einen derartigen Eingriff in das genetische Material des Menschen technisch bewältigen und vor allem moralisch rechtfertigen zu können. Wo das, wie im Falle des Versuchs zur Konversion von Hyperargininämie-Patienten, durch Einspritzung von Shope-Papillom-Virus-Suspensionen, bereits geschehen ist (vgl. Kap. 6.3.5.1.), sind diese Bemühungen im Hinblick auf den Zustand des Patienten wohl verständlich, auf Grund der eingangs dargelegten Umstände jedoch kaum vertretbar. Im Augenblick gilt es, die verfügbare Palette möglicher Maßnahmen gegen genetisch bedingte Störungen, d. h. genetische Beratung, pränatale Diagnose, Heterozygoten-Test, euphänische Behandlungsmethoden u. a. maximal zu nutzen, sie zu erweitern und zu verbessern. Zur Zeit liegt der Schwerpunkt des durch Gentransferexperimente Erreichbaren im wesentlichen in der Vertiefung und Erweiterung unserer Kenntnisse über die Struktur und Funktion des genetischen Materials, vor allem des Menschen sowie über die molekularen Mechanismen bei der Expression heterologer genetischer Information in ausgewählten Empfängerzellen. Die Ergebnisse dieser Forschungen sind von großer Bedeutung für die weitere Entwicklung der Molekular- und Zellgenetik und könnten schon in naher Zukunft praktische Bedeutung für die Lösung zahlreicher Probleme der technischen Mikrobiologie sowie für die Züchtung neuer Nutztiere und Kulturpflanzen erlangen. Diese Experimente werden jedoch auch in Zukunft, und da noch in einem weit stärkeren Maße als das schon heute der Fall ist, am Forschungsobjekt Mensch gemessen werden. Damit muß sich jede menschliche Generation neu auseinandersetzen. Die ethisch-moralischen Auswirkungen sowie Fragen des Mißbrauchs dieser Forschungen durch menschenfeindliche Gesellschaftsordnungen stehen schon heute (71) und werden auch in Zukunft im Mittelpunkt gemeinsamer Diskussionen von Natur-, Gesellschaftswissenschaftlern und Laien stehen. Wie in kaum einer zweiten naturwissenschaftlichen Disziplin verlangen die in diesem Kapitel dargelegten Forschungen und deren mögliche Auswirkungen auf den Menschen das gesellschaftliche Engagement des Wissenschaftlers.

Literatur

1. Shapiro, N. I. (1975), Genetika 11, 159
2. Tomasz, A. (1973), in: „Bacterial-Transformation" Archer, L. (Ed.) Acad. press. London pp. 81
3. Bhargova, P. M. et al. (1971), Progr. Nucl. Acid. Res. Mol. Biol. 11, 103
4. Gurdon, S. B. (1968), Sci. American 219, 6, 24
5. Sethi, K. K. and H. Brandis (1974), Nature 250, 225
6. Avery, O. T. et al. (1944), J. Exptl. Med. 79, 137
7. Kao, P. C. et al. (1973), Biochim. Biophys. Acta 324, 1
8. Szybalska, E. H., and W. Szybalski (1962), Proc. Natl. Acad. Sci. (U.S.) 48, 2026
9. Ottolenghi-Nightingale, E. (1969), Proc. Natl. Acad. Sci. (U.S.) 64, 184
10. Fox, A. S. et al. (1971), Proc. Natl. Acad. Sci. (U.S.) 68, 342
11. Laval, F., and E. Malaise (1973), in: „Bacterial Transformation" Archer, L. (Ed.) Acad. press. London pp. 387
12. Kleinhofs, A. et al. (1975), Proc. Natl. Acad. Sci. (U.S.) 72, 2748
13. Schwartz, A. G. et al. (1971), Nature N. B. 230, 5
14. Klinger, H. P., and S. I. Shin (1974), Proc. Natl. Acad. Sci. (U.S.) 71, 1398
15. Bakay, B. et al. (1973), Proc. Natl. Acad. Sci. (U. S.) 70, 1998
16. Croce, C. M. et al. (1973), Proc. Natl. Acad. Sci. (U. S.) 70, 2590
17. Boyd, Y. L., and H. Harris (1973), J. Cell Sci. 13, 841
18. Shin, S. et al. (1973), Nature N. B. 241, 194
19. Levy, N. L., and R. L. Ladda (1971), Nature N. B. 229, 51
20. Levy, N. L. et al. (1973), Proc. Natl. Acad. Sci. (U.S.) 70, 3125
21. Sekiguchi, T. et al. (1969), Jap. J. Med. Sci. Biol. 22, 72

22. Yosida, T. H., and T. Sekiguchi (1968), M9l. Gen. Genet. 103, 253
23. Sekiguchi, T. et al (1973), Exp. Cell Res. 80, 223
24. McBridge, O. W., and H. L. Ozer (1973), Proc. Natl. Acad. Sci. (U.S.) 70, 1258
25. Wullems, G. S. et al. (1975), Somatic Cell Genet. 1, 137
26. Galperin-Lamaitre, H. et al. (1975), Humangenetik 29, 61
27. Rogers, S. (1966), Nature 212, 1220
28. Terheggen, H. G. et al. (1969), Lancet 2, 748
29. Rogers, S. et. al. (1973), J. Exptl. Med. 137. 1091
30. Kit, S. et al. (1975), Cold Spring Harbor Symp. Quant. Biol. 39, 703
31. Kit, S. et al. (1974), Intervirology 2, 299
32. Munyon, W. et al. (1971), J. Virol. 7, 813
33. Lin, S. S., and W. Munyon (1974), J. Virol. 14, 1199
34. Davidson, R. L. et al. (1973), Proc. Natl. Acad. Sci. (U.S.) 70, 723
35. Bull, D. L. et al. (1974), Virology 57, 279
36. Klein, G. (1972), Proc. Natl. Acad. Sci. (U.S.) 69, 1056
37. Scherneck, S., and M. Theile (1972), in: Geissler, E. (Ed.) „DNS-Schlüssel des Lebens“ — Akad. Verlag Berlin, S. 184
38. Grady, L. et al. (1970), Proc. Natl. Acad. Sci. (U.S.) 67, 1886
39. Türler, H. (1974), J. Virol. 13, 285
40. Osterman, S. V. et al. (1970), Proc. Natl. Acad. Sci. (U.S.) 67, 37
41. Trilling, D. M., and D. Axelrod (1970), Science 168, 268
42. Quasba, P. K., and H. V. Aposhian (1971), Proc. Natl. Acad. Sci. (U.S.) 68, 2345
43. Kashmir, S. V. S., and H. V. Aposhian (1974), Proc. Natl. Acad. Sci. (U.S.) 71, 2834
44. Geissler, E. (1976), in: „Ausgewählte Probleme der Humangenetik“, URANIA-Information SS. 55
45. Merril, C. R. et al. (1971), Nature 233, 398
46. Aviv, H. et al. (1972), Science 178, 1293
47. Schreier, M. H. et al. (1973), J. Mol. Biol. 75, 575
48. Richter, D. et al. (1972), Nature N. B. 238, 74
49. Merril, C. R., and H. Stanbro (1974), Z. Pflanzenphysiol. 72, 371
50. Horst, J. et al. (1975), Proc. Natl. Acad. Sci. (U.S.) 72, 3531
51. Doy, C. H. et al. (1973), Nature N. B. 244, 90
52. Doy, C. H. et al. (1973), Proc. Natl. Acad. Sci. (U.S.) 70, 723
53. Johnson, C. B. et al. (1973), Nature. N. B. 244, 105

54. JACKSON, D. H. et al. (1972), Proc. Natl. Acad. Sci. (U.S.) 69, 2904
55. MERTZ, S. E., and R. W. DAVIS (1972), Proc. Natl. Acad. Sci. (U.S.) 69, 3370
56. ARBER, W. (1974), Progr. Nucl. Acid. Mol. Biol. 14, 1
57. LANDY, A. et al. (1974), Nature 249, 738
58. MATHEWS, M. B. (1975), Cell. 6, 223
59. HERSHFIELD, V. et al. (1974), Proc. Nucl. Acid. Sci. (U.S.) 71, 3455
60. HELINSKI, D. R., and D. B. CLEWELL (1971), Ann. Rev. Biochem. 40, 899
61. MORROW, S. F. et al. (1974), Proc. Natl. Acad. Sci. (U.S.) 71, 1743
62. CHANG, A. C. Y. et al. (1975), Cell 6, 231
63. BERG, P. et al. (1975), Proc. Natl. Acad. Sci. (U.S.) 72, 1981
64. BROWN, D. D., and R. STERN (1974), Ann. Rev. Biochem. 43, 667
65. AGARWAL, K. L. et al. (1970), Nature 227, 27
66. WEBER, H. (1972), Bull. Schweizer Akad. Med. Wi. 28, 320
67. VERMA, I. M. et al (1972), Nature N. B. 235, 163
68. GRAESSMANN, A. (1970), Exp. Cell. Res. 60, 373
69. GRAESSMANN, M. et al. (1975), Nature 258, 756
70. GRAESSMANN, M., and A. GRAESSMANN (1975), Proc. Natl. Acad. Sci. (U.S.) 73, 366
71. GEISSLER, E., and H. LEY (Hrsg.) (1972), Philosophische und ethische Probleme der modernen Genetik. Akademie Verlag, Berlin
72. GEISSLER, E. (1962) Bakteriophagen-Objekte der modernen Genetik. Akademie Verlag, Berlin
73. GÜNTHER, E. (1969) Grundriss der Genetik. G. Fischer Verlag, Jena

7. Sachregister

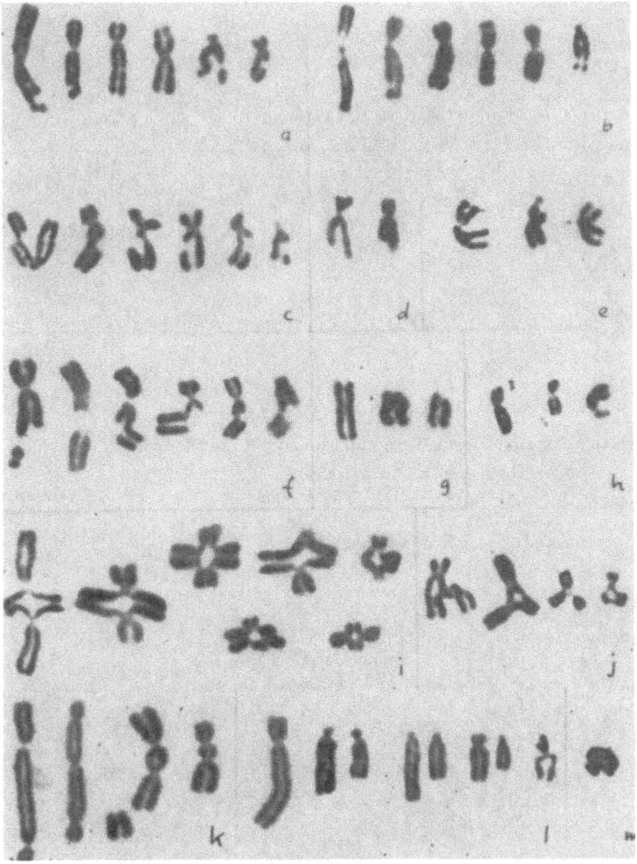

Tafel 1. Typen von Chromosomenaberrationen in menschlichen Zellkulturen:

a. Chromatiden-gaps, b. Isochromatiden-gaps, c. Chromatidenbrüche, d. Defizienzen, e. minutes (sehr kleine Fragmente), f. Isochromatidenbrüche, g. azentrische Fragmente, h. Doppel-minutes, i, j. Translokations-Paarungsfiguren (i quadriradial, j triradial), k. di- und trizentrische Chromosomen, l. monozentrische Translokationschromosomen, m. Ringchromosom; nach GEBHART [102]

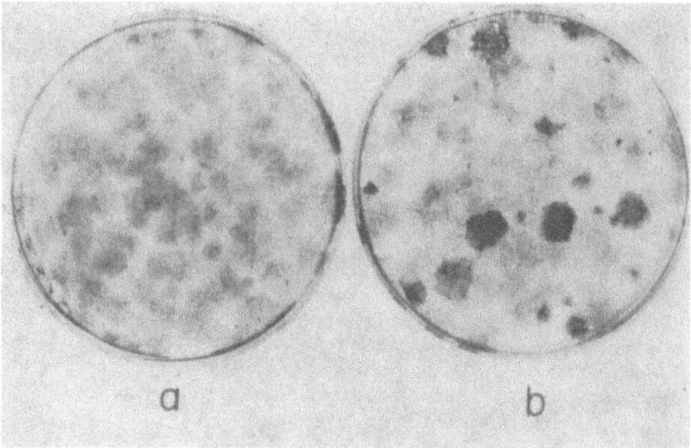

Tafel 2. Fokusbildung als Folge stattgefundener Transformation
(a): nicht infizierte Kontrollzellen,
(b): Foci transformierter Mäusenierenzellen nach SV 40-Transformation
nach IDE et al. (64) aus Kap. 4.

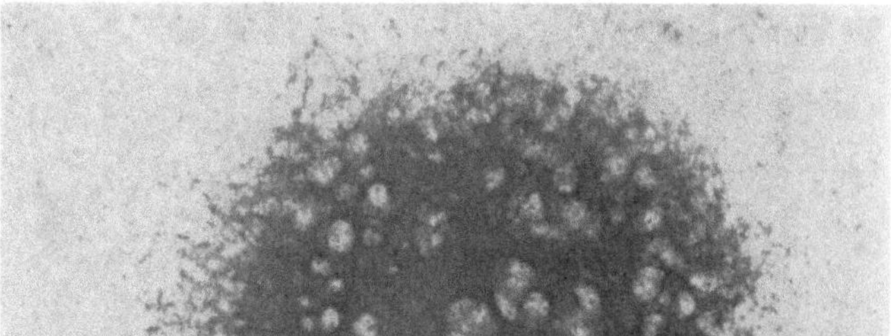

Tafel 3. Fokusbildung als Folge stattgefundener Transformation:
Fokus von durch Nitrosoguanidin transformierten Mäuseembryozellen, nach BERTRAM u. HEIDELBERGER (65) aus Kap. 4.

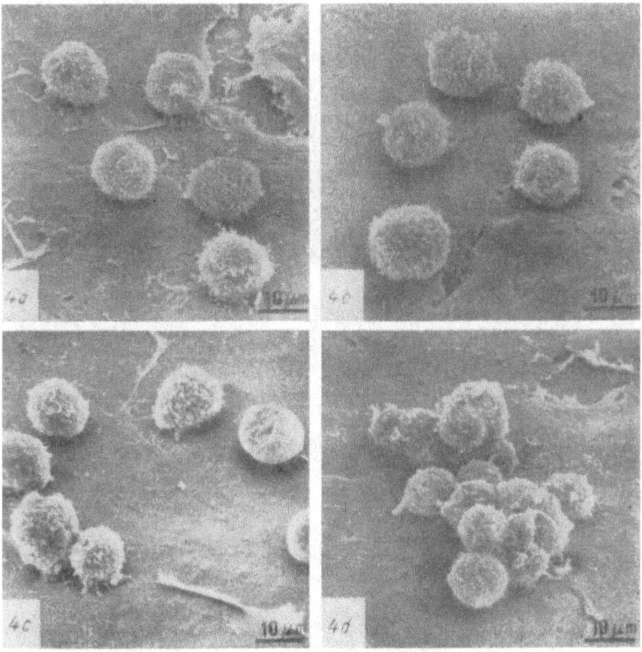

Tafel 4. Suspendierte normale (3T3-) und SV 40-transformierte (SV 3T3-) Mauszellen mit und ohne Zugabe von ConA (500 µg/ml)

a) 3T3-Zellen ohne ConA, c) SV 3T3-Zellen ohne ConA
b) 3T3-Zellen mit ConA, d) SV 3T3-Zellen mit ConA

Aufnahmen mit Scanning-Elektronenmikroskop (COLLARD u. TEMMINK (73) aus Kap. 4.)

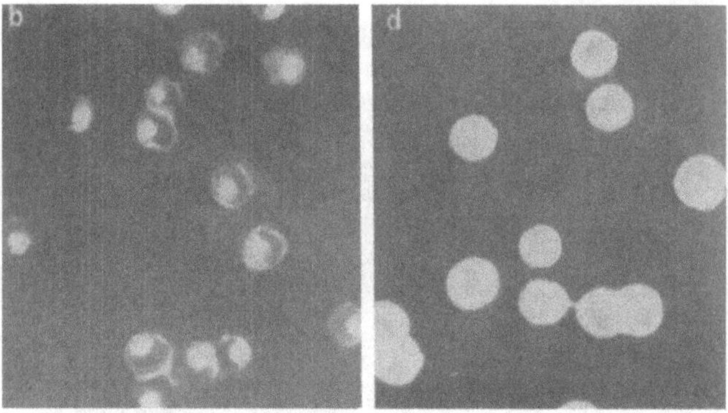

Tafel 5. Cap-Bildung von ConA-Rezeptoren

links: mit Fluoreszin-markiertem ConA inkubierte CHO-Zellen, Caps erscheinen als stark fluoreszierende Aggregate auf den Zellen
rechts: wie oben, aber in Gegenwart von 10^{-5} M Kolchizin. Capbildung gehemmt, fluoreszierendes ConA erscheint als zufällig verteiltes, diffuses Muster
(nach AUBIN et al. (12) aus Kap. 4., Ausschnitt)

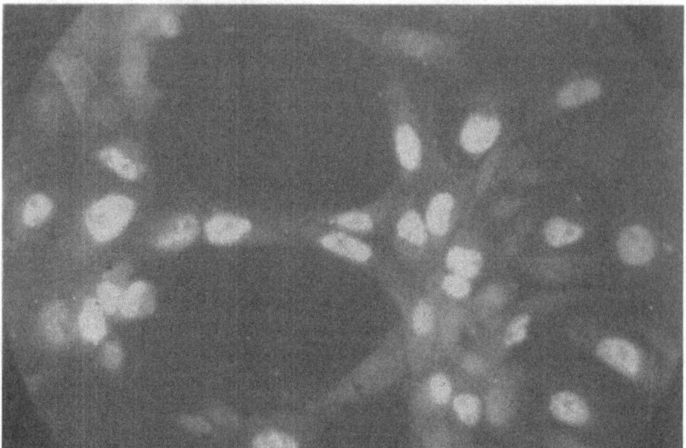

Tafel 6. SV 40-induziertes Tumorantigen

Immunofluoreszenznachweis mit Fluoreszin-markierten Antikörpern

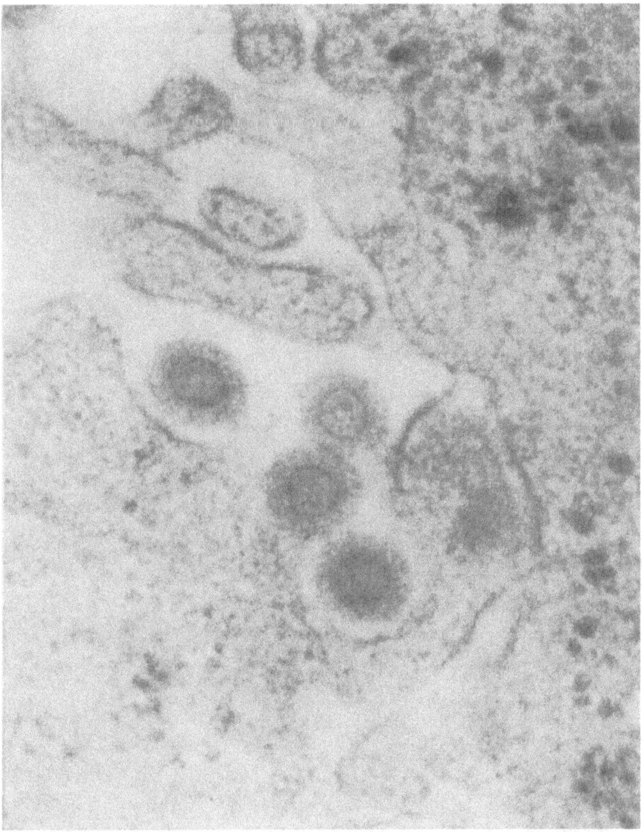

Tafel 7. Oncornaviren, die aus einer permanenten menschlichen malignen Zell-linie gewonnen wurden;

Aufnahme: M. Rudolph

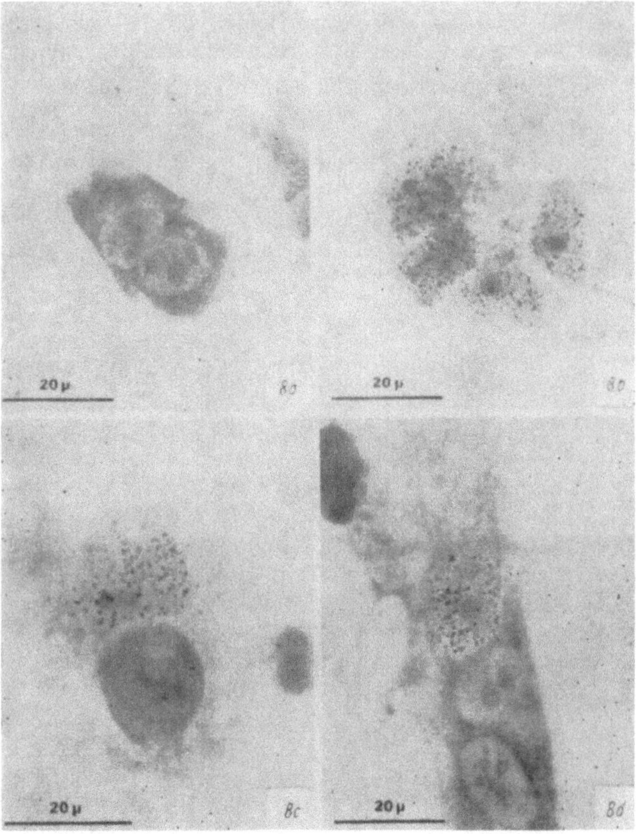

Tafel 8. a) Homokaryon aus SV 40 transformierten Hamsterzellen (F 5 – 1)
b) Autoradiographie eines Homokaryons aus Affenzellen (CV-I), radioaktiv markiert mit 3H-Thymidin
c) Autoradiographie eines Heterokaryons aus 3H-Thymidin-markierten CV-I-Zellen und unmarkierten F 5 – 1-Zellen
d) Autoradiographie eines Heterokaryons aus 3H-Thymidin-markierten menschlichen Zellen (WI-38) und unmarkierten F 5-Zellen
(nach CROCE et al. 1971)

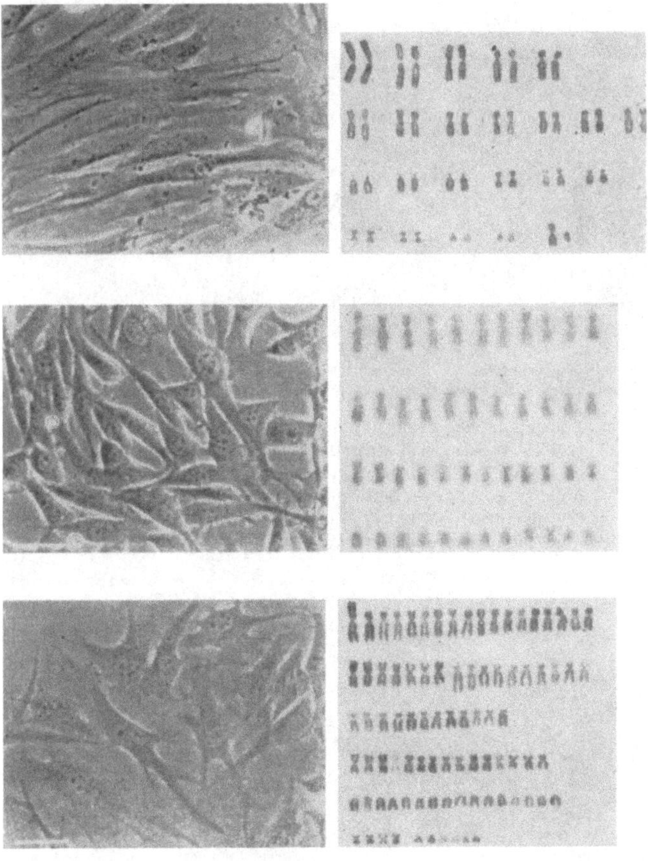

Tafel 9. Zellmorphologie und Karyotypen von
(a) menschlichen diploiden Fibroblasten
(b) Syrischen Hamsterzellen (Linie TG 2)
(c) Mensch-Syrischer Hamster Hybridzellen
Skala: 50 μm
(nach GRZESCHIK, 1973)

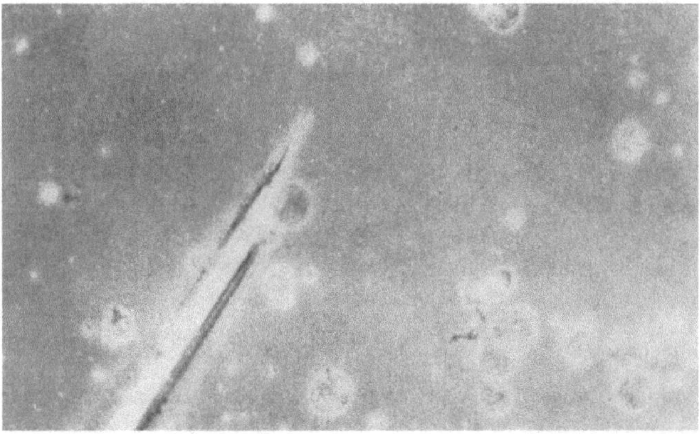

Tafel 10. Isolation von Zellkernen mittels Mikropipetten. Intakte, isolierte Zellen werden mit einer Mikropipette angesaugt (links). Da der Durchmesser der Pipette kleiner gehalten ist als die Zelle, zerbricht die Zellwand beim Einsaugen in die Pipette und nur der Kern und in der Regel ein Teil des ihn umgebenden Zytoplasmas verbleibt in der Mikropipette (nach GURDON)

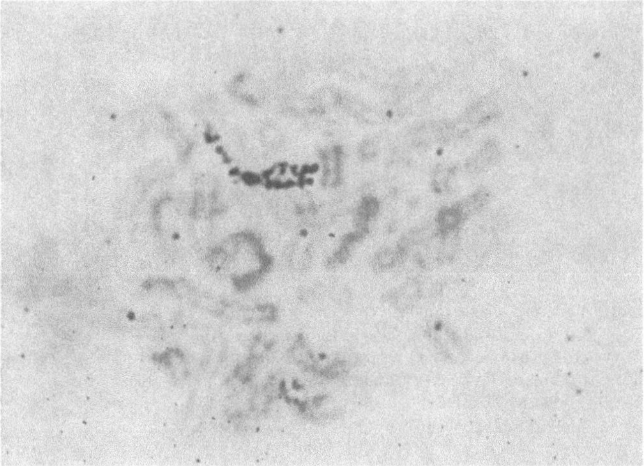

Tafel 11. Transfer von Spender-Chromosomen in Empfängerzellen. Die Abbildung zeigt eine Hamsterzelle in Metaphase, die ein markiertes Spender-Chromosom enthält. Die Chromosomen der Wirtszelle sind unmarkiert (nach WULLEMS)

Die Verfasser

- stellen die in vitro kultivierte somatische Säugerzelle als Objekt der genetischen Forschung in den Mittelpunkt ihrer Betrachtungen

- beschreiben das Spektrum der gegenwärtig verfügbaren Säugerzellmutanten, ihre Entstehung, ihren Nachweis und Möglichkeiten ihres Einsatzes

- untersuchen die Bedeutung der DNA-Reparatur für die Zelle in ihrem Zusammenhang mit anderen molekulargenetischen Mechanismen

- befassen sich mit der malignen Transformation tierischer Zellen, mit der Wirkungsweise und Bedeutung daran beteiligter Prozesse

- behandeln die Hybridisierung tierischer somatischer Zellen und ihre weitreichenden Anwendungen

- geben einen Überblick über die Bedeutung des Gentransfers bei tierischen somatischen Zellen

- schildern die erstaunlichen Möglichkeiten bei der Anwendung von Restriktionsendonukleasen in der Zellbiologie und daraus erwachsende Konsequenzen

WISSENSCHAFTLICHE TASCHENBÜCHER

FSC
www.fsc.org
MIX
Papier | Fördert
gute Waldnutzung
FSC® C083411

Kolibri 360 GmbH
Ferdinand-Jühlke-Straße 7
99095 Erfurt, Deutschland
produktsicherheit@kolibri360.de